Steck

CNC-Fräsen für Maker

Ralf Steck

CNC-Fräsen für Maker

Baue, programmiere und steuere deine DIY-Fräse

2., aktualisierte Auflage

HANSER

Der Autor:
Ralf Steck, Friedrichshafen

MIX
Papier aus verantwortungsvollen Quellen
FSC® C016439
FSC
www.fsc.org

Bibliografische Information der Deutschen Nationalbibliothek:

Die Deutsche Nationalbibliothek verzeichnet diese Publikation in der Deutschen Nationalbibliografie; detaillierte bibliografische Daten sind im Internet über http://dnb.d-nb.de abrufbar.

www.hanser-fachbuch.de
Lektorat: Julia Stepp
Herstellung: Melanie Zinsler
Coverrealisierung: Max Kostopoulos
Titelillustration: © ZenziWerken.de, Daniel Groß
Satz: Eberl & Koesel Studio GmbH, Altusried-Krugzell
Druck und Bindung: Druckerei Hubert & Co. GmbH und Co. KG BuchPartner, Göttingen
Printed in Germany

Print-ISBN: 978-3-446-47160-3
E-Book-ISBN: 978-3-446-47407-9
ePub-ISBN: 978-3-446-47408-6

Inhaltsverzeichnis

1 Einführung

Für den Maker ist eine CNC-gesteuerte Fräse sicher eines der interessantesten Projekte, die er angehen kann. Neben dem 3D-Drucker und dem Lasercutter dürfte die CNC-Fräse zu den automatisierten Werkzeugen zählen, die in Kreisen von Makern, Modellbauern, Bastlern und Technikfreaks am häufigsten eingesetzt werden. Dieses Buch führt in die Anschaffung, den Bau und den Einsatz einer solchen Fräse ein. Ziel ist nicht, professionelle Fräsqualität zu erreichen, sondern mit überschaubarem Budget eine möglichst zuverlässige, einfach zu verstehende und produktive CNC-Maschine zu bauen. Dazu müssen auch einige Abstriche gemacht werden, auf die ich im Folgenden noch eingehen werde.

Das CNC-Fräsen ist eines der wichtigsten Fertigungsverfahren in der Industrie. Vor allem wenn es um Metallteile geht, führt kaum ein Weg daran vorbei. Auch in der Kunststoffteileherstellung sind Fräsmaschinen unverzichtbar – hier allerdings nicht direkt zur Fertigung, sondern für die Herstellung der Spritzgussformen, in denen dann die Kunststoffteile gefertigt werden.

Profimaschinen sind sehr genau und schnell. Sie sind mit automatischen Werkzeugwechslern und Bestückungsrobotern ausgestattet, um eine Serienfertigung mit möglichst geringem Anteil an manuellen Handgriffen zu ermöglichen. All diese Anforderungen – bis auf die Genauigkeit, aber auch diese mit Abstrichen – haben wir im Hobbybereich nicht. Professionelle CNC-Bearbeitungscenter kosten deshalb auch sechs- oder siebenstellige Beträge, während Hobbymaschinen im hohen drei- oder niedrigen vierstelligen Bereich liegen. Natürlich sind auch im Hobbybereich die Grenzen fließend. In manchem Hobbykeller steht ein Maschinenpark, den man eher in einem Kleinunternehmen vermuten würde.

In diesem Buch stelle ich eine preiswerte, aber leistungsstarke computergesteuerte 2,5D-/3D-Fräsmaschine für ein Budget um ca. 1000 Euro vor. Ich arbeite dabei auf Basis des Open-Source-Projekts Shapeoko, sodass du die Maschine nach deinen Vorstellungen gestalten und trotzdem von diesem Buch profitieren kannst (Bild 1.2). Mit einer Absaugung, einem Werkzeuglängentaster, einem Upgrade für Motoren und Steuerung sowie einer einfachen vierten Achse zeige ich Erweiterungs- und Ausbaumöglichkeiten auf.

Bild 1.1 Mit einer CNC-Fräse lassen sich die unterschiedlichsten Dinge erstellen. Hier entstehen die Holzteile für die vierte Achse.

Bild 1.2 Was man für etwa 1000 Euro bekommt: eine Shapeoko-X-Fräse

1.1 An wen richtet sich dieses Buch?

Interessierst du dich für die CNC-Technik? Hast du schon einen 3D-Drucker und möchtest in die „subtraktive" Welt hineinschnuppern? Bist du Modellbauer, Maker oder ambitionierter Bastler? Dann wirst du dich in diesem Buch wiederfinden.

In der Maker-Szene duzt man sich. Deshalb spreche ich meine Leser mit „du" an. Ich habe das Buch so aufgebaut, als ob wir zusammen in deinem oder meinem Hobbykeller säßen und das Projekt „CNC-Fräse" gemeinsam angehen würden.

Um die CNC-Fräsmaschine zu betreiben, benötigst du digitale 2D- oder 3D-Vorlagen. CAD-Kenntnisse sind also hilfreich, allerdings werde ich in Kapitel 8 den kompletten Workflow von der Modellierung im CAD-System über die CNC-Programmierung im CAM-System bis zur Maschinensteuerung beispielhaft vorstellen, sodass du eine Idee bekommst, wie die Vorlagen entstehen. Darüber hinaus kann ich mein Buch *CAD für Maker* (ISBN 978-3-446-45681-5) empfehlen, in dem ich detailliert in die 3D-Modellierung einführe (Bild 1.3).

Bild 1.3 Mein Buch *CAD für Maker* enthält Anleitungen zur 3D-Modellierung.

Im Zuge der Arbeit an meinem Buch *CAD für Maker* beschäftigte ich mich auch erstmals seit dem Maschinenbaustudium wieder mit CNC-Fräsmaschinen. Ich kann mich also gut in die Situation, die man als CNC-Neuling durchläuft, hineinversetzen.

Entsprechend habe ich *CNC-Fräsen für Maker* aufgebaut. Ich habe eine Liste von Anforderungen zusammengestellt, die eine Hobbyfräse in meinen Augen erfüllen sollte:

- Sie soll preiswert sein.
- Sie soll einfach bedienbar und aus einfach verfügbaren Standardteilen aufgebaut sein.
- Sie soll einfach erweiterbar sein.
- Sie soll eine große Community im Internet haben, die bei Problemen weiterhelfen und Tipps geben kann.
- Die Maschine soll Holz und Kunststoffe bearbeiten können.
- Die Möglichkeit, Aluminium zu bearbeiten, wäre schön, ist aber nicht Voraussetzung.
- Die Maschine soll mit kostenloser Software zu betreiben sein.
- Sie soll „bürotauglich" sein, das heißt, die Maschine soll im Betrieb nicht allzu viel Schmutz und Lärm erzeugen und kompakt sein.
- Sie soll „genau genug" sein.

Bild 1.4 Auch dieses Projekt aus meinem Buch *CAD für Maker* entstand auf der Shapeoko-X.

Selbstbau steht bei mir an erster Stelle. Natürlich gibt es eine Vielzahl von Fräsmaschinen, die bereits fertig aufgebaut zu kaufen sind. Doch meiner Meinung nach erwirbt man erst dann echtes Wissen in einem Bereich, wenn man die Materie – zumindest in der Theorie – so weit durchdenkt, dass man eigene Entscheidungen treffen kann. Nur dann wird man sich die richtigen Geräte und Werkzeuge anschaffen.

Wir bauen in diesem Buch eine Shapeoko-Fräse (für nähere Ausführungen siehe Kapitel 2) und folgen damit einem bestimmten Bauplan. Das hat den Vorteil, dass wir Bausätze verwenden beziehungsweise vorkonfigurierte Pakete einkaufen können und uns damit die Mühe sparen, eine Vielzahl einzelner Schrauben, Scheiben und Rollen im Internet zusammenzusuchen. Ich habe zudem vorgefertigte Blechteile gekauft, da diese präziser gefertigt sind, als wenn ich diese selbst mit der Bohrmaschine bearbeitet hätte. Grundsätzlich kannst du jedoch fast alle mechanischen Teile der Fräse einzeln kaufen oder selbst herstellen. Du solltest also schrauben und löten können.

Bild 1.5 Größeres Kaliber: die Shapeoko-T mit Spindeltrieben, MaXYposi-Steuerung und vierter Achse

Warum einige der genannten Anforderungen besonders wichtig sind und miteinander zusammenhängen, werde ich noch genauer darlegen. Kurz gefasst: Je härter das zu bearbeitende Material ist, desto mehr Kräfte werden vom Fräser auf Spindel, Z-Achse, Portal und schließlich X-Achse übertragen. Verbiegt sich die Struktur der Maschine aufgrund dieser Kräfte, wird das Fräsergebnis nicht maßhaltig. Zudem kann nicht beliebig langsam gefräst werden, da sonst die beim Schneiden des Materials entstehende Hitze nicht abgeleitet werden kann.

Deshalb ist in Bezug auf die bearbeitbaren Materialien nicht die Kraft der Motoren der begrenzende Faktor, sondern die Steifigkeit des Maschinengestells (Bild 1.6). Mit Aluprofilen lassen sich die Kräfte beim Fräsen von härteren Metallen nicht mehr im Maschinengestell abfangen. Für eine Fräse, die sauber und zuverlässig Stahl oder dickes Alu bearbeiten kann, ist ein völlig anderer Aufbau notwendig, der speziell angefertigte Teile erfordert, was wiederum die Maschine verteuert. Solche Fräsen liegen im hohen vierstelligen bis fünfstelligen Eurobereich und damit außer Reichweite eines Heimwerkers.

Bild 1.6 Für die Bearbeitung von Metall werden eine sehr steife Maschine und starke Motoren benötigt. Die Abbildung zeigt die Innenansicht einer DMU 95 monoblock von DMG Mori (© DMG Mori).

Doch degradieren diese Einschränkungen die preiswerten Fräsmaschinen zur „Käsefräse“, die nur Käse schneiden kann und deren Werkstücke „Käse sind“, wie man oft im Internet liest? Ich finde nein. Wer wissen möchte, was man mit einer Fräse und Holz alles anstellen kann, der schaue sich unter anderem einmal auf der Website *www.zenziwerken.de* oder auf einer Modellbaumesse um, denn die meisten Modellflugzeuge und viele Modellboote werden aus gefrästen Spanten und anderen Holzteilen gefertigt (Bild 1.7). Auch die im Modellbau sehr beliebten Hartschaumplatten lassen sich mit den preiswertesten Fräsen bearbeiten.

Nicht vergessen sollte man die Möglichkeit, Platinen zu gravieren. Das ist eine interessante Alternative zum Ätzen selbst entwickelter Leiterplatten. Gravuren in Acrylglas ergeben sehr schöne, beleuchtbare Schilder. Die Möglichkeiten sind mehr als umfangreich, auch ohne die Bearbeitung von Stahl. Immerhin lassen sich Aluminium und Nichteisenmetalle - wenn auch langsam - bearbeiten.

Der Aufbau einer Fräse aus Aluprofilen beschränkt also die Auswahl der Materialien, die man bearbeiten kann, hat aber unschätzbare Vorteile: Die Aluprofile kann man zum einen relativ einfach kaufen, zum anderen lässt sich die Größe der Fräse durch die Länge der Profile individuell an die eigenen Möglichkeiten und Anforderungen anpassen. Ebenso verhält es sich mit dem Riementrieb, den die in diesem Buch vorgestellte Fräse (zumindest anfänglich) hat. Auch dieser ermöglicht eine individuelle Größenauswahl.

Bild 1.7 Mit der „Käsefräse" lassen sich sehr schöne Projekte, wie diese Schale von ZenziWerken, umsetzen. (© ZenziWerken.de, Daniel Groß)

Wenn du dich in diesen Beschreibungen wiedererkennst und mit den beschriebenen Anforderungen leben kannst, lade ich dich herzlich ein, mir auf dem Weg zur selbst gebauten Fräse zu folgen.

Bild 1.8 Schritt für Schritt bauen wir eine Fräse auf und nehmen sie in Betrieb.

Noch ein wichtiger Hinweis: Dieses Buch ist nicht als lineare Handlungsanweisung gedacht. Ich baue zunächst eine einfachen Maschine mit drei Achsen, Riementrieben, kleinen Motoren und einer einfachen Steuerung und rüste diese dann Schritt für Schritt auf: mit einer Absaugung, einem Werkzeuglängentaster, größeren Motoren, einer kräftigeren Steuerung, einer vierten Achse und so weiter. Du kannst die Zwischenschritte natürlich auch überspringen und gleich NEMA23-Motoren einbauen.

Dieses Buch wird dir auch ein nützlicher Wegweiser sein, wenn du dich nicht für eine Shapeoko-Grundmaschine, sondern einen anderen Bausatz entschieden hast. Die Ausführungen zur elektrischen/elektronischen Ausstattung sind auch für ein anderes mechanisches Basisset gültig. Lies das Buch am besten einmal komplett durch, bevor du dich für einen Aufbau entscheidest. Ich liefere an vielen Stellen Pros und Contras und begründe meine Entscheidungen ausführlich. So kannst du meinen Argumenten folgen – oder eben auch nicht.

1.2 Von der Idee zum Span: Wie ist dieses Buch aufgebaut?

Nach dieser Einführung folgen in Kapitel 2 der Aufbau der Fräsmaschine, die Beschreibung ihrer Bestandteile und einige Begriffserklärungen. In Kapitel 2 wird zudem die notwendige Größe und das Budget geklärt, das für die Fräsmaschine und ihre Peripherie ausgegeben werden soll. Auch sinnvolle Erweiterungen und Ergänzungen werden besprochen.

Kapitel 3 beschäftigt sich mit den Grundlagen des Fräsens. Welche Werkzeuge gibt es, wie werden diese eingesetzt, was bedeutet Vorschub, Zustellung und Schnittgeschwindigkeit, wie wählt man die richtigen Parameter für verschiedene Werkstoffe und Werkzeuge aus? Einen Schritt weiter geht es mit den Bearbeitungsstrategien. Es werden verschiedene Möglichkeiten vorgestellt, Material abzutragen, die jeweils Vor- und Nachteile haben. Wozu Maschinen-, Werkstück-, Programm- und andere Nullpunkte und ihre zugehörigen Koordinatensysteme gut sind und wie man mit ihnen arbeitet, ist ebenfalls Thema in Kapitel 3.

Dann folgt das kurze Kapitel 4, in dem ich den endgültigen Aufbau und die Größe der Fräse festlege und die zum Bau notwendigen Bestandteile zusammenstelle.

In Kapitel 5 und 6 gehe ich auf den mechanischen und elektrischen Zusammenbau der Fräsmaschine ein. Der Aufbau wird nicht bis zur letzten Schraube dargestellt, da dein individueller Baukasten je nach Anforderung sicherlich etwas anders aussieht, doch die Kapitel enthalten viele Tipps und Tricks, die dir helfen, Fehler beim Zusammenbau zu vermeiden. Darüber hinaus wird in Kapitel 6 die Maschinensoftware auf den Steuerungsrechner gespielt und die Maschinensteuerung selbst initialisiert.

In Kapitel 7 kommen wir zum spannendsten Teil: der Inbetriebnahme der Fräse. Die Maschine macht die ersten Bewegungen, wir suchen Nullpunkte, spannen ein Werkstück auf und erzeugen das erste Mal Späne. Ganz wichtig ist auch Abschnitt 7.5 zum Thema Sicherheit. Sowohl der Bau als auch der Betrieb der Fräse bergen Gefahren in sich, wenn nicht gewisse Vorsichtsmaßnahmen ergriffen werden.

In Kapitel 8 wird der gesamte Workflow, der in Kapitel 2 bereits in der Theorie vorgestellt wurde, noch einmal detailliert betrachtet. Wir arbeiten mit Estlcam und Autodesk Fusion 360 verschiedene Projekte durch – von der Skizze über das 3D-Modell bis hin zur CAM-Programmierung, der G-Codeausgabe und dem Fräsvorgang auf der selbst gebauten Maschine.

Bild 1.9 Auch das Gravieren gescannter Zeichnungen bringen wir der Fräse bei.

HINWEIS: Bitte vergiss nicht, dass das Bedienen einer Fräse im Rahmen eines Lehrberufs erlernt wird. Zerspanungsmechaniker lernen dreieinhalb Jahre lang alles über Fertigungsmethoden und -prozesse. Auch du wirst – wenn du nicht die entsprechende Ausbildung hast – einige Zeit brauchen, um deine Fräse wirklich im Griff zu haben. Das Verstehen der Fräsparameter und des Workflows ist extrem wichtig, wenn du Erfolgserlebnisse statt Frust erfahren möchtest.

In Kapitel 9 werden der Werkzeugwechsel und der dafür notwendige Werkzeuglängensensor behandelt. Zudem bauen wir eine Späneabsaugung auf Basis eines Zyklonabscheiders, die über das NC-Programm gesteuert wird (Bild 1.10).

Bild 1.10 Sorgt für Sauberkeit am Arbeitsplatz: ein selbst gebauter Zyklonabscheider

Der Maker ist ja nie zufrieden, wenn etwas einfach nur funktioniert. Hatten wir die CNC-Maschine zunächst mit Komponenten ausgestattet, wie sie im 3D-Druckbereich typisch sind – mit Raspberry Pi, Polulu 8825-Treibern und NEMA17-Motoren –, greifen wir in Kapitel 10 zu Treiberplatinen, die zum einen NEMA23-Motoren treiben können und zum anderen Reserven für eine vierte Achse bieten. Außerdem wird der Maker nervös, wenn die Möglichkeiten der Elektronik nicht voll ausgeschöpft werden. Also bauen wir in Kapitel 10 eine vierte Achse, um Werkstücke von (fast) allen Seiten bearbeiten zu können (Bild 1.11).

Die optionalen Ergänzungen bauen nicht direkt aufeinander auf. Du kannst also die Späneabsaugung auch nachbauen, wenn du nicht auf Spindeltriebe umgerüstet hast, oder die Maschine gleich mit einer leistungsstärkeren Steuerung aufbauen, ohne zunächst mit dem Raspberry Pi zu arbeiten.

Am Ende wirst du eine leistungsstarke, vielseitige CNC-Fräsmaschine gebaut haben, die dir bei deinen Fräsprojekten hoffentlich wertvolle Dienste leisten wird und auch als Basis für einen Lasercutter dienen kann.

Bild 1.11 Die vierte Achse erschließt uns neue Möglichkeiten beim Fräsen.

1.3 Danksagungen

Solch ein Buch schreibt sich nicht von alleine, insbesondere deshalb, weil man extrem viel Hardware für die Realisierung benötigt. Folgende Firmen und Personen haben mich mit Rat und Tat bzw. verschiedener Hardware unterstützt:

- Allen voran danke ich Ronald Holze von myhobby-CNC (*http://www.myhobby-cnc.de*), der mir eine fast komplette „Zweitfräse“ zur Verfügung gestellt hat.
- Ich danke den Firmen Protoneer und Heise Medien, die mich mit ihren Steuerungen Raspberry Pi CNC und MaXYposi Controller ausgestattet haben. Peter König von der Zeitschrift Make: und dem MaXYposi-Entwickler Carsten Meyer danke ich für ihre Unterstützung.
- Daniel Groß von ZenziWerken.de (*www.zenziwerken.de*) danke ich für die Erlaubnis, seine Konstruktionen und schönen Bilder zu nutzen.
- Der Estlcam-Entwickler Christian Knüll hat mir einige wichtige Fragen zu seiner CAM-Software beantwortet und mich vor einem großen Irrtum bewahrt.
- Michael Haase danke ich für die Daten seines Balsa-Zagi-Nurflüglermodells, das in Kapitel 8 zum Einsatz kommt.

- Und zum Schluss danke ich meiner Familie, meinen Kunden und Julia Stepp vom Hanser Verlag für ihre Geduld bei diesem Projekt.

Doch nun genug der Vorrede. Bist du bereit, in die spannende Welt des CNC-Fräsens abzutauchen? Dann lass uns loslegen. Ich wünsche dir viel Freude bei der Lektüre meines Buches!

Friedrichshafen, Januar 2022

Ralf Steck

2 Schnelleinstieg in die Welt der CNC-Fräsen: Aufbau, Funktionsweise und Marktübersicht

In diesem Kapitel beschreibe ich zunächst, wie aus 3D-CAD-Daten die Bewegungsbefehle für die Motoren einer Fräse entstehen. Dann lernst du die Bestandteile einer Fräsmaschine kennen – von der Steuerung über die Motoren bis zu den Achsen und der Spindel. Als Nächstes wenden wir uns den Werkstücken zu. Welche Formen lassen sich mit einer Fräse überhaupt herstellen? Was ist 2,5D- und was 3-Achs-Fräsen? Warum brauche ich für 3D-Fräsen fünf Achsen? Weiter geht es mit den verschiedenen Werkstoffen, den Grenzen der hier beschriebenen CNC-Maschine bei der Materialwahl und schließlich mit der konkreten Auswahl der im Buch eingesetzten Fräsmaschine, deren Größe und der Festlegung des Budgets (Bild 2.1, siehe auch Abschnitt 2.5 und Abschnitt 2.6.10). Schließlich kümmern wir uns um die Peripherie. Was benötigt man außer der Maschine und ihrer Steuerung? Was bringen Späneabsaugung, Werkzeuglängentaster oder vierte Achse?

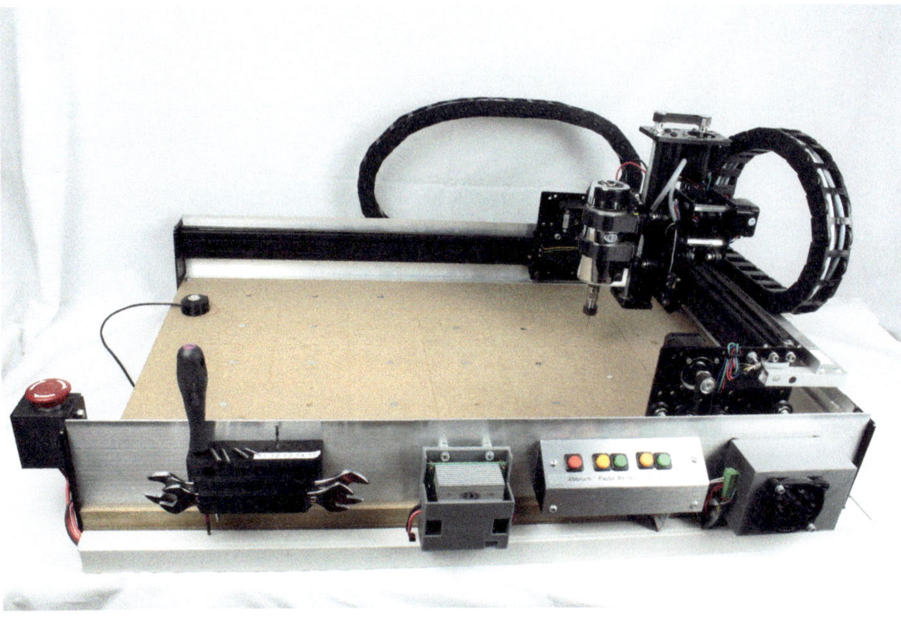

Bild 2.1 Im Buch bauen wir eine Shapeoko-Fräse.

2.1 Von CAD zu CNC: Der Datenworkflow

Alle CNC-Maschinen, seien es Fräsen, Drehmaschinen oder auch 3D-Drucker, werden mit G-Code gesteuert. Das ist eine in der Norm DIN 66025/ISO 6983 festgelegte Programmiersprache, die allerdings bei jeder Maschine und jedem Hersteller über die genormten Befehle hinaus erweitert und angepasst ist. Das ist zum einen darauf zurückzuführen, dass sich die Anlagen schneller entwickeln als die Norm. Auf diese Weise können die Befehle für die neuen Funktionen erweitert werden. Zum anderen haben die verschiedenen Anlagen unterschiedliche Spezialfunktionen, die mit jeweils speziellen Befehlen angesprochen werden. So benötigt ein 3D-Drucker Befehle, mit denen man die Temperatur von Düse und Bett festlegen kann, eine Fräsmaschine arbeitet dagegen mit Kühlschmiermittel, dessen Fluss ebenfalls im Code gesteuert werden muss. Praktisch jede Herstellerfirma pflegt deshalb einen spezifischen G-Code-Dialekt, der die eigenen Funktionen unterstützt. Der G-Code muss deswegen immer an die jeweilige Maschine, die zum Einsatz kommen soll, beziehungsweise an deren Steuerung angepasst werden.

Nichtsdestotrotz gibt es eine Reihe allgemeingültiger Befehle wie `G0` („Bewege das Werkzeug im Eilgang und in gerader Linie zu bestimmten Koordinaten“) oder `G2` („Beschreibe einen Kreisbogen im Uhrzeigersinn“). Bewegungsbefehle beginnen mit dem Buchstaben G, M-Codes steuern weitere Funktionen wie die Spindeldrehzahl (`M4`) oder Kühlung (`M8`). Die Codes akzeptieren Parameter. So startet `G1 X50 Y20 Z-0,5 F1500` eine lineare Bewegung zu den XYZ-Koordinaten 50/20/-0,5 mit einer Geschwindigkeit von 1500 Millimetern pro Minute. Durch weitere Befehle lässt sich auch einstellen, ob die Koordinatenwerte relativ zum aktuellen Standort (relativ) oder relativ zum Nullpunkt (absolut) gemeint sind.

TIPP: Ein ; bewirkt, dass der Rest der Zeile ignoriert wird. So kann man Kommentare einfügen. Zudem lassen sich Zeilennummern einfügen, die sich in Unterprogrammen referenzieren lassen.

Ein G-Code-Programm, das ein einfaches Quadrat mit 50 Millimeter Kantenlänge abfährt, könnte also folgendermaßen aussehen:

```
N10  G21            ; Einheiten auf Millimeter setzen
N20  G90            ; auf Absolutpositionierung umschalten
N30  G0 X20 Y20 Z0  ; Linear auf die genannten Absolutkoordinaten verfahren
N40  G91            ; Auf Relativpositionierung umschalten
N50  M3 S12000      ; Spindel im Uhrzeigersinn mit 12000 U/min anschalten
N60  G1 Z-0.5       ; 0,5 Millimeter in das Material eintauchen
N70  G1 X50         ; Mit Bearbeitungsgeschwindigkeit um 50 Millimeter in X-Richtung
                      verfahren
N80  G1 Y50         ; Mit Bearbeitungsgeschwindigkeit um 50 Millimeter in Y-Richtung
                      verfahren
N90  G1 X-50        ; Mit Bearbeitungsgeschwindigkeit um 50 Millimeter in negativer
                      X-Richtung verfahren
```

```
N100  G1 Y-50          ; Mit Bearbeitungsgeschwindigkeit um 50 Millimeter in negativer
Y-Richtung verfahren
N110  G0 Z10           ; Im Eilgang 10 Millimeter nach oben fahren
N120 M5                ; Spindel ausschalten
```

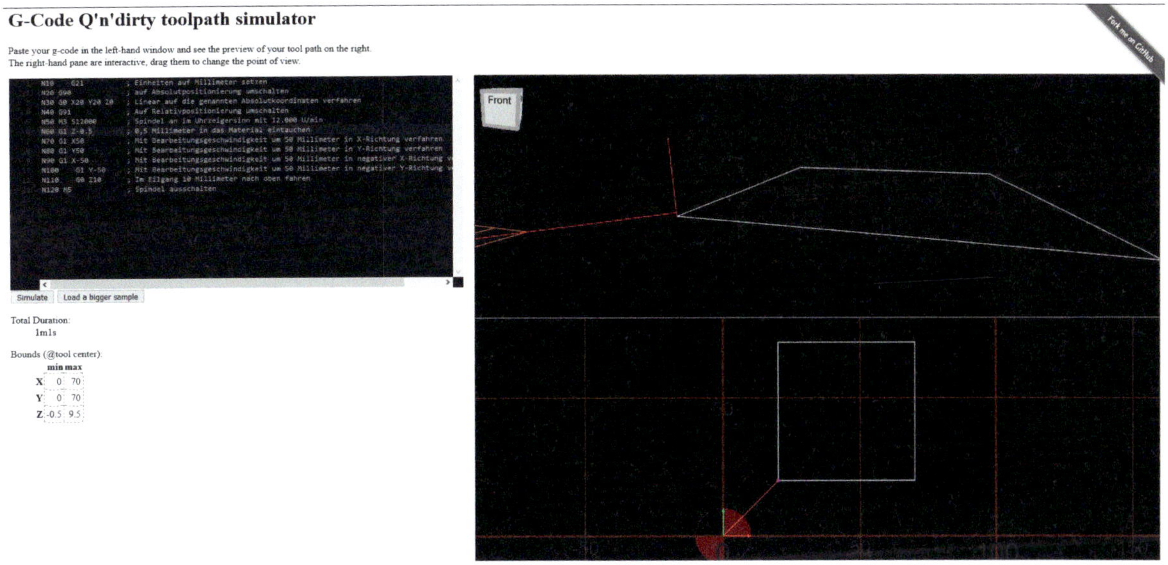

Bild 2.2 Mithilfe eines G-Code-Onlinesimulators *(http://nraynaud.github.io/webgcode)* visualisieren wir schnell den vorangehend dargestellten Code.

Als die ersten CNC-Maschinen auf den Markt kamen, wurde der G-Code noch manuell geschrieben. Das war allerdings sehr fehleranfällig, besonders, weil die Werkzeugbahnen nur selten dem entsprechen, was man auf der Zeichnung sieht, denn der Fräser schneidet nicht mit seiner Mittelachse, sondern mit seiner Seitenfläche. Das bedeutet, dass im vorangegangenen Beispiel kein Quadrat mit 50 Millimeter Kantenlänge stehen bleiben würde, sondern bei Verwendung eines 6-Millimeter-Schaftfräsers ein Quadrat mit 44 Millimeter Kantenlänge. Der 6-Millimeter-Schaftfräser arbeitet 3 Millimeter neben der Mittellinie.

Das Programm müsste in diesem Fall so aussehen (Ausschnitt):

```
[...]
N30   G0 X17 Y17 Z0    ; Linear auf die genannten Absolutkoordinaten verfahren
N40   G91              ; Auf Relativpositionierung umschalten
N50   G1 Z-0.5         ; 0,5 Millimeter in das Material eintauchen
N60   G1 X56           ; Mit Bearbeitungsgeschwindigkeit um 50 Millimeter in X-Richtung
                         verfahren
N70   G1 Y56           ; Mit Bearbeitungsgeschwindigkeit um 50 Millimeter in Y-Richtung
                         verfahren
N80   G1 X-56          ; Mit Bearbeitungsgeschwindigkeit um 50 Millimeter in negativer
                         X-Richtung verfahren
N90   G1 Y-56          ; Mit Bearbeitungsgeschwindigkeit um 50 Millimeter in negativer
                         Y-Richtung verfahren
N100  G0 Z10           ; Im Eilgang 10 Millimeter nach oben fahren
```

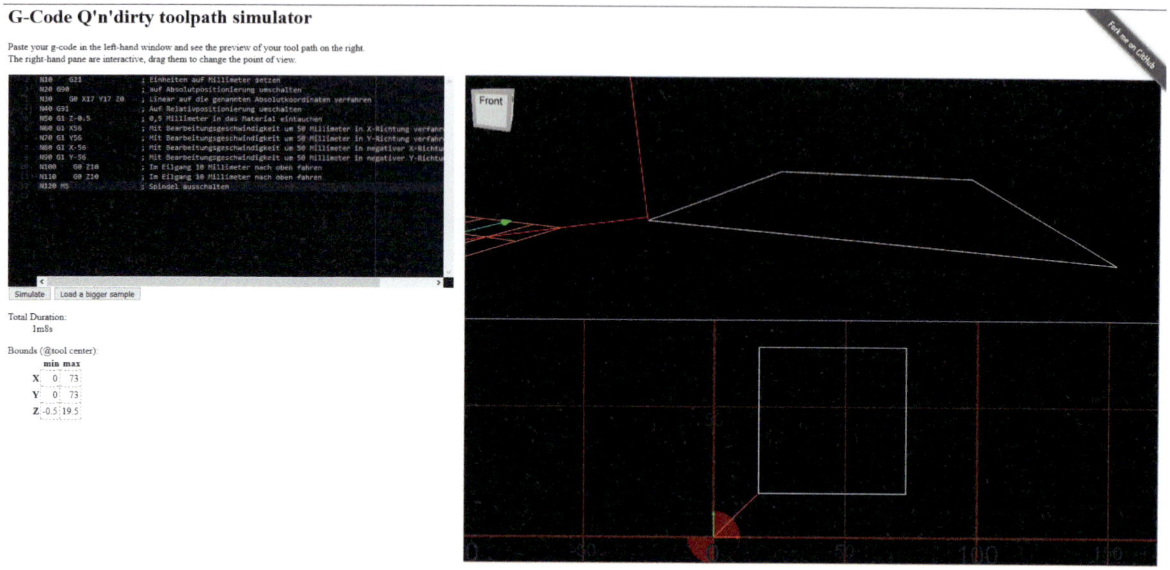

Bild 2.3 Die Simulation zeigt im unteren Fenster die etwas weiter außen verlaufende Werkzeugbahn.

Auf diese Weise verläuft die Mittellinie der Bewegung um 3 Millimeter nach außen versetzt und es bleibt ein Quadrat mit 50 Millimeter Kantenlänge stehen. Bei komplexen Formen wird es schnell fast unmöglich, diese sogenannte Fräserradiuskorrektur manuell durchzuführen. Deshalb wurde diese Korrektur bald in die Maschinensteuerung verlegt und der Programmierer konnte wieder mit den tatsächlichen Maßen des Werkstücks arbeiten.

Die entsprechenden G-Befehle lauten `G40`, `G41` und `G42`. `G40` schaltet die Fräserradiuskorrektur aus, `G41` verlegt die Werkzeugbahn in Vorschubrichtung gesehen nach links und `G42` nach rechts. Der Parameter D bestimmt den Werkzeugdurchmesser oder bei manchen Steuerungen ein Werkzeug im Wechsler, dessen Durchmesser wiederum in einer Werkzeugmaßtabelle hinterlegt ist.

Die Zeile

```
N25   G42 D3                ; Fräserradiuskorrektur rechts, 3 Millimeter Abstand
```

würde, an entsprechender Stelle (zwischen Zeile 20 und 30) in das erste Programm eingefügt, den Werkzeugweg so verschieben, dass ein Quadrat mit 50 Millimeter Kantenlänge entstände.

Doch das soll zur manuellen Programmierung genügen. Das Beispiel hat, glaube ich, gut gezeigt, dass diese Art der Maschinenprogrammierung schnell sehr aufwendig wird. Man stelle sich vor, das bahnenweise Abfahren einer Fläche von Hand programmieren zu müssen – welch ein Aufwand! Zum Glück gibt es heutzutage CAM-Software (Computer-Aided Manufacturing), die aus einer Geometrie die benötigten G-Codes ableitet. Das bedeutet jedoch, dass wir eine digitale Darstellung des endgültigen Bauteils benötigen. Je nachdem, wie wir dieses bearbeiten möchten, reicht dazu eine Strichzeichnung, wenn mit festen Tiefenwerten gearbeitet wird, oder es ist ein 3D-Modell notwendig, wenn gebogene Flächen erzeugt werden sollen. So reicht für das Fräsen von Spanten oder das Gravieren eines Logos in eine Plexiglasplatte eine Vektorgrafikdatei, beispielsweise im DXF- oder SVG-Format. Wenn du hingegen ein Geländemodell fräsen möchtest, brauchst du ein dreidimensionales Modell.

In diesem Buch werden wir die Software Fusion 360 von Autodesk benutzen, die unter anderem ein 3D-CAD-System mit einem CAM-System verbindet (Bild 2.4). CAM-Systeme wie Estlcam, Mach4 oder im Profibereich Tebis nehmen 2D-/3D-Daten entgegen und liefern den zugehörigen G-Code. Damit die CAM-Software den richtigen G-Code-Dialekt für die Steuerung der CNC-Maschine erzeugt, benötigt sie einen angepassten Postprozessor (PP). Fusion 360 enthält zum Glück neben Postprozessoren für Profimaschinen auch PPs für Mach4, Shapeokos und GRBL, sodass wir den passenden Code erzeugen können.

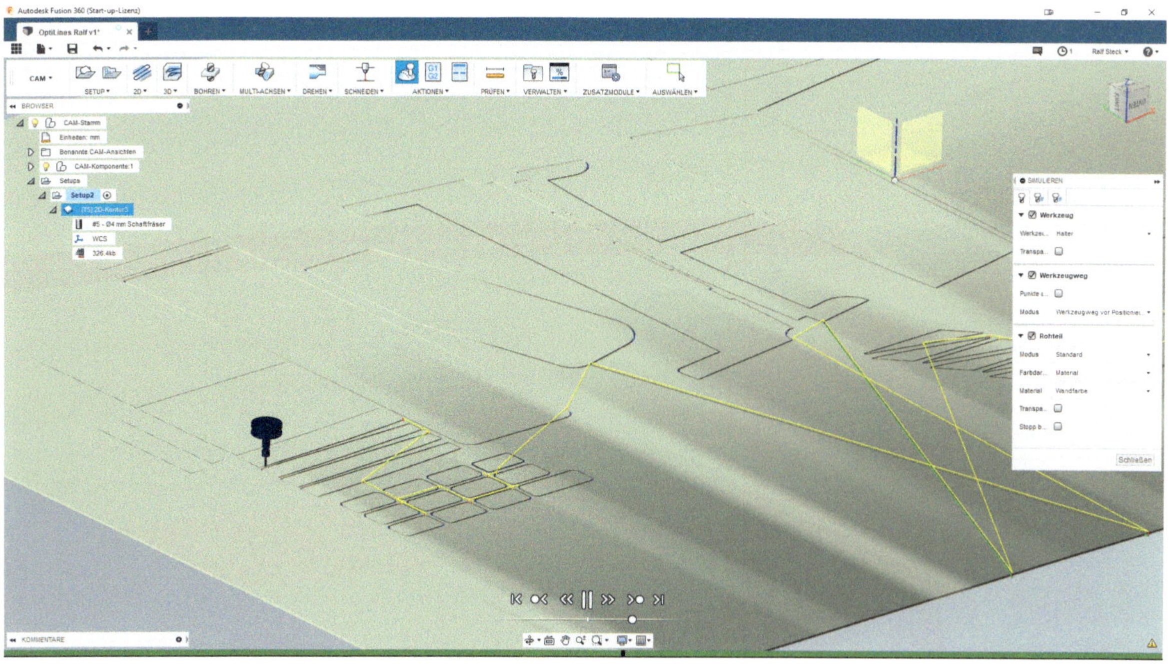

Bild 2.4 Mit dem für Privatanwender kostenlosen Fusion 360 erstellen wir die Fräsbahndaten.

Die Steuerung der Maschine nimmt den G-Code entgegen und wandelt ihn in die Steuerimpulse für die Endstufen der Schrittmotoren und der Spindel um. Zusätzlich besitzt sie Ausgänge, beispielsweise für das Ein- und Ausschalten einer Kühlung. Auf diesen Teil des Workflows gehe ich in Kapitel 7 ein. Ich habe die Softwarekomponenten der Steuerung trotzdem in den Workflow aus Tabelle 2.1 aufgenommen, um den Signalfluss zu verdeutlichen.

Tabelle 2.1 Datenfluss und zugehörige Softwarekomponenten

Komponente	Funktion	Beispiel
CAD-System	Erstellen des 2D- oder 3D-Modells	Fusion 360, FreeCad, SketchUp, SolidWorks
CAM-System	Definieren der Bearbeitungsschritte und -strategien, der Werkzeuge und des Rohteils; Erzeugen des CNC-Programms	Fusion 360, Mach4, Estlcam
Postprozessor	Erzeugen des zur Maschine passenden G-Code-Dialekts	In die CAM-Software integriert
G-Code-Sender	Liefert das Programm zeilenweise an die Steuerung; läuft auf PC oder Raspberry Pi	Mach4, Estlcam, GRBL-Sender, bCNC, CNC.js
G-Code-Interpreter	Interpretiert den G-Code und wandelt ihn in Steuersignale für die Motorendstufen um; läuft auf Arduino oder PC (Echtzeit)	GRBL, Estlcam-Firmware für Arduino, Mach4

2.2 Bestandteile einer CNC-Fräsmaschine

Die Schnittstelle zwischen Programmierung und CNC-Maschine ist der G-Code, der wie in Abschnitt 2.1 beschrieben im CAM-System erzeugt und nun an die Steuerung übergeben wird. Man wird sinnvollerweise einen eigenständigen PC als Steuerungsrechner benutzen, während Konstruktion und CAM-Programmierung auf einem anderen Rechner laufen. Zumindest ist dies die übliche Trennung, wie sie auch im Profibereich gelebt wird. Die Trennung ist allerdings im Profi- wie im Hobbybereich unscharf, denn auch im Profibereich kann der Maschinenbediener auf der Maschinensteuerung eigene CNC-Programme schreiben oder die Programme aus dem CAM-System bearbeiten. Ebenso gut kann die Steuerung auch in die CAM-Software integriert sein und auf einem PC unter Windows laufen (beispielsweise bei Mach4) oder auf einem Steuerungs-PC den von einem CAM-Programm gelieferten G-Code verarbeiten, wie bei LinuxCNC.

2.2.1 Kommandosache: Die Steuerung

Die Steuerung muss allerdings echtzeitfähig sein. Das bedeutet, dass die Signale der Maschine – beispielsweise von Endschaltern – in Realzeit verarbeitet werden. Ebenso müssen die Steuersignale an die Schrittmotoren beziehungsweise deren Endstufen im

Millisekundenbereich zuverlässig und ohne Zeitverzögerung weitergeleitet werden. Serielle und USB-Anschlüsse liefern und senden Daten nacheinander und sind deshalb wenig geeignet für die direkte Steuerung einer CNC-Maschine. Viele Steuerungen nutzen bis heute den Parallelport, der früher auf sehr einfache Weise echtzeitfähige und gleichzeitig nutzbare Ein- und Ausgänge zur Verfügung stellte. Rechner mit Parallelport sterben allerdings langsam aus. Zudem erlaubt beispielsweise Windows 10 keinen direkten Zugriff von Software auf die Schnittstellen mehr. Echtzeitverarbeitung ist damit nicht mehr gewährleistet. Jeder kennt die kleinen „Denkpausen", die Windows immer wieder einlegt. Beim Steuern einer CNC-Maschine sind solche Denkpausen nicht tolerierbar. Nicht zuletzt können die Energiesparfunktionen von Windows für Ärger sorgen, wenn sie den Rechner nach einiger Zeit mitten während des Fräsens in den Tiefschlaf schicken.

Im Parallelport-Bereich werden sogenannte Breakout-Boards (BOB) genutzt. Diese stellen eine rein elektrische Umsetzung zwischen Parallelport und den Anschlüssen der Endstufen her. Die gesamte Intelligenz steckt also im PC. Ab dem Parallelport des Rechners laufen die Signale direkt über das Breakout-Board und die Endstufe in den jeweiligen Motor. Sehr elegant und weniger empfindlich gegen Einflüsse des PC-Betriebssystems ist dagegen die Lösung, die Steuerung und das Umsetzen der G-Codes in Maschinenbefehle einem darauf spezialisierten Mikrocontroller zu überlassen. Dazu lassen sich beispielsweise die sehr preiswerten Arduinos verwenden. Auf dem Arduino läuft eine spezielle Firmware, beispielsweise GRBL, die G-Code versteht. Das ist die „offizielle" Shapeoko-Lösung, die auch wir nutzen werden. Estlcam geht einen Sonderweg mit einer eigenen Arduino-Firmware, die direkt aus Estlcam mit Befehlen versorgt wird.

Diese Echtzeitsteuerung auf dem Arduino ist allerdings erst die halbe Miete, denn sie muss ständig und in der richtigen Geschwindigkeit mit G-Code versorgt werden – Zeile für Zeile in dem Takt, wie die Fräse die Befehle abarbeitet. Man benötigt also einen Rechner zum „Füttern" des Arduino. Man kann dafür wie bei der „direkten" Lösung einen Laptop oder PC benutzen. Ich habe mich für meine erste Fräse hingegen für eine Lösung auf Basis des Kleinstrechners Raspberry Pi entschieden. Der Raspberry kostet unter 40 Euro, benötigt praktisch keinen Strom und stellt mithilfe von Software wie bCNC eine Bedienoberfläche für die Fräse bereit, bei der „Profimaschinen-Feeling" aufkommt. bCNC ist gleichzeitig ein G-Code-Sender, der die G-Codes an den Arduino sendet. Außerdem kann man in bCNC einfache Programme selbst erstellen (Bild 2.5). Raspberry und Arduino bilden also zusammen eine komplette Steuerung mit CAM-Funktionalität. Wir werden im Verlauf des Buches noch andere Optionen zur Steuerung, auch über einen Laptop, einsetzen, sodass du alle Möglichkeiten kennenlernst.

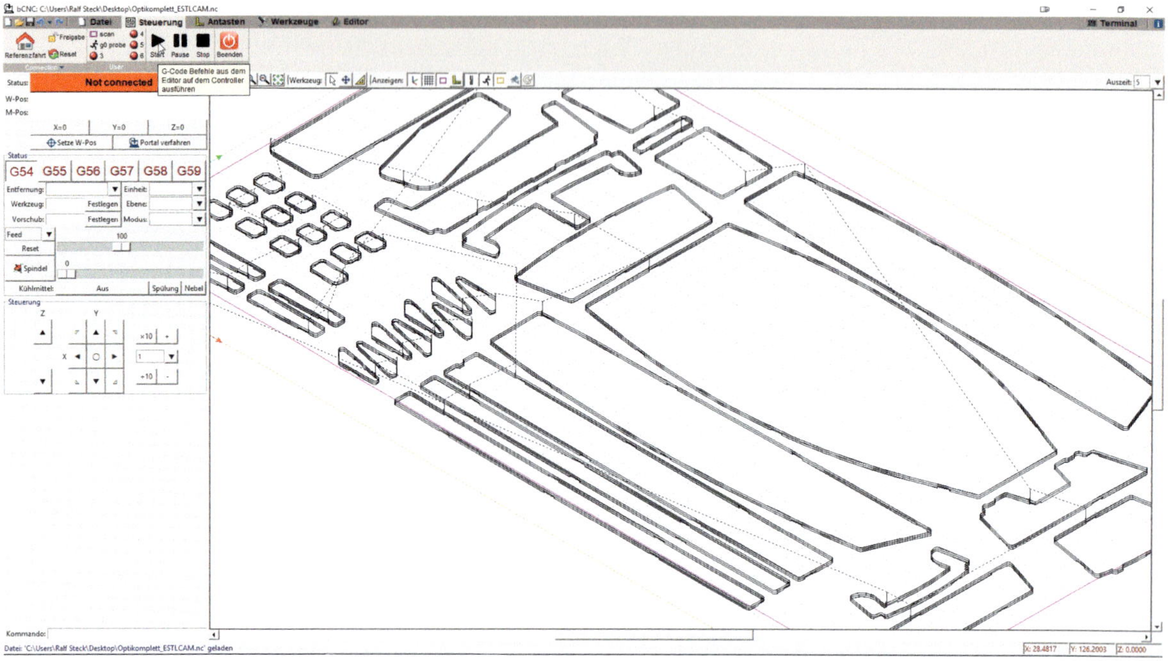

Bild 2.5 Steuerungssoftware wie bCNC liefert die NC-Datensätze an den Maschinencontroller.

Bild 2.6 Der Pi CNC Hat von Protoneer wird auf einen Raspberry Pi aufgesteckt. Vorne sind die vier Steckplätze für Motortreiber und hinten rechts der integrierte Arduino-Chip zu sehen. Das Bild zeigt Version 2.58 des Boards. Die aktuelle Version 2.60 hat ein anderes Layout und einen I2C-Anschluss (den wir nicht benötigen).

2.2.2 Antreiber: Die Motorenendstufen

Der letzte, noch fehlende Bestandteil der Steuerung sind die Motorentreiber oder -endstufen, die aus den Befehlssignalen des Arduino oder des PC die eigentlichen Impulse für den Schrittmotor erzeugen. Jedem Motor ist ein Treiber zugeordnet. Diese Treiber können beispielsweise sogenannte Polulus oder StepSticks sein. Das sind standardisierte Platinen mit einem A4988-Chip von Allegro oder dem DRV8825-Chip von Texas Instruments, der etwas mehr Strom verträgt. Diese Treiber kommen aus der 3D-Drucker-Szene und reichen völlig aus, um einen NEMA17-Schrittmotor zu steuern. Der maximale Strom, den diese Endstufen verarbeiten können, liegt bei circa 2,5 Ampere. Ein großer Vorteil ist, dass die Treiberplatinchen inzwischen spottbillig sind. Man bekommt auf eBay direkt aus China fünf Polulus für unter zehn Euro. Wenn man also beim Herumprobieren einen Treiber zerstört – und das kommt schneller vor, als man denkt –, ist schnell und preiswert Ersatz zu finden.

Bild 2.7 Vorne drei Treiberbausteine im Polulu-Format; links und in der Mitte zwei Boards auf Basis des DRV8825; rechts ein Treiber mit Toshiba TB67S109FTG; hinten ein Treiberboard mit dem TB6560

Sollen es größere Motoren sein, werden stärkere Treiber benötigt. Weitverbreitet sind beispielsweise die „China-Endstufen" von Leadshine oder solche auf Basis des Toshiba-Chips TB6560. Dieser Chip kann mit bis zu 36 Volt betrieben werden und liefert bis zu 3,5 Ampere an die Motoren. Noch bessere Werte liefert der neuere TB6600. Hier sind 5 Ampere oder mehr möglich. Zudem lassen sich statt 36- auch 48-Volt-Netzteile nutzen. Diese Treiberbausteine kosten – je nach Qualität – zwischen 10 und über 80 Euro.

2.2.3 Einer nach dem anderen: Die Schrittmotoren

Das nächste Glied der Kette sind die Schrittmotoren (oft auch als Steppermotoren bezeichnet). Schrittmotoren im Hobbybereich sind praktisch immer bipolare Hybridmotoren, die an ihren vier Anschlusskabeln zu erkennen sind. Es handelt sich um Motoren, die sich nicht kontinuierlich, sondern mit jedem Stromsignal einen kleinen Winkelschritt weiterdrehen. Die meisten Schrittmotoren haben 200 Schritte pro Umdrehung, was einem Schrittwinkel von 1,8 Grad entspricht.

Durch technische Tricks lassen sich auch Zwischenschritte realisieren. Man spricht dann von $^1/_2$-, $^1/_8$-, $^1/_{16}$- oder $^1/_{32}$-Schritten. In 3D-Druckern sind $^1/_{16}$- oder $^1/_{32}$-Schritte üblich, allerdings verlieren die Motoren durch die Zwischenschritte an Drehmoment, was beim 3D-Drucker weniger wichtig ist, bei Fräsen umso mehr. In Fräsen arbeitet man deshalb höchstens mit $^1/_8$-Schritten, was für die meisten Aufgaben genau genug ist. Zur Achse hin entsteht durch den Antrieb noch eine Untersetzung. Bei einem M8-Gewinde, wie es bei der in diesem Buch eingesetzten Shapeoko-Fräse an der Z-Achse zum Einsatz kommt, ist die Steigung 1,25 Millimeter. Das ist der Betrag, um den sich die Achse bei einer Umdrehung bewegt. Mit den 200 Schritten des verwendeten Schrittmotors ergibt sich pro Schritt eine Bewegung von 0,00625 Millimetern – bei Weitem genauer als der Rest der Maschine. Zwischenschritte bringen also keine zusätzliche Genauigkeit, allerdings können Zwischenschritte für einen weicheren Lauf sorgen, sodass man doch $^1/_2$- oder $^1/_8$-Schritte nutzt.

Die Schrittmotoren werden nach ihrer Baugröße NEMA-Motoren genannt. Der Name bezieht sich auf den US-amerikanischen Branchenverband National Electrical Manufacturers Association. Dieser hat eine Reihe von Schrittmotoren genormt. Sie arbeiten alle mit 200 Schritten pro Umdrehung. Typische Größen sind NEMA 17 bei 3D-Druckern und kleinen Fräsmaschinen, sowie NEMA 23, wenn es etwas mehr Drehmoment sein soll (Bild 2.8 und Tabelle 2.2).

Das in Tabelle 2.2 enthaltene Haltemoment bezeichnet die Kraft, die der Motor im Betrieb einer Kraft entgegensetzen kann. Wird die Belastung größer, kann der Motor um einen oder mehrere Schritte weitergedrückt werden. Wichtiger sind allerdings Schrittverluste. Diese entstehen, wenn die aufzubringende Kraft das maximale Drehmoment des Motors übersteigt. Die Schaltung sendet zwar Impulse, der Motor vollführt aber keine Schritte. Da die Steuerung bei normalen Schrittmotoren keine Rückmeldung über Schrittverluste erhält, stimmt nun die tatsächliche Position des Fräswerkzeugs nicht mehr mit der von der Steuerung angenommenen Position überein und die weiteren Fräsbahnen verschieben sich. Ein Ausweg sind Closed-Loop-Steuerungen, bei denen Drehmessgeber in die Motoren integriert sind, die der Steuerung Rückmeldung (*Closed Loop*, geschlossene Schleife) über Schrittverluste geben, was beispielsweise eine Notabschaltung auslöst. Damit ist wenig gewonnen und die Pakete aus vier Motoren und der passenden Steuerung kosten allein um die 1500 Euro, deshalb verfolge ich diesen Ansatz hier nicht weiter.

Bild 2.8 Schrittmotoren: links im Format NEMA 17, rechts im Format NEMA 23

Tabelle 2.2 Wichtige NEMA-Motorengrößen (Quelle: *https://de.wikipedia.org/wiki/Schrittmotor*)

Name	Abstand der Haltelöcher	Typisches Haltemoment
NEMA 14	35 mm × 35 mm	0,3 Nm
NEMA 17	42 mm × 42 mm	0,5 Nm
NEMA 23	47,14 mm × 47,14 mm	2,0–4,0 Nm
NEMA 34	86 mm × 86 mm	4,5–8,0 Nm

Eine Endstufe kann auch zwei Schrittmotoren antreiben, die sich dann synchron bewegen. Dies ist beispielsweise bei der Y-Achse der Shapeoko-Fräse wichtig, die zwei Motoren zum Bewegen des Portals nutzt. Natürlich lassen sich auch die Steuerimpulse des Arduino parallel an zwei Endstufen ausgeben, um die Motoren synchron laufen zu lassen. Das entlastet die Endstufe und wird auch in der Folge von mir so umgesetzt.

2.2.4 Immer geradeaus: Die Achsführungen

Die Shapeoko-Fräsmaschine hat drei Achsen: X, Y und Z. Die X-Achse ist bei der Shapeoko als Portal (englisch: *Gantry*) ausgeführt, das auf den MakerSlide-Profilen der Y-Achse hin- und herfährt. Der Z-Laufwagen wiederum fährt auf dem Portal in Y-Richtung und besitzt eine Platte, die auf- und abfährt. Auf dieser Platte ist die Spindel befestigt – das ist die Z-Achse. Welche Achse als X und Y bezeichnet wird, ist übrigens grundsätzlich unerheblich, typischerweise ist X „nach rechts“ und Y „nach hinten“. Ich habe bei meiner Fräse X und Y vertauscht, da ich beim Arbeiten an der Fräse üblicherweise an der langen Seite sitze. So stimmen die Buttons auf dem Bildschirm mit der Richtung der Bewegung überein.

Eine Dreiachsfräse besteht also aus drei Linearführungen. Mit der doppelten Führung der Y-Achse sind es sogar deren vier. Die Shapeoko benutzt als Linearführung das MakerSlide-Profil, das sowohl die Stabilität liefert als auch die Führung auf den V-Kanten (Bild 2.9). Bei anderen Fräsen werden Linearführungen mit gleit- oder kugelumlaufgelagerten Laufwagen eingesetzt, die auf ein Profil aus Stahl – oder bei Profimaschinen auf ein Gestell aus Stahlguss – geschraubt werden. Aus diesem Aufbau beziehen diese Fräsen ihre größere Steifigkeit. Lieferanten für solche Linearführungen sind unter anderem Hiwin oder Igus.

Bild 2.9 Die Achsen der Fräse sind hier mit Linearführungen in Form von V-Rollen realisiert.

2.2.5 Vorwärtsdrang: Die Achsantriebe

Zum Bewegen der Laufwagen gibt es verschiedene Möglichkeiten. Die einfachste Lösung, die bei der Shapeoko auf der X- und der Y-Achse eingesetzt wird, ist der Riementrieb (Bild 2.10). Ein Zahnriemen wird entlang der Achse gespannt und der Motor zieht die Achse mithilfe eines Zahnriemenritzels (*Pulley*) am Zahnriemen entlang. Diese Antriebsart bietet eine genügende Genauigkeit und je nach verwendetem Zahnriemen auch eine ordentliche Drehmomentübertragung. Zudem ist sie preisgünstig und flexibel. Verschiedene Längen werden einfach über die Länge des Riemens realisiert. Nicht zuletzt erlauben sie ein schnelles Verfahren, weshalb 3D-Drucker üblicherweise mit Riementrieben ausgestattet sind. Höhere Ansprüche an Genauigkeit und Drehmomentübertragung sollte man an Riementriebe jedoch nicht stellen, da der Riemen, vor allem bei längeren Achsen, immer eine gewisse Dehnung besitzt und der Pulley bei zu großem Drehmoment überspringt.

Bild 2.10 Der Riemenantrieb – in der Kraftübertragung begrenzt, aber ohne Umkehrspiel

Spindeltriebe übertragen Drehmomente, bis die Spindel bricht, und sind je nach Steigung auch sehr genau. Die einfachste Ausführung ist – wie an der Z-Achse der Shapeoko – eine mit dem Motor gekoppelte Gewindestange mit Maschinengewinde, auf der eine feststehende Mutter sitzt. Die Mutter wird linear bewegt, wenn die Spindel gedreht wird. Allerdings sind normale M-Gewinde eigentlich zum Verschrauben gedacht und nicht zur Bewegung. Deshalb ist die technisch bessere Lösung das auf diesen Einsatzzweck hin optimierte Trapezgewinde (Bild 2.11). Trapezgewindespindeln werden beispielsweise bei der Shapeoko-T verwendet.

Noch weniger Reibung beim Verfahren bieten Kugelumlaufmuttern, beispielsweise von Hiwin, die auf speziellen Spindeln laufen. In dieser Liga gibt es auch angetriebene Muttern. Bei dieser Lösung steht die Spindel und die Mutter wird von einem Motor angetrieben. Das hat den Vorteil, dass die Spindel fest gelagert wird und die Bearbeitungskräfte nicht auf die Motorlager wirken. Zudem kann die Spindel auf Zug belastet eingebaut werden, was das Durchhängen der Spindel bei längeren Achsen reduziert und damit die Genauigkeit erhöht. Allerdings sind angetriebene Muttern recht groß, was den Einsatz in solch kleinen Fräsen wie der Shapeoko unsinnig macht. Nahezu allen Spindeltrieben ist gemeinsam, dass sie relativ langsam sind, weil der Schrittmotor nur eine gewisse Drehzahl erreichen kann und die Untersetzung in der Mutter sehr hoch ist. Deshalb wird diese höherwertige Antriebsart bei der Shapeoko nur an der kurzen Z-Achse verwendet.

Bild 2.11 Der Trapezspindelantrieb ist ein guter Kompromiss aus Kraftübertragung und Geschwindigkeit.

Eine wichtige Eigenschaft der Antriebe ist das Umkehrspiel. In einem Gewinde ist immer ein gewisses Spiel vorhanden, sonst könnten sich Spindel und Mutter gar nicht gegeneinander drehen (ebenso im Antrieb, im Motor und in eventuellen Zahnradgetrieben). Solange man in eine Richtung fährt, ist das nicht weiter schlimm. Wenn sich die Spindel zu drehen beginnt, verschwinden zunächst alle Luftspalte und dann beginnt sich das Portal zu drehen. Wechselt man allerdings die Richtung, müssen erst alle Luftspalte überwunden werden. Die Achse bleibt also einen kleinen Moment stehen, bevor sie in der anderen Richtung fährt. Das zeigt sich vor allem in Kreisen und Kreisbögen. Die gute Nachricht: Riemenantriebe haben praktisch kein Umkehrspiel. Ebenso gibt es spielfreie Muttern für Spindeltriebe, bei denen im Prinzip zwei Muttern so gegeneinander gekontert sind, dass praktisch kein Spiel mehr vorhanden ist.

Man sieht: Jede Antriebsart hat Vor- und Nachteile, Geschwindigkeit und Genauigkeit sind Gegensätze, die man genau abwägen muss. Ein sehr genauer Spindeltrieb auf einer langen Achse kann mit der Zeit sehr nerven, wenn jede Fahrt an den Nullpunkt Minuten dauert. Deshalb ist ein hybrider Aufbau mit Riementrieben an den langen und einem Spindeltrieb an der kurzen Achse insgesamt ein guter Kompromiss.

2.2.6 Es geht rund: Die Spindel

Auf der Z-Achse sitzt der Spindelmotor mit der Werkzeugaufnahme. Dieser Antrieb ist das eigentliche Arbeitsgerät der Fräsmaschine. Die Drehzahl und die Kraft beziehungsweise die Leistung der Spindel entscheiden über die höchstmögliche Fräsgeschwindigkeit und damit über die Leistungsfähigkeit der Maschine. Rundlauffehler der Spindel zeigen sich unmittelbar als qualitative Einbußen auf der Oberfläche des Werkstücks. Dabei greifen an der Spindel beziehungsweise an dem in der Spindel befestigten Werkzeug alle Kräfte an, die in der Fräsmaschine entstehen. Gleichzeitig soll die Spindel leicht und kompakt sein, um einen großen Arbeitsbereich zu gewährleisten und schnelles, präzises Verfahren zu ermöglichen.

Die entscheidende Kennzahl für alle Bewegungswerte ist die Geschwindigkeit eines Zahns des Werkzeugs im Material. Je weicher das Material, desto schneller kann der Zahn bewegt werden und desto mehr Material wird abgetragen. Eine gewisse Mindestgeschwindigkeit ist notwendig, weil ein großer Teil der beim Abtragen des Werkstoffs entstehenden Wärme über die Späne abgeleitet wird. Das zeigt sich häufig beim Fräsen von Holz: Wenn das Werkstück an der bearbeiteten Kante verschmort, wurde zu langsam bearbeitet. Eine hohe Drehzahl ist also wichtig. Das Drehmoment der Spindel wiederum begrenzt den Durchmesser der verwendbaren Werkzeuge. Ein Messerkopf mit 20 Zentimeter Durchmesser, wie er im Profibereich zum Schlichten großer Flächen eingesetzt wird, braucht mehr Leistung als ein 3-Millimeter-Schaftfräser.

Im Profibereich werden deshalb Spindeln mit über 60 kW Leistung und bis zu 100 000 Umdrehungen eingesetzt. Im Hobbybereich sind wir von solchen Werten weit entfernt: Das Minimum wäre sozusagen ein Dremel- oder Proxxon-Schleifer, der in die Z-Achse eingespannt wird. Dieser wiegt etwa 500 Gramm und hat eine Leistung von etwa 125 Watt. Das Maximum, das für die Bauweise der Shapeoko nicht zu schwer wird, sind (Ober-) Fräsmotoren, beispielsweise von Kress, mit 800 - 1000 Watt, die bis zu zwei Kilogramm wiegen. Auf größeren Hobbyfräsen sind luft- und wassergekühlte Spindeln mit 2000 - 4000 Watt zu finden. Ich bin mit einer 400-Watt-„Chinaspindel“, die etwa 900 Gramm auf die Waage bringt, etwa in der Mitte geblieben (Bild 2.12).

Ein wichtiger Grund für diese Wahl war zudem, dass diese Spindeln mit 12 bis 48 Volt betrieben werden, die Fräsmotoren dagegen mit 230 Volt. Ich versuche bei meinem Aufbau, die Netzspannung soweit möglich von der Fräse fernzuhalten. 230 Volt durch den gesamten Aufbau zu leiten, ist meiner Meinung ein Risiko bei solchen Eigenbauten. Ich habe die gesamte Fräse so aufgebaut, dass die Netzspannung an einer Stelle - und zwar bei den Netzteilen - gebündelt ist. Wenn man an den Netzteilen arbeitet, weiß man, dass man mit 220 Volt hantiert. Stößt man dagegen irgendwo an der Maschine auf ein Netzspannung führendes Kabel, könnte man auch einmal vergessen, dass hier Lebensgefahr besteht.

Bild 2.12 Die typische „Chinaspindel", wie sie in Hobbyfräsen gerne eingesetzt wird

Zudem ist die von mir gewählte Spindel drehzahlgesteuert, was ein feines Anpassen der Drehzahl an den Werkstoff ermöglicht. Die von mir gewählte Steuerung hat einen entsprechenden PWM-Ausgang, sodass sich die Spindeldrehzahl stufenlos aus der Software heraus steuern lässt. Allerdings zeigte sich auch hier der Nachteil des fehlenden Rückkanals: Die Steuerung nimmt bei vollem PWM-Signal an, dass die Spindel mit voller Drehzahl läuft, und berechnet Zwischenstufen selbstständig, wenn man den Maximalwert eingegeben hat. Gibt man als Maximaldrehzahl 12 000 Umdrehungen an, zeigt die Steuerung bei halbem PWM-Signal 6000 Umdrehungen an – unabhängig von der tatsächlichen Spindeldrehzahl. Ich habe eine Weile benötigt, um auf dieses Problem aufmerksam zu werden, nachdem die Bearbeitung nicht so erfolgte wie gewünscht. Mit einem berührungslosen Drehzahlmesser fand ich am Ende heraus, dass diese Spindel, wenn man sie mit 24 Volt statt der maximal möglichen 48 Watt betreibt, nur 6000 statt 12 000 U/min erreicht. Um die volle Drehzahl nutzen zu können, benötigen wir also eine zusätzliche Stromversorgung der Spindel mit 48 Volt. Das ist jedoch nicht unbedingt notwendig. 6000 U/min reichen für die meisten Bearbeitungen völlig aus.

Zum Einspannen des Werkzeugs haben sich sogenannte ER-Doppelkegelspannzangen durchgesetzt, die in verschiedenen Größen verfügbar sind. In das Spannfutter wird eine Spannzange eingesetzt, die jeweils innen einen bestimmten Durchmesser besitzt. Das heißt, für einen Fräser mit 3-Millimeter-Schaft benötige ich eine 3-Millimeter-Spannzange. Sehr viele Fräser haben auch einen $^1/_8$-Zoll-Schaft, was 3,175 Millimetern entspricht, der sich mit einer 3-Millimeter-Spannzange einspannen lässt. Die 400-W-Chinaspindeln haben eine ER11-Aufnahme, für die Spannzangen von 0,5 bis 7 Millimetern verfügbar sind (Bild 2.13 und Bild 2.14). Damit passen auch die weitverbreiteten Fräser mit 6-Millimeter-Schaft, die in Oberfräsen eingesetzt werden.

Bild 2.13 Die Chinaspindel ist mit einer ER11-Werkzeugaufnahme ausgestattet.

Bild 2.14 Für jeden Schaftdurchmesser die passende Spannzange (bei ER11 von 1 bis 7 Millimeter)

2.2.7 Basis für alles: Die Arbeitsplatte

Das letzte Bauelement der Fräse ist die Arbeitsplatte, auch Frästisch genannt. Auf ihr wird das Werkstück gespannt. Dazu besitzt die Platte Nuten oder Gewindebohrungen, in denen Spannpratzen befestigt werden. Sehr schön ist ein Vakuumtisch, in dem ein Unterdruck erzeugt wird. Dieser zieht das Werkstück so fest an, dass dies als Aufspannung zum Fräsen ausreichen kann. Gerne belegt man die Fräse zusätzlich mit einem Wasteboard, meist aus weichem MDF. Wenn dann einmal zu tief gefräst wird, ist nur das schnell austauschbare Wasteboard betroffen und nicht der schöne Arbeitstisch (Bild 2.15). Die Shapeoko besitzt normalerweise nur ein Wasteboard, das gleichzeitig auch den Frästisch darstellt.

Bild 2.15 Den Sinn eines Wasteboards sieht man auf diesem Bild sehr gut.

2.3 Von Achsen und Dimensionen: Was kann eine Fräsmaschine leisten?

Drei Achsen ist 3D, oder? Für was braucht man dann bitte eine Fünfachsmaschine? Und was bitte sind 2,5 Achsen? Taschenfräsen? Fragen über Fragen …

Achsen sind eben nicht gleich Dimensionen. Doch eins nach dem anderen: Fräsen besitzen Achsen, auf denen sie den Fräskopf bewegen können. Das sind üblicherweise Linearachsen, also Lagerungen, die eine Bewegung in eine Richtung erlauben. Das Portal unserer Fräse fährt von links nach rechts, ein Schlitten fährt auf dem Portal von vorn nach hinten und die Frässpindel wird von einer Metallspindel auf- und abgefahren. Das sind die Achsen X, Y und Z. Damit kann man schon einiges anfangen. Man kann den Fräser auf einer X-Y-Ebene positionieren und an definierte Punkte fahren – das ist die Voraussetzung fürs Fräsen.

Mit der Z-Achse lässt sich der Fräser nach unten ins Material fahren. Ältere und einfache Fräsmaschinen fahren die Z-Achse nur beim Ebenenwechsel. So kann man sich gut vorstellen, wie die Fräsmaschine ein viereckiges Loch – eine sogenannte Tasche – fräst: Der Fräser bewegt sich in sicherer Höhe in eine Ecke des späteren Lochs (X/Y-Fahrt) und fährt dann langsam mit der Z-Achse nach unten. Hat man nicht vergessen, die Spindel anzuschalten, wird der Fräser ein Loch bohren, sagen wir einen Millimeter tief. Dann stoppt die Z-Achse und bleibt auf dieser Höhe. Die Maschine beginnt nun, in einer langen Spirale erst den Umriss der Tasche zu fräsen, dann eine Bahn weiter innen und so weiter, bis die gesamte Fläche abgetragen ist. Jetzt fährt der Fräser wieder an die Startecke und fährt über die Z-Achse wieder einen Millimeter nach unten. Erneut zerspant sie eine Ebene. Dieser Vorgang wird als 2,5-Achs-Fräsen bezeichnet (Bild 2.16). Die dritte Achse wird während der Bearbeitung nur zum Zustellen benutzt. Dies ist für eine sehr einfache NC-Steuerung natürlich eine große Entlastung.

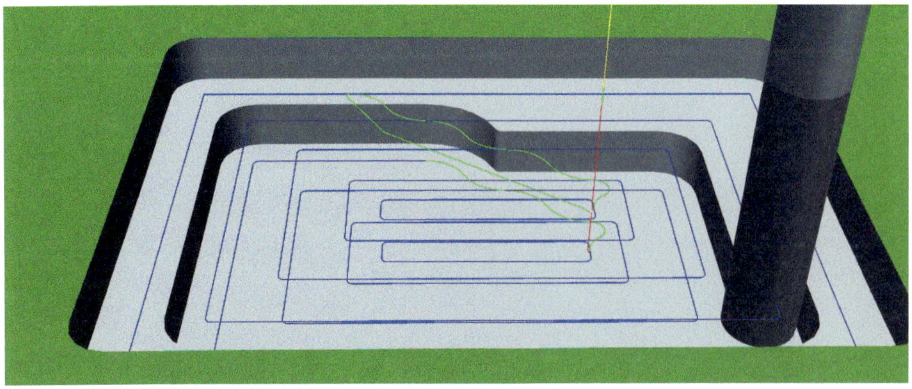

Bild 2.16 Beim 2,5-Achsen-Taschenfräsen wird eine Ebene nach der anderen bearbeitet.

Stellen wir uns nun vor, in der Mitte unserer Tasche wäre eine Halbkugel, die bis an die Oberfläche des Materials ragt. Mit unserer Taschenfrässtrategie haben wir effizient Material abgetragen und die senkrechten Seitenwände sind auch sauber ausgearbeitet. Die Halbkugel in der Mitte ähnelt aber eher einer Stufenpyramide mit Stufen von einer Höhe von jeweils einem Millimeter (Bild 2.17).

Um diese zu glätten, setzt man statt des groben Stiftfräsers, der zum schnellen Zerspanen großer Bereiche geeignet war, einen feinen Halbkugelfräser ein, der keine rechteckige Silhouette besitzt, sondern unten einen halbkugelförmigen Abschluss. Diesen lassen wir auch nicht mehr ebenenweise in einer Spirale fahren, denn die Ebenen wollen wir ja wegbekommen. Stattdessen lassen wir ihn im Zickzack durch die Tasche fahren, also von links nach rechts, dann den Fräserdurchmesser nach vorn, nach links, nach vorn, nach links und so weiter. Kommen wir an der Halbkugel an, muss der Fräser nach oben und auf der anderen Seite wieder nach unten fahren. Das können moderne Fräsmaschinen auch. Die Z-Achse arbeitet simultan mit den anderen Achsen, deshalb heißt es auch Dreiachs-Simultanbearbeitung (Bild 2.18).

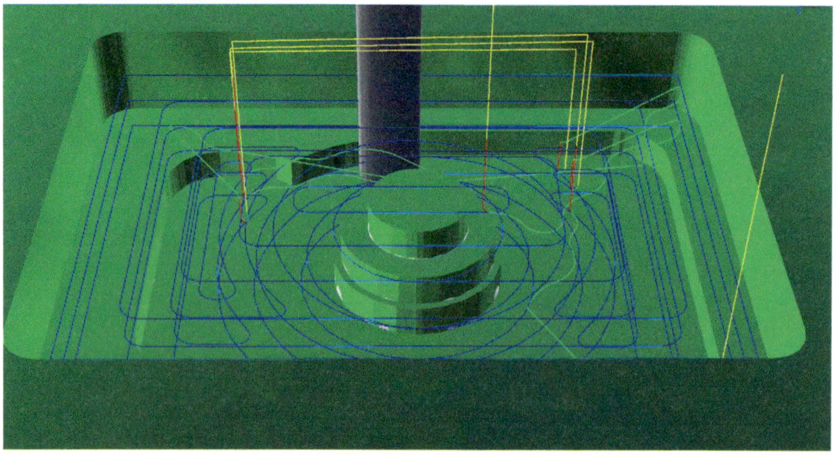

Bild 2.17 Beim 2,5D-Räumen der Tasche bleibt in der Mitte eine Stufenpyramide statt einer Kugel stehen.

Bild 2.18 Erst mit 3D-Fräsen – und vielen eng gesetzten Fräsbahnen – lässt sich die Halbkugel sauber fräsen.

Doch nun gehen wir noch einen Schritt weiter. In der Tasche soll keine Halbkugel, sondern eine Kugel erstellt werden. Versuche dir vorzustellen, wie die untere Hälfte bearbeitet werden kann. Das geht nicht, richtig? Der Fräser kann nur an Stellen gelangen, die von oben erreichbar sind (Bild 2.19). Eine Ausnahme bilden Fräser, die unten breiter sind als am „Stiel“, der hier Schaft heißt. Das können Scheiben- oder Kugelfräser sein, auch diese sind jedoch nur begrenzt in der Lage, unter einem „Überhang“ zu arbeiten.

Bild 2.19 Wenn du dieses Frästeil mit Bild 1.4 vergleichst, siehst du, dass die „Hinterseite“ des Objekts vom Fräser nicht erreicht werden konnte.

Deshalb kann eine 3-Achs-Maschine keine echte 3D-Geometrien fräsen. Das ist allerdings weniger schlimm, als es zunächst scheint, denn sehr viele Geometrien sind eigentlich nur zweidimensional. Alles, was wir aus Brettern oder Blech machen, ist 2D-Bearbeitung, außer wir biegen das Material. Spanten für ein Schiff oder ein Flugzeug werden aus Sperrholzbrettern gefräst. All das stellt kein Problem dar. Sobald wir jedoch ein Glas gravieren möchten, tauchen die ersten Probleme auf. Angenommen, wir möchten das Wappen des Lieblingsvereins auf der Seite platzieren. Im Prinzip ginge das von oben, indem man das Glas liegend einspannt. Doch je weiter man sich von der Glasmitte entfernt, desto schräger trifft der Fräser – in diesem Fall ein Gravierstichel – aufs Glas, was keine guten Ergebnisse liefert. Man müsste also das Glas so drehen, sodass der Fräser immer senkrecht zum Material steht. Aus diesem Grund – wahrscheinlich eher zum Bearbeiten von Wellen – wurden Drehachsen erfunden (Bild 2.20).

Interessanterweise existieren auch hier zunächst einmal nur drei Achsen: Je nach Ausrichtung des Glases gibt es die X- oder Y-Achse in Richtung der Rotationsachse unseres Glases. Die Z-Achse regelt den Abstand des Fräsers vom Glas und die Rotationsachse dreht das Glas so, dass die Fräse immer oberhalb der Rotationsachse – also am höchsten Punkt des Glases und senkrecht – aufs Glas trifft. Eine seitliche Bewegung würde hier keinen Sinn machen.

Bild 2.20 Zylindrische Bauteile lassen sich mit einer Drehachse gravieren (© ZenziWerken.de, Daniel Groß).

Nun stelle ich dir drei weitere Achsen vor: A, B und C. Diese Achsen drehen sich um die Linearachsen X, Y und Z. Ist das Glas in X-Richtung eingespannt, heißt die zugehörige Drehachse A. Kombiniert man zwei Drehachsen sinnvoll, kann man jeden Bereich eines Werkstücks – außer natürlich dort, wo es eingespannt ist – senkrecht zum Fräser drehen. Das ist das Prinzip einer Fünfachs-Fräsmaschine (Bild 2.21). Diese erobert heute die Profifertigungen, da sie so flexibel ist. Die Steuerung ist allerdings extrem komplex, da die Drehachsen aufeinander befestigt sind und sich so immer eine Maschinen-Linearachse mitbewegt.

Für den Aufbau einer Fünfachsmaschine gibt es unterschiedliche Lösungen, auch in Bezug darauf, welche zwei der drei Drehachsen tatsächlich vorhanden sind. Oft wird ein Aufbau gewählt, bei dem eine Drehachse wie eine Schaukel aussieht. Die Drehachse steht waagerecht und in der Mitte der Schaukel wird eine zweite Drehachse montiert, deren Achse in der Nullposition – wenn die Schaukel am tiefsten Punkt sitzt – senkrecht steht. Kippt man nun die Querachse um 90 Grad nach hinten, steht die zweite Achse waagerecht und ein Werkstück kann so positioniert werden, dass jeder Punkt der vorher senkrecht stehenden Seitenflächen bearbeitet werden kann. Teils werden die beiden Drehachsen nur zur Positionierung genutzt, analog zum 2,5-Achs-Fräsen, das vorangehend beschrieben wurde. Dann spricht man vom 3+2-Achs-Fräsen. Natürlich kann man inzwischen auch alle Achsen simultan bewegen und dann tatsächlich in nahezu jeder Richtung bearbeiten. Du hast richtig gehört: Fünfachs-Simultanfräsen und endlich echtes 3D!

Das Thema Achsen und Dimensionen ist komplex und auch Fachleute sprechen gerne von 2,5D- statt 2,5-Achsbearbeitung, was nicht völlig falsch ist, denn die dritte Dimension funktioniert ja tatsächlich nur „halb". Doch ohne ein gewisses Grundverständnis wirst du die Programmierung einer Fräse nie wirklich verstehen – und letztlich ist es eben so, dass alles in Achsen beschrieben wird.

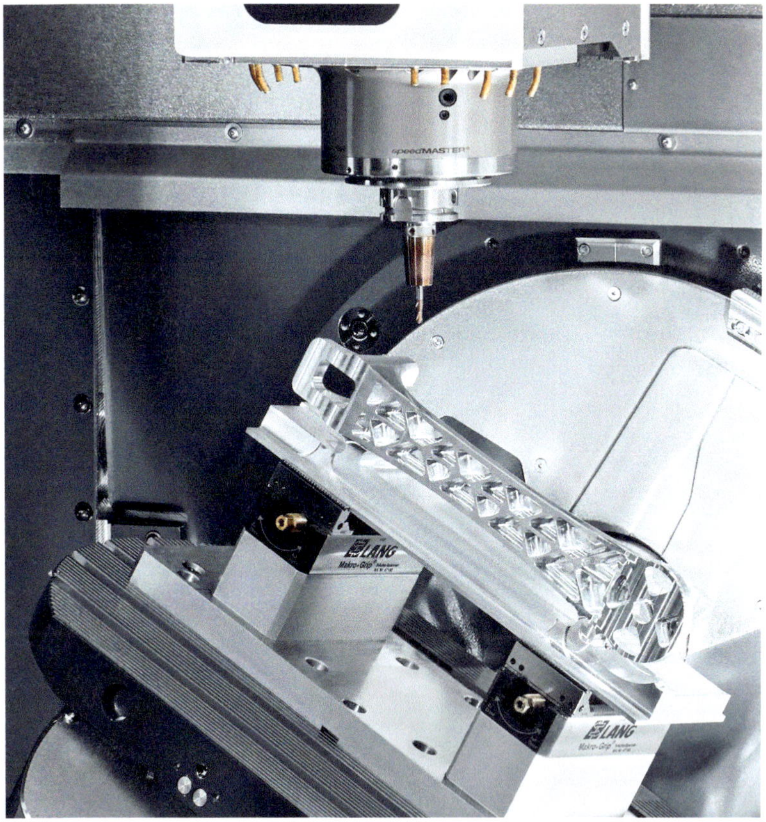

Bild 2.21 Eine Fünfachsmaschine wie diese DMU 50 erreicht jeden Punkt eines Werkstücks (© DMG MORI).

Echte Fünfachsmaschinen kosten Unsummen und sind somit für den Hobbyanwender unbezahlbar. Allerdings werden wir zum Abschluss dieses Buches eine einzelne Drehachse bauen – und dann können wir auch Gläser beschriften!

2.4 Es ist nicht alles Käse! Der Einsatz von Werkstoffen

„Ich möchte mir eine Fräse anschaffen. Alu und Stahl muss sie nur bis maximal 3 oder 4 Millimeter Dicke bearbeiten können, außerdem soll sie nicht über 1000 Euro kosten. Wo kann ich eine solche Fräse kaufen?“ Derlei Anfragen findet man ständig in den Hobbyfräsen-Foren und den entsprechenden Facebook-Gruppen. Die alten Hasen wenden sich meist mit Grauen ab oder schreiben sarkastische Kommentare. Eine Maschine, die oder gar Stahl Alu mit ordentlicher Geschwindigkeit bearbeiten soll, ist nicht unter mittleren vierstelligen Beträgen zu haben, und das weniger, weil man besonders starke Motoren brauchen würde – das ließe sich ja mit entsprechender Untersetzung lösen –, sondern weil die Stabilität der Maschine ausschlaggebend für ihre Leistungsfähigkeit ist (Bild 2.22).

Um dies nachvollziehen zu können, musst du verstehen, was beim Fräsen eigentlich passiert. Tauchen wir einmal in den Raum zwischen Werkzeug und Werkstück ab und schalten die Zeitlupe ein. Bei jeder Umdrehung des Fräsers schlägt die seitliche Schneide des Fräsers in die „Wand" des Werkstücks ein und schält eine Schicht mehr oder weniger am Stück an. Da die Schneide nicht senkrecht entlang der Drehachse verläuft, sondern schraubenförmig, geht der Schnitt von unten nach oben die Wand entlang. Idealerweise schält jeder einzelne Zahn einen langen Span von der Wand und der Fräser arbeitet sich ins Material.

Bild 2.22 Professionelle Fräsmaschinen wie diese DMU 65 monoBLOCK wiegen viele Tonnen, was schnelles, präzises Fräsen ermöglicht (© DMG MORI).

Damit dieser Schnitt erfolgt und die Fräserschneide nicht einfach leer über die „Wand" schabt, muss der Fräser mit einer gewissen Kraft gegen die Wand gedrückt werden. Diese Kraft muss umso höher sein, je härter der Werkstoff ist, der bearbeitet werden soll. Die Kraft muss von den Motoren erzeugt und von den Bestandteilen der Fräse bis zum Fräswerkzeug übertragen werden. Diese Steifigkeit ist entscheidend. Die Motoren können den Fräser noch so stark gegen die Wand drücken – wenn die gesamte Maschine bei jedem Zahneingriff zurückfedert, wird nie ein sauberer Schnitt zustande kommen, sondern höchstens ein „Feileneffekt", das heißt, die Maschine zerstäubt statt zu zerspanen. Hier kommt nun noch ein zweiter Aspekt zum Tragen: Beim Schneiden entsteht sehr viel Hitze, die zu großen Teilen von den wegfliegenden Spänen abgeführt wird. Fräst man zu langsam, reibt der Fräser vornehmlich an der Wand und schneidet kaum. Es entsteht folglich mehr Hitze, aber es werden kaum Späne produziert, die die Hitze wegnehmen. Das passiert oft, wenn man beispielsweise Holz zu vorsichtig fräst, aber eben auch, wenn die Maschine nicht richtig schneidet.

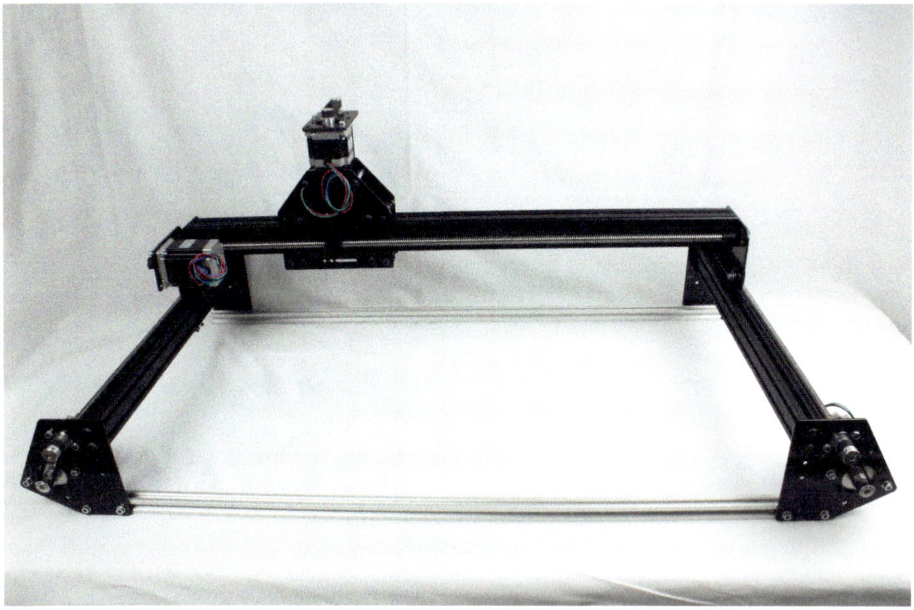

Bild 2.23 Der Blick auf das nackte Gestell zeigt, dass die Shapeoko wenig Kraft aufnehmen kann.

Eine bestimmte Materialhärte erfordert also eine bestimmte Steifigkeit. Die Maschinenhersteller stecken viel Wissen und Arbeit in ihre Maschinengestelle, denn man kann ein solches Gestell nicht beliebig kräftig machen. Es muss sich noch bewegen lassen, und das möglichst schnell. Im gehobenen Hobbybereich arbeiten die Selbstbauer mit Profilen, die mit einer speziellen Mischung aus Sand und Epoxidharz ausgegossen werden. So wird eine gute Steifigkeit erreicht. Es wird sogar mit Beton experimentiert.

Alternativ kann man sich auch einfach auf die Materialien beschränken, die eine Konstruktion aus Aluprofilen erlauben. Das Eingrenzen ist relativ einfach: Das zu bearbeitende Material muss weicher sein als die Maschine. Stahl auf einer Maschine aus Aluschienen bearbeiten zu wollen, kann nicht funktionieren. Einsetzbare Materialien sind Holz, Kunststoffe und Weichmetalle wie Aluminium, Messing oder Ähnliches.

Ebenso verhält es sich mit der Genauigkeit: Kunststoffrollen, die auf Alu-Strangguss laufen, müssen etwas Spiel haben, sonst bewegt sich die Achse nicht mehr. „Richtige" Maschinen arbeiten mit Kugelumlaufspindeln und hochpräzisen Linearführungen. Die erreichbare Genauigkeit lässt sich schwer präzisieren, aber mal ehrlich: Wo im Hobbybereich brauchen wir Toleranzen unter einem Zehntelmillimeter?

Letztlich läuft es immer auf dasselbe hinaus: Man muss die Einschränkungen eines Werkzeugs kennen. Dann kann man damit umgehen, ist nicht frustriert und lernt vor allem sehr viel. Wenn du diese Einstellung teilst, können wir nun mit der Auswahl der CNC-Maschine beginnen.

2.5 Shapeoko – die im Buch eingesetzte CNC-Fräse

Bevor ich mit dem Schreiben dieses Buches begann, stellte ich eine Liste von Anforderungen zusammen, die eine Hobbyfräse in meinen Augen erfüllen sollte:

- Sie soll preiswert sein.
- Sie soll einfach bedienbar und aus schnell verfügbaren Standardteilen aufgebaut sein.
- Sie soll einfach erweiterbar sein.
- Sie soll eine große Community im Internet haben, die bei Problemen weiterhelfen und Tipps geben kann.
- Die Maschine soll Holz und Kunststoffe bearbeiten können.
- Die Möglichkeit, Aluminium zu bearbeiten, wäre schön, ist aber nicht Voraussetzung.
- Die Maschine soll mit kostenloser Software zu betreiben sein.
- Sie soll „bürotauglich“ sein, das heißt, die Maschine soll im Betrieb nicht allzu viel Schmutz und Lärm erzeugen und kompakt sein.
- Sie soll „genau genug“ sein.

Entschieden habe ich mich letztendlich für die 3-Achs-CNC-Selbstbaufräse Shapeoko, weil diese Fräse auf einem Open-Source-Projekt basiert und ich damit in der Lage bin, eine herstellerunabhängige Anleitung zu bieten, die auch für viele der professionell angebotenen Fräsen passt. Zudem ist sie meiner Meinung nach die Fräse, die den Maker-Gedanken am konsequentesten umsetzt – und zwar deshalb, weil sie die Möglichkeit bietet, unabhängig von einem geschlossenen, vorgedachten Herstellerportfolio das Gerät zu bauen, das sich für die persönlichen Einsatzzwecke am besten eignet.

In diesem Buch bauen wir eine Shapeoko-X (Riementrieb) beziehungsweise eine Shapeoko-T (Trapezspindeltrieb) von myhobby-CNC (*www.myhobby-cnc.de*) auf Basis von MakerSlide. In Kapitel 4 gehe ich detailliert darauf ein, welche Bauteile wir benötigen, wie groß die Fräse werden soll und was wir wo einkaufen werden. Natürlich kannst du auch einen Fräsenrohbau eines anderen Herstellers kaufen und diesen mit Motoren und Steuerung ergänzen. Die Ausführungen im Buch helfen dir dabei.

2.6 Hobby-Fräsmaschinen: Eine kleine Marktübersicht

Neben der Shapeoko bietet der Hobbyfräsen-Markt eine Vielzahl von weiteren Angeboten in Form von Bausätzen und Fertigmodellen. Darunter finden sich Konstruktionen, die schon vor härterem Holz kapitulieren, ebenso wie Maschinen, die in bestimmten Branchen, beispielsweise der Herstellung von Flugzeugbausätzen, durchaus professionell genutzt werden können. Neben etablierten Firmen findet sich auch eine große Anzahl von Kleinanbietern beziehungsweise Einzelkämpfern, die abzubilden fast unmöglich ist. In der nun folgenden Marktübersicht habe ich deshalb neben den bekannten Namen eine Auswahl der in den einschlägigen Foren stark vertretenen und auf Messen zu findenden „Kleinen" aufgenommen.

Noch eine kleine Vorbemerkung, bevor ich mit der Vorstellung beginne: Bei Preisvergleichen musst du genau auf den Lieferumfang schauen. Viele Hersteller verstehen unter „Bausatz" nur die reine Mechanik, also den Grundaufbau ohne Motoren, Spindel, Steuerung und Elektronik. Das geschieht normalerweise nicht, um den Kunden zu verwirren, sondern weil die Kunden sehr unterschiedliche Vorstellungen haben, wie sie die Maschine aufbauen möchten, und so die Möglichkeit besteht, die passenden Zubehörteile individuell zu ordern.

2.6.1 „Chinafräsen"

Auf Plattformen wie eBay, Amazon oder Alibaba finden sich schon für etwa 150 Euro Angebote für komplette Fräsmaschinen, die in den blumigsten Worten beschrieben werden. Doch Vorsicht! Oft sind diese Fräsen winzig, beispielsweise mit einer Arbeitsfläche von 16 × 10 Zentimeter. Rechnet man davon rundum noch etwa zwei knapp bemessene Zentimeter für die Befestigung des Werkstücks ab, bleibt hier kaum noch Bearbeitungsfläche übrig. Diese Maschinen sind schlichtweg sinnlos.

Höherpreisige Angebote finden sich oft unter Nummern wie „3020", 3040", „6040", „6090" etc., oft verbunden mit Buchstabenkombinationen. Diese Angebote sehen auf den ersten Blick sehr interessant aus. Es kommen Trapezspindeln oder gar Kugelumlaufspindeln zum Einsatz. Motoren, Steuerung und sogar Frässoftware sind im Lieferumfang inbegriffen. Allerdings sind die Erfahrungen, die man im Internet zu diesen Fräsen findet, überwiegend negativ. Sicherlich findet sich das eine oder andere Schnäppchen, aber wie findet man dieses in der unübersehbaren Menge der krummen, labbrigen und schlecht zusammengebauten Maschinen? Die Berichte reichen von Schrauben, deren Gewinde so schlecht geschnitten sind, dass sie „beim Anschauen" herausfallen, bis zu Linearführungen mit einem Zehntel Spiel zwischen Lager und Führung. Zudem ist die elektrische Installation teils nur noch als „abenteuerlich" zu bezeichnen. Der Kauf einer solchen Maschine ist nichts anderes als ein Lottospiel. Man kann gewinnen und eine gute Basis für eine Fräse bekommen oder an reinen Müll geraten. Ich kann deshalb von „Chinafräsen" nur abraten.

2.6.2 BZT

Die BZT Maschinenbau GmbH (*www.bzt-cnc.de*) aus Leopoldshöhe nahe Bielefeld entwickelt und liefert seit 2006 Fräs- und Graviermaschinen für den Profibereich, hat aber auch kleine Modelle für den Hobbyanwender im Angebot. Die Website nennt eine Preisspanne von 1650 bis 120 000 Euro. Ich habe die BZT-Maschinen schon einige Male auf Messen gesehen und sie wirken wirklich sehr solide, also wie verkleinerte Versionen einer professionellen Anlage (Bild 2.24).

Bild 2.24 Mit der Baureihe PFL-3 hat BZT eine Einsteigerfräse entwickelt, die schon Preise gewonnen hat (© BZT Maschinenbau GmbH).

2.6.3 GoCNC

Die GoCNC AG (*www.gocnc.de*) aus Iserlohn ist in der Modellbaupresse gut vertreten und bietet mit ihrer Baureihe Next 3D preiswerte, aber für den Modellbauer sehr interessante Maschinen (Bild 2.25). Auch einen CNC-Umbausatz für die Proxxon MF 70 hat GoCNC im Angebot. Die kleinste Maschine hat einen Arbeitsbereich von 295 × 160 Millimeter, die größte kann auf einer Fläche von 695 × 500 Millimeter Teile bearbeiten. Die Maschinen werden als kompletter Bausatz – bis auf die Spindel – oder fertig aufgebaut verkauft. Als Spindel werden der Proxxon-Bohrschleifer IBS/E, ein Oberfräsenmotor oder spezielle Hochfrequenzspindeln, teils mit Wasserkühlung, angeboten.

Bild 2.25 Die Next3D Evolution RTR von GoCNC wird mit Zubehör geliefert, sodass man direkt loslegen kann (© GoCNC AG).

2.6.4 Proxxon

Der Name Proxxon ist wohl der bekannteste in dieser Marktübersicht, allerdings vor allem als Hersteller von Handwerkzeugen für Hobby und Industrie. Die Micromot-Produktfamilie (*www.proxxon.com/de/micromot/27112.php*) umfasst neben den bekannten Bohrschleifern auch Sägen, Drechselbänke, Poliermaschinen sowie Dreh- und Fräsmaschinen.

Hier ist vor allem die MF 70 zu nennen, die sich in einer CNC-Version kaufen oder selbst auf Schrittmotorantrieb umrüsten lässt (Bild 2.26). Die Qualität der MF 70 ist gut, allerdings ist die nutzbare Arbeitsfläche mit 143 × 46 Millimetern sehr beschränkt. Zudem dienen die typischen Proxxon-Spannzangen, wie man sie von den Handfräsern kennt, zum Einspannen der Werkzeuge. Damit beträgt der größte nutzbare Schaftdurchmesser 3 Millimeter. Andere Hobbyfräsen spannen bis zu 6 oder 8 Millimeter dicke Fräswerkzeuge. Für erste Versuche ist die MF 70 sicher interessant, bei mir fiel sie wegen der geringen Größe am Ende aus der Auswahl.

Bild 2.26 Die Proxxon MF 70 wird in einer manuellen Version und – wie hier gezeigt – als „CNC-ready" mit Schrittmotoren an den Achsen angeboten (© PROXXON S. A.).

2.6.5 Shaper Origin

Die Shaper Origin von Shaper Tools, Inc. (*www.shapertools.com*), passt eigentlich nicht in diese Übersicht, ist aber so außergewöhnlich, dass ich mich entschlossen habe, sie doch aufzunehmen. Die Origin ist im Prinzip eine digitalisierte Oberfräse, die dem Anwender auf einem Bildschirm anzeigt, wohin er die Fräse bewegen soll, und auch die Bewegung größtenteils selbstständig korrigiert. Fährt der Anwender so falsch, dass die Fräse nicht ausgleichen kann, hebt sich das Fräswerkzeug aus dem Holz heraus (Bild 2.27).

Die Shaper Origin wird von einem integrierten Computer gesteuert, dem man vor der Bearbeitung die gewünschte Fräsform als SVG-Bilddatei übergibt. Die Maschine errechnet daraus die Pfade, die gefahren werden müssen, beispielsweise auch mehrere Tiefenebenen, wenn es tiefer ins Material geht. Einfache Formen lassen sich direkt auf dem Gerät programmieren.

Der Fräsmotor der Origin ist in einem Rahmen mit zwei Griffen befestigt und bewegt sich über Schrittmotoren innerhalb dieses Rahmens. Die Position auf dem Werkstück erkennt die Maschine anhand eines speziellen Klebebands, das vor der Bearbeitung auf dem Werkstück befestigt wird. Auf dem Bildschirm oben auf der Maschine wird das Kamerabild der Bearbeitung gezeigt. Dieses Bild wird von einer blauen Linie überlagert, welcher der Anwender möglichst genau folgt. Die unvermeidlichen Ungenauigkeiten des Handbetriebs gleicht die Maschine selbstständig aus, sodass Schnitte wie aus einer CNC-Fräse entstehen.

Der Preis der Shaper Origin liegt bei knapp unter 3000 Euro.

Bild 2.27 Die Shaper Origin ist eine handgeführte CNC-Fräse. Die blaue Linie auf dem Bildschirm zeigt, wohin die Fräse bewegt werden muss. Das Klebeband ermöglicht der Maschine die Orientierung (© Shaper Tools, Inc.).

2.6.6 Sorotec

Sorotec (*www.sorotec.de*) vertreibt und fertigt mit einem Dutzend Mitarbeitern seit 2008 Portalfräsmaschinen und Zubehör. Neben eigenen Entwicklungen bietet die Firma auch Maschinen von BZT und EMS Möderl an.

Die Spannweite der eigenen Anlagen reicht von Einstiegsmaschinen der Basic Line (Bild 2.28) sowie der Hobby Line, die bei etwa 2000 Euro beginnen, bis zu Profimaschinen für den produktiven Einsatz. Die FE V2-Baureihe bietet ein Gestell aus Stahlrohr und ein Bett aus spannungsarm geglühtem Stahl. Die Preise der Profimaschinen liegen im hohen vierstelligen bis niedrigen fünfstelligen Euro-Bereich. Motoren, Steuerung und Spindel sind nicht im Preis inbegriffen.

Bild 2.28 Die Sorotec Basic Line besteht aus einem Mechanikbausatz, den man selbst mit Elektronik, Motoren usw. ergänzen muss (© Sorotec GmbH).

2.6.7 Stepcraft

Das Unternehmen Stepcraft (*www.stepcraft-systems.com*) präsentiert sich auf Messen professionell und mit großem Angebot. Die Stepcraft-Fräsen (Bild 2.29) lassen sich mit Zubehör zum Lasercutter, Folienschneider oder 3D-Drucker umrüsten. Das Unternehmen aus Menden im Sauerland bietet eine große Auswahl an Erweiterungen vom Nutentisch über Untergestelle bis zur Umhausung an – alles im Stepcraft-typischen Silber-Orange-Look gehalten. Stepcraft beschäftigt über 25 Mitarbeiter und betreibt eine Niederlassung in den USA. Der Vertrieb läuft weltweit.

Bild 2.29 Stepcraft bietet eine breite Palette an CNC-Maschinen für Bastler und Profis sowie weitere Bearbeitungswerkzeuge vom Laser bis zum 3D-Drucker (© STEPCRAFT GmbH & Co. KG).

2.6.8 MechaPlus

Matthias Pech aus Gerabronn kommt aus dem Modellbau, wie auf seiner Website (*www.cnc-modellbau.net*) deutlich wird. Er baut und vertreibt allerdings auch CNC-Fräsen und hat sich mit gutem Service und hoher Qualität einen guten Ruf erworben. Er baut auch eigene Steuerungen in unterschiedlichen Leistungsstufen und unter anderem für Closed-Loop-Motoren. Die Preisspanne reicht von 1999 bis 4999 Euro für die Fräsmaschinen, die als Bausatz oder komplett aufgebaut erworben werden können (Bild 2.30).

Bild 2.30 Die Fräsen von MechaPlus genießen auch bei semiprofessionellen Anwendern einen guten Ruf (© MechaPlus).

2.6.9 EMS Möderl

Die Maschinen von Hermann Möderl (*www.ems-moederl.de*) genießen einen sehr guten Ruf in der Szene. Sie sind mit viel Verstand entwickelt und gebaut und deshalb nicht gerade preiswert. Ich würde die Maschinen in den semiprofessionellen Bereich und als uneingeschränkt tauglich zum Alufräsen einordnen. Seit Ende 2018 werden die Möderl-Maschinen bei Sorotec gefertigt und auch über den Sorotec-Shop vertrieben (*https://www.sorotec.de/shop/CNC-Portalfraesen/p3-ems-moederl-made-by-sorotec*).

Die Maschinen sind ab 3630 Euro verfügbar.

2.6.10 Shapeoko

Die Shapeoko wurde vom US-Amerikaner Edward Ford entwickelt und startete ursprünglich als Open-Source-Projekt auf Basis lasergeschnittener Holzteile und Stahlstangen, das auf Kickstarter finanziert wurde. Als in einem weiteren Kickstarter-Projekt das MakerSlide-Profil auftauchte, wurde die Maschine komplett umkonstruiert und nutzt seither dieses Aluprofil als Basis. MakerSlide ist ein System aus einem Aluminiumprofil und passenden Rollen, die auf den v-förmig ausgebuchteten Kanten des Profils laufen können. Gemeinsam ergeben Rollen, die auf Platten montiert werden, und das Profil ein steifes, aber preiswertes Linearlager (Bild 2.31).

Bild 2.31 Das MakerSlide-System besteht aus einem Aluminiumprofil und dazu passenden Laufrollen.

Inzwischen fertigen viele Anbieter MakerSlide-Varianten mit gewissen Abweichungen. Beispielsweise ist bei dem von uns verwendeten Profil das Loch in der Mitte des Profils nicht mehr glatt und rund, sondern gezackt, was das Schneiden von Gewinden überflüssig macht. Die Schraube schneidet sich ihr Gewinde beim Eindrehen selbst.

Inzwischen ist die dritte und vierte Generation der Shapeoko auf dem Markt und Ford arbeitet mit Carbide 3D (*https://carbide3d.com*) zusammen, die die Shapeoko neben ihrer eigenen Maschine namens Nomad vertreiben. Aufgrund der Tatsache, dass die Shapeoko als Open-Source-Projekt startete, gibt es neben dem „offiziellen" Hersteller zahlreiche weitere Anbieter, die auf Basis des MakerSlide-Profils oder eigener Profile ähnliche oder weiterentwickelte Maschinen anbieten. Einer davon ist Ronald Holze mit seinem Shop myhobby-CNC (*www.myhobby-cnc.de*), den ich bei der in diesem Buch beschriebenen Fräsmaschine als Lieferant gewählt habe.

2.7 Rund um die Maschine: Peripherie und Zubehör

In diesem Abschnitt möchte ich auf alle Bauteile und Geräte eingehen, die nicht direkt zur Fräse gehören: von den Spannmitteln und dem Werkzeuglängensensor über Absaugung und Gehäuse bis hin zum Tiefenregler für das Platinenfräsen oder auch eine vierte Achse. Je nach Anforderungen sind diese Peripheriegeräte mehr oder weniger wichtig. Ohne Spannpratzen oder einen Schraubstock geht es nicht, Tiefenregler und vierte Achse sind hingegen eher etwas für spezielle Anwendungsfälle.

2.7.1 Hiergeblieben! Werkstückbefestigung

Beim Fräsen wird eine nicht unerhebliche Kraft auf das Werkstück ausgeübt, deshalb muss dieses gut befestigt werden. Die Möglichkeiten reichen von doppelseitigem Klebeband oder Spaxschrauben bis hin zum Vakuumtisch – je nach Anforderungen und Geldbeutel. Wichtig sind Flexibilität – nicht jedes Spannmittel ist für jedes Werkstück geeignet –, Robustheit und geringe Größe, denn die Spannmittel sind gerne mal beim Fräsen im Weg. Deshalb sollten sie so flach und klein wie möglich, aber eben auch so robust wie möglich sein.

Dünne Sperrholzplatten, beispielsweise um Flügelspanten im Modellbau zu fräsen, klebe ich mit einfachem, billigem Doppelklebeband direkt auf die Arbeitsplatte. Das Band findest du als Teppich-Verlegeband im Baumarkt. Es hat viele Vorteile: Es ist billig und nie im Weg. Zudem hebt es das Sperrholz um einen Zehntelmillimeter an, sodass man das Sperrholz gut durchfräsen kann, ohne das Wasteboard zu verletzen. Außerdem hält es Teile auch nach dem Ausfräsen fest. Bei anderen Befestigungsarten muss man Stege stehen lassen, damit die Spanten nach dem Durchfräsen des Sperrholzes nicht verkanten oder wegfliegen.

Auch das direkte Anschrauben von Werkstücken mit Holz- oder Spaxschrauben im Wasteboard ist möglich. Das geht schnell und die Schrauben sind ebenfalls nicht im Weg, wenn man die Anschraubpunkte im übrig bleibenden Material anordnet. Allerdings ist das Wasteboard durch die Schraublöcher schnell kaputt. Ich benutze diese Art der Werkstückbefestigung deshalb nur selten.

An professionellen Fräsmaschinen sieht man fast ausschließlich zwei Arten von Arbeitstischen: Nutentische und Vakuumtische. Ein Nutentisch besitzt eine Reihe T-förmiger Nuten, in die Nutensteine eingeschoben werden. Der Nutenstein ist mit einem Gewinde ausgestattet, in das eine Spannpratze eingeschraubt wird. So lassen sich Spannpratzen sehr flexibel in den Nuten anordnen und befestigen. Meine Lösung mit Einschlagmuttern ist sozusagen die Billigversion einer Nutenplatte.

Ein Vakuumtisch besteht aus einer luftdurchlässigen Platte, die beispielsweise sehr viele kleine Löcher besitzt. Diese Löcher sind unterhalb des Tischs mit einem Schlauchsystem oder gefrästen Luftgängen verbunden, an die wiederum eine Vakuumpumpe angeschlossen wird. Legt man ein Werkstück auf den Tisch und startet die Pumpe, wird das Werkstück an die Platte gesaugt und dadurch festgehalten. Je nach Durchsatz der Vakuumpumpe muss man den Rest des Tischs abdecken, damit nicht zu viel Vakuum durch die offenen Löcher verloren geht. Der Vakuumtisch ist eine sehr elegante Lösung, allerdings nicht gerade preiswert. Außerdem benötigt man zusätzlich eine Vakuumpumpe. Zudem ist der Vakuumtisch nur für Werkstücke geeignet, deren Bodenfläche im Verhältnis zur Höhe eher groß ist. Natürlich muss das zu bearbeitende Material auch luftdicht sein, was weniger selbstverständlich ist, als man denkt. Es gibt einige Eigenbaulösungen, die als luftdurchlässige Platte MDF benutzen. Ein MDF-Werkstück ist also mit einem Vakuumtisch nur schwer zu befestigen.

Die gebräuchlichste Art der Spannpratze (auch Spanneisen genannt) im Hobbybereich ist eine Platte aus Metall oder Holz mit einem Langloch und einem runden Loch. Durch das Langloch wird eine Schraube in die Arbeitsplatte (Nutentisch oder Einschlagmuttern) geschraubt, durch das andere Loch wird eine Schraube mit Mutter gesteckt. Durch das Langloch kann die Spannpratze besser auf dem Werkstück positioniert werden. Die Schraube im anderen, vom Werkstück entfernten Loch dient als Gegenlager. Statt der zweiten Schraube verwenden Profis gerne einen Treppenbock, der ein stufenweises Einstellen ermöglicht.

Spannpratzen für Treppenböcke werden unter anderem von Proxxon oder auch von AMF (Andreas Maier in Fellbach) hergestellt und verkauft. Spannpratzen kann man auch selbst fräsen oder auch kaufen. Ich habe mir einen schönen Satz Spannpratzen aus Alu geleistet, die auf eBay angeboten werden. Inzwischen finden sich sogar auf Thingiverse verschiedene Spannpratzen, die man per 3D-Druck fertigen kann (Bild 2.32).

Bild 2.32 Drei typische Spanneisen für Hobbymaschinen: vorne ein Spanneisen mit Treppenbock von Proxxon, in der Mitte eine Alupratze von eBay, hinten eine 3D-gedruckte Version aus Kunststoff

2.7.2 Saubermann: Die Späneabsaugung

Wo gehobelt wird, da fallen Späne. Das gilt umso mehr für das Fräsen. Vor allem beim Bearbeiten von Holz entsteht eine Menge Staub, die sich in der gesamten Werkstatt ablagert und in Form einer Holzstaubexplosion sogar schlimme Folgen haben kann. Zudem beeinträchtigen die angehäuften Späne die Sicht darauf, was der Fräser gerade tut, und blockieren oder behindern im schlimmsten Fall die Bearbeitung. Deshalb braucht die Fräse eine Absaugung für die Späne (Bild 2.33).

Im Prinzip könnte man meinen, dass sich dies ganz einfach realisieren lässt: Man setzt eine Fugendüse auf einen handelsüblichen Staubsauger und saugt immer schön dem Fräser hinterher. Doch diese Idee hat mehrere Nachteile. Zum einen kann ein Fräsvorgang mehrere Stunden dauern. Das bedeutet, dass man die gesamte Zeit neben der Maschine stehen und dabei direkt im gefährlichen Bereich der Fräsmaschine herumhantieren müsste. Zum anderen ist kaum ein Haushaltssauger darauf ausgelegt, fünf oder sieben Stunden ohne Unterbrechung zu laufen. Außerdem ist der Lärmpegel des Staubsaugers – zusätzlich zur Fräse an sich, die ja auch nicht gerade leise ist – nicht zu unterschätzen. Und schließlich fallen beim Fräsen eine große Menge Staub und Späne an, die den Beutel eines Haushaltssaugers in kürzester Zeit füllen. Der sehr feine Staub verstopft Vlies-Saugbeutel sehr schnell, sodass die Saugleistung rasch nachlässt.

Bild 2.33 Diese Späneabsaugung aus dem 3D-Drucker ist effizient und gibt guten Zugang zur Werkzeugeinspannung.

Wer nicht in eine professionelle Absauganlage investieren möchte, die schnell im vierstelligen Eurobereich liegt, kann stattdessen mit einem robusten Sauger und einem Vorfilter nach dem Zyklonprinzip arbeiten (Bild 2.34). Im Folgenden werden wir einen kleinen

Zyklon bauen und einen Kärcher-Staubsauger so umbauen, dass er nicht allzu laut ist. Darüber hinaus werden wir die Fräse mit einem Relais ausrüsten, das den Staubsauger über G-Code-Befehle ein- und ausschaltet. Das Problem des Nachführens lösen wir ganz pragmatisch mit einer Düse, die an der Spindel „mitfährt".

Bild 2.34 Ein Zyklonfilter wie dieses Mini-Modell aus einem 3D-Druckteil und einer Limoflasche sammelt die groben Späne aus der Saugluft.

2.7.3 Wo bist du? Der Werkzeuglängensensor

Der Bezugspunkt des NC-Programms, das die Maschine steuert, ist die Mitte der äußersten Spitze des Fräswerkzeugs. Der Fräsmaschine ist es im Prinzip egal, wo sich Werkstück und Spindel befinden, sie muss aber „wissen", wo sich dieser Bezugspunkt in Bezug auf den Nullpunkt des Werkstücks befindet. Über Nullpunkte werden wir uns in Kapitel 3 noch ausführlich unterhalten. Normalerweise fährt man mit der Spitze des Fräsers eine Ecke des Werkstücks – den Nullpunkt – an und „nullt" dann die Achsen. Das bedeutet, dass das Koordinatensystem der Fräserspitze in allen drei Dimensionen im Nullpunkt steht. Wenn die Maschine Referenz- beziehungsweise Endschalter besitzt und vorher alle Achsen auf Null gefahren wurden, kennt die Steuerung nun den Offset zwischen dem eigentlichen Maschinennullpunkt und dem Werkzeugnullpunkt. Das ist die Grundlage dafür, dass die Maschine ihr Programm abfahren kann.

Oft jedoch wird man das Werkzeug während der Bearbeitung tauschen wollen, beispielsweise könnte man von einem groben Schruppfräser zu einem feinen Schlichtfräser wechseln, der die Details besser erzeugen kann. Der zweite Fräser wird ziemlich sicher eine andere Länge haben als der erste. Der Werkstücknullpunkt stimmt also nicht mehr. Man könnte nun die gesamte Prozedur des Nullens neu starten. Das ist aber aufwendig und oft wird der erste Nullpunkt dann nicht mehr genau getroffen, was ungenaue Ergebnisse zur Folge hätte. Eigentlich muss ja nur die Werkzeuglänge vermessen und der Z-Wert des Koordinatensystems angepasst werden.

Professionelle Fräszentren besitzen deshalb ein Wechselsystem, das es ermöglicht, das Werkzeug mitsamt einem Werkzeughalter zu wechseln. Die Wechselsysteme arbeiten mit einem Konus und mechanischen Verriegelungen, sodass der Werkzeughalter extrem genau und wiederholbar gespannt werden kann. Jedes Werkzeug wird, nachdem es im Werkzeughalter befestigt ist, in einem sogenannten Voreinstellgerät genauestens vermessen und die Gesamtlänge des Werkzeugs in der Maschinensteuerung hinterlegt (Bild 2.35). Damit können diese Maschinen nach einem Werkzeugwechsel direkt weiterarbeiten, indem die gespeicherte Länge des nächsten Werkzeugs genutzt wird. Da wir nicht mit einem Wechselsystem arbeiten, sondern die Fräser von Hand einspannen, können wir so nicht arbeiten. Die Länge variiert ja jedes Mal, je nachdem, wie weit wir den Fräser ins Spannfutter stecken.

Bild 2.35 In professionellen Werkzeugmaschinen kommen Werkzeuglängentaster wie dieser von Blum Novotest zum Einsatz (© Blum Novotest).

In vielen Bearbeitungszentren werden Werkzeuglängenmesssysteme genutzt, um eine noch höhere Genauigkeit zu erzielen und beispielsweise auch den Verschleiß des Fräsers berücksichtigen zu können. Dabei handelt es sich um extrem teure, aber auch im Tausendstelbereich genaue Taster oder Lasersysteme. Solch ein System wäre für unsere Zwecke völlig überdimensioniert. Wir können aber eine einfachere Version des Werkzeuglängentasters bauen und damit Werkzeugwechsel einmessen. Im Prinzip handelt es sich dabei um nichts anderes als einen einfachen Taster. Ich habe einen vandalismussicheren Taster aus Edelstahl gekauft und ein kleines Gehäuse auf dem 3D-Drucker hergestellt, um den Taster auf der Arbeitsplatte positionieren zu können (Bild 2.36). Im G-Code ist der Werkzeugwechsel integriert, was wiederum in der Fräse ein Makro auslöst, das zunächst den Taster anfährt und dann die Spindel ganz nach vorn und oben fährt, damit das Werkzeug bequem gewechselt werden kann. Danach wird der Taster wieder mit dem neuen Werkzeug angefahren und die neue Länge eingerechnet. Dann geht es weiter mit dem Spänemachen.

Bild 2.36 Für unsere Maschine reicht ein kleiner Taster in einem 3D-Druck-Gehäuse.

2.7.4 Alles im Kasten: Das Gehäuse

Ab jetzt wird die Peripherie optional. Ohne Spannpratzen und Absaugung ist sinnvolles Arbeiten kaum möglich. Den Werkzeuglängensensor finde ich auch mehr als praktisch. Ein Gehäuse hingegen ist eher im Luxusbereich angesiedelt. Natürlich geht es auch ohne, doch je nach Wohnsituation ist der Geräuschpegel einer Fräse für die Nachbarn sehr störend. Eine Einhausung hilft hier viel. Zudem bleibt der Staub, der nicht in der Absaugung landet, spätestens im Gehäuse hängen.

Gehäuse lassen sich sehr unterschiedlich aufbauen. Oft sieht man relativ massive Lösungen aus MDF mit Schiebetür. Eine nicht ganz preiswerte, aber schöne Lösung besteht aus Aluprofilen und Plexiglas und ermöglicht es, der Fräse von allen Seiten beim Arbeiten zuzusehen. Das Gehäuse ist schnell zusammengebaut und erschlägt den Raum optisch nicht so sehr wie eine riesige Holzkiste.

2.7.5 Jetzt geht's rund! Die vierte Achse

Wie in Abschnitt 2.3 besprochen, bedeuten drei Achsen an der Fräse noch lange nicht, dass man wahrhaft dreidimensional arbeiten kann. Da die meisten Fräser nicht „um die Ecke" arbeiten können, ist es nicht möglich, Hinterschnitte zu fertigen. Uneingeschränkt bearbeiten lässt sich nur die Oberseite. Die Seiten lassen sich nur eingeschränkt bearbeiten – nämlich senkrecht nach unten. Die Unterseite bleibt vor dem Fräser komplett verborgen.

Um wirklich alle Seiten bearbeiten zu können, muss man also das Werkstück in alle Richtungen drehen können. Moderne Fünfachsmaschinen haben deshalb neben den linearen Achsen X, Y und Z die Drehachsen A und B, mit denen sich das Werkstück schwenken und drehen lässt. Diese Maschinen sind hochkomplex und mit dem Budgetrahmen, den ich für dieses Buch gesetzt habe, bei Weitem nicht nachzubauen. Was wir hingegen bauen können, ist eine vierte Achse, also eine Dreheinheit, die auf der Arbeitsplatte befestigt wird und die es ermöglicht, das Werkstück um eine liegende Achse zu drehen. So lassen sich immerhin vier der sechs Seiten eines Werkstücks erreichen – und quer zur Achse sogar aus allen Winkeln. Damit können wir beispielsweise Propeller fräsen oder Trinkgläser gravieren.

Die Konstruktion der vierten Achse ist vom Prinzip her nicht schwer. Sie besteht grundsätzlich aus einem Schrittmotor, der das Werkzeug dreht und positioniert, einem Futter zum Einspannen und einem Gegenhalter, der das zweite Ende des Werkstücks festhält (Bild 2.37). Getreu dem guten alten Spruch „Besser gut geklaut, als schlecht selbst erfunden" greife ich hier auf eine Konstruktion von Daniel Groß zurück, der auf seiner Website ZenziWerken (*https://www.zenziwerken.de*) eine Vielzahl toller und schöner CNC-Projekte zum Nachbau präsentiert. Daniel Groß habe ich natürlich vorher gefragt, deshalb stimmt der Spruch in meinem Falle nicht.

Die Ansteuerung der vierten Achse überfordert die Steuerung allerdings endgültig, da diese nur drei Achsen gleichzeitig ansprechen kann. Deshalb testen wir zunächst einmal einen Workaround: Das Gravieren mit dem Abwicklungsverfahren, bei dem die Drehachse eine der Linearachsen ersetzt. Da beim Gravieren immer in der Ebene der vierten Achse gearbeitet wird, ist eine der Linearachsen überflüssig. Man muss nur dafür sorgen, dass das zu fräsende Modell genauso breit ist wie eine Umdrehung der vierten Achse.

Bild 2.37 Die vierte Achse erweitert unsere Bearbeitungsmöglichkeiten um eine Drehachse (© ZenziWerken.de, Daniel Groß).

Endgültig in die Liga der Großen steigen wir mit dem Einbau der MaXYposi-Steuerung auf, die als Projekt der Zeitschrift Make: entstand und auf der eine spezielle GRBL-Version läuft, die auch eine vierte Achse ansprechen kann. Damit ließe sich dann beispielsweise der angesprochene Propeller fräsen. Allerdings fehlt ein Postprozessor, der Fusion 360 in die Lage versetzt, GRBL-kompatiblen Vierachscode auszugeben. Zudem ist das Vierachsfräsen in Fusion 360 inzwischen nicht mehr Teil der kostenlosen Lizenz. Dennoch beschreibe ich in Kapitel 10 die hardwareseitige Umsetzung, falls doch noch ein solcher Postprozessor entwickelt werden sollte.

3 Gedankenspiele: Die Grundlagen des Fräsens

Der Fräser ist das eigentliche Werkzeug, mit dem die Fräse das Werkstück bearbeitet, und entsprechend wichtig. Aus der Art und dem Aufbau des Fräsers ergeben sich zudem die Schnittwerte. Wenn man sich die Preise für Fräser bei den professionellen Anbietern anschaut, stellt man schnell fest, dass man Fräserbruch unbedingt vermeiden sollte. Deshalb tauchen wir im Folgenden in die Theorie der Fräsbearbeitung und in die Werkstoffkunde ein, um zumindest eine grobe Ahnung davon zu entwickeln, welchen Fräser wir für welche Aufgabe wählen sollten.

HINWEIS: Zerspanungsmechaniker ist ein anerkannter dreieinhalbjähriger Ausbildungsberuf nach dem Berufsbildungsgesetz (BBiG). Dieses Buch kann nicht den Lehrstoff eines Ausbildungsberufs wiedergeben, deshalb gehen die folgenden Ausführungen nicht in die Tiefe. Ziel dieses Kapitels ist es, die wichtigsten Grundlagen der Fräsbearbeitung zu vermitteln sowie das nötige Know-how, um Schnittdaten selbst errechnen zu können.

3.1 Welcher Fräser ist für welchen Einsatz geeignet?

Fräser gibt es in faktisch unendlich vielen Varianten. Für den Hobbyfräser sind allerdings nur wenige Sorten interessant. Drei Materialien finden sich immer wieder: Schnellarbeitsstahl (HSS), Hartmetall beziehungsweise Vollhartmetall (VHM) und Keramik, üblicherweise in Form von Wendeschneidplatten. Die ersteren beide sind einteilige Werkzeuge, bei Letzterem werden Wendeschneidplatten an einen Träger aus Stahl geschraubt. Keramikwerkstoffe sind extrem hart und bleiben lange scharf, sind aber eben auch sehr spröde. Die Werkzeuge würden, wenn man sie komplett aus Keramik bauen würde, sofort abbrechen. Für unsere Zwecke sind allerdings nur HSS- und VHM-Fräser interessant (Bild 3.1).

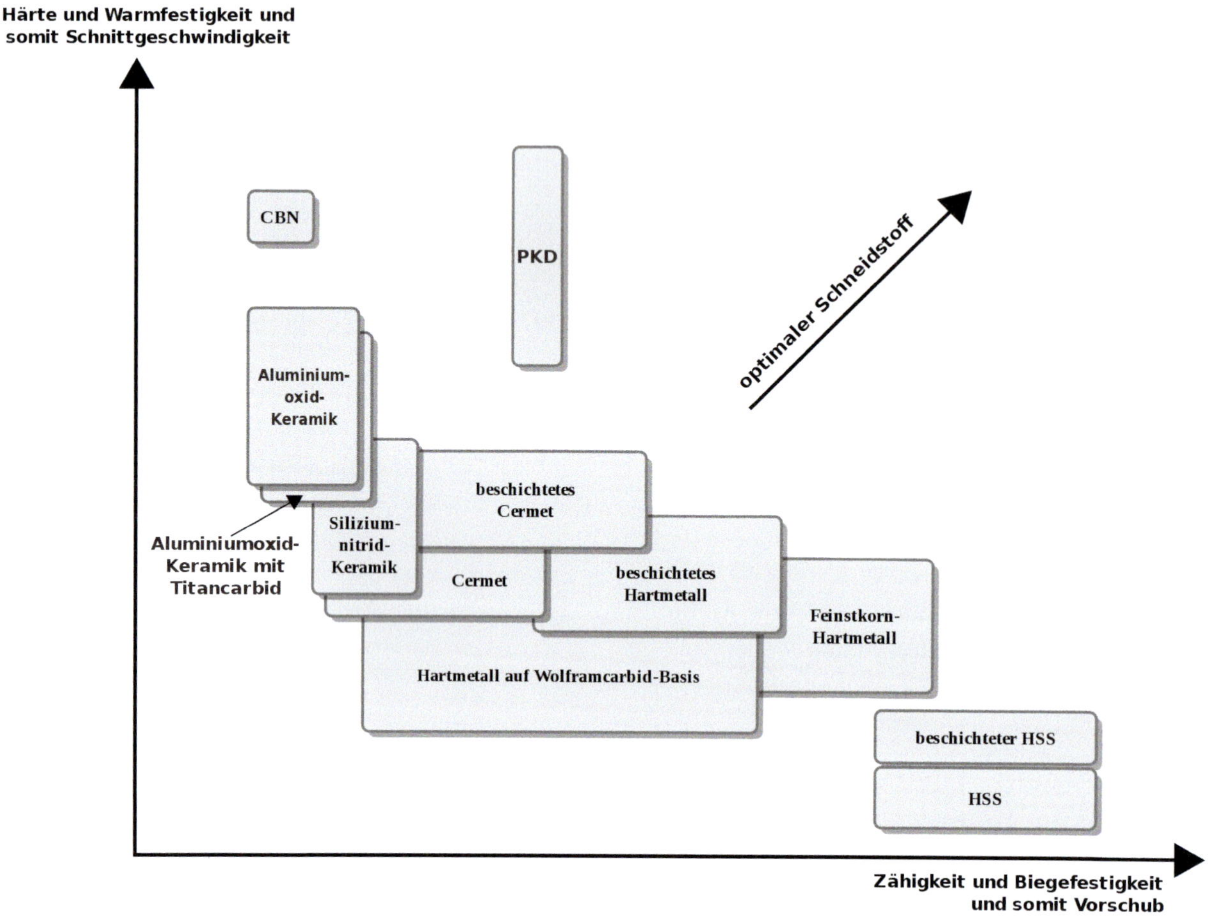

Bild 3.1 Je härter ein Werkstoff, desto spröder ist er auch. HSS und Hartmetall sind die für den Hobbyfräser interessanten Werkstoffe (© David W.; Quelle: *https://commons.wikimedia.org/wiki/File:Einsatzgebiete_schneidstoffe.svg*).

Die Form ist entscheidend für den Einsatz. Dabei wird zwischen den im Folgenden aufgeführten Typen unterschieden.

Schaftfräser haben, von der Seite gesehen, einen rechteckigen Querschnitt mit Schneiden am Umfang (Hauptschneide) und auf der unteren Fläche (Nebenschneide). Die Nebenschneiden ermöglichen es dem Werkzeug, auch „nach unten" zu arbeiten und damit direkt ins Material eintauchen zu können. Da die Mitte des Fräsers kein Material abtragen kann – die Schneide dreht sich hier auf der Stelle, ohne Material abzutragen –, kann in Achsrichtung nur mit geringer Geschwindigkeit gearbeitet werden. Oft haben Schaftfräser einen Fischschwanz. Die untere Fläche ist also nicht eben, sondern steigt zur Mitte hin an. Das erleichtert das Eintauchen (Bild 3.2).

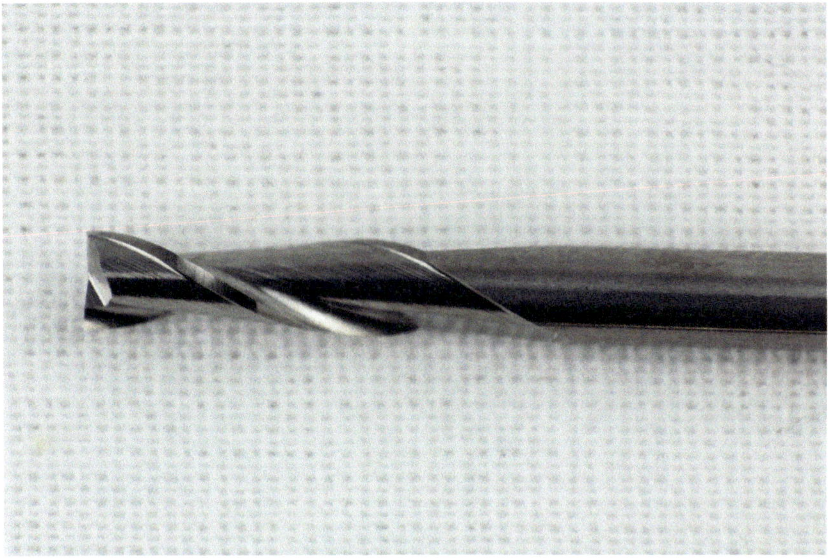

Bild 3.2 Ein Schaftfräser mit Fischschwanzanschliff dringt einfacher ins Material ein.

Kugel- oder Radiusfräser sind vor allem für die 3D-Bearbeitung geeignet (Bild 3.3 und Bild 3.4). Wenn der Fräser, wie in Abschnitt 2.3 besprochen, eine Halbkugel „überquert", ändert sich der Punkt am Fräser, der mit dem Werkstück in Eingriff ist, ständig. Ein Fräser, dessen Unterseite als Halbkugel ausgeführt ist, ergibt immer eine rechtwinklige Bearbeitung, im Gegensatz zum Schaftfräser, bei dem die Kante in unterschiedlichen Winkeln auf die Halbkugel trifft.

Bild 3.3 Der Radiusfräser berührt das Werkstück immer an einem definierten Punkt und ist deshalb besonders zum 3D-Fräsen geeignet.

Bild 3.4 Kugel- oder Radiusfräser haben meist nur eine runde Spitze. Das reicht für die Bearbeitung und bringt Stabilität.

T-Nutenfräser/Prismenfräser haben rechteckige oder dreieckige Schneiden, die zur Seite herausragen. Mit ihnen kann man also tatsächlich Hinterschnitte fräsen, die von oben nicht sichtbar sind. Sie werden meist verwendet, um Holzverbindungen herzustellen (Bild 3.5).

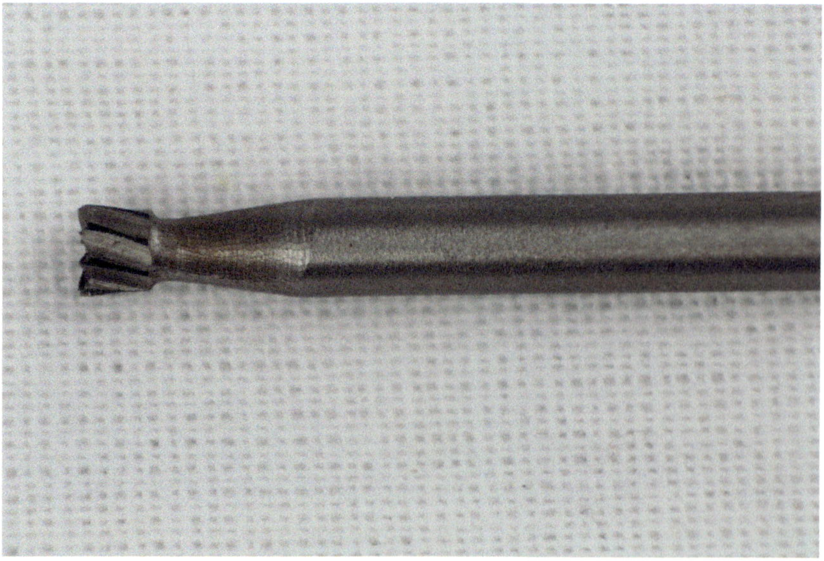

Bild 3.5 Nutenfräser ermöglichen das Herstellen von Hinterschnitten.

Gravierstichel sind an der Spitze halbiert und besitzen eine Spitze, deren Winkel in den technischen Daten angegeben wird. Der Gravierstichel hat seine Verwendung im Namen. Mit ihm lassen sich feine Linien in Oberflächen einarbeiten (Bild 3.6).

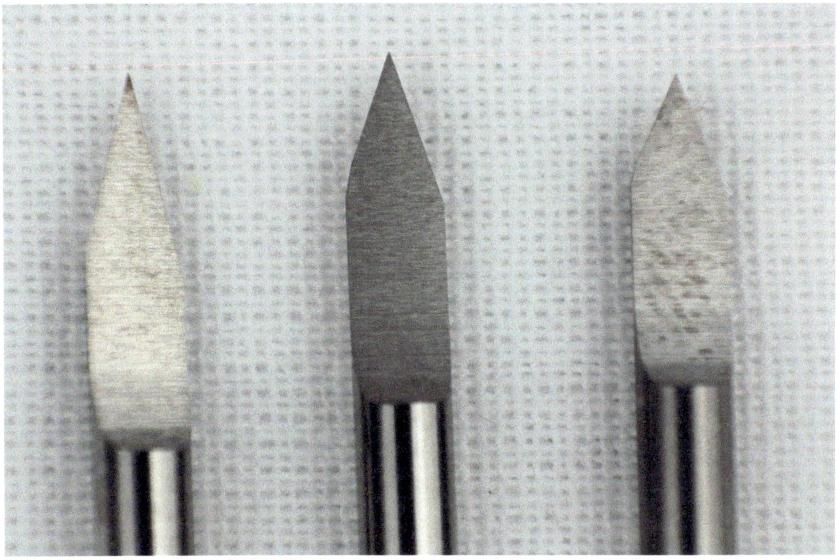

Bild 3.6 Drei Gravierstichel mit 30, 40 und 50 Grad Spitzenwinkel (von links nach rechts). Je größer der Winkel, desto breiter und flacher die Gravur.

Eine weitere wichtige Eigenschaft von Fräsern ist die Anzahl der Zähne. Diese geht von einem Zahn über zwei oder drei – das sind die üblichsten Zähnezahlen – bis hin zu Vielzahnfräsern oder solchen mit Diamantschliff, die sozusagen unendlich viele Zähne haben.

Das abgetragene Material (der Span) muss beim Fräsen aus dem Loch, in dem der Fräser steckt, herausgefördert werden, damit Platz für den nächsten Span ist. Dafür haben Fräser, wie auch Bohrer, Spannuten, in denen der Span vor der Schneide nach oben oder unten befördert wird. Die Richtung, in der der Span befördert wird, ist von der Drehrichtung der Spindel und vom Drall des Bohrers – also der Richtung des „Gewindes", das die Spannut bildet – abhängig.

Normalerweise dreht eine Frässpindel von oben gesehen im Uhrzeigersinn, sodass eine rechtsspiralige Spannut das Material nach oben herausfördert. Es gibt aber auch linksspiralige Fräser, denn der Drall erzeugt eine Schnittkraft nach oben, die das Werkstück hochzieht. Bei sehr dünnen und weichen Materialien ist das nicht gewollt und man nimmt die schlechte Späneabfuhr eines linksspiraligen Fräsers in Kauf.

Je mehr Zähne ein Fräser hat, desto weniger Platz ist für Späne. Je weicher ein Material und je mehr Vorschub man fährt (je mehr Spanmaterial also anfällt), desto weniger Schneiden sollte man verwenden. Im Extremfall bis zum Einzahnfräser. Mehr Zähne bringen mehr Stabilität gegen Verbiegen des Fräsers. Bei harten Werkstoffen entstehen pro Umdrehung weniger und feinere Späne. Härtere Materialien lassen sich also mit mehr Zähnen fräsen. Ein guter Kompromiss sind Zwei- oder Dreischneider (Bild 3.7). Noch mehr Zähne werden bei Schlichtfräsern eingesetzt, die sehr saubere Oberflächen erzeugen sollen. Da immer mehrere Schneiden parallel im Material arbeiten, treten weniger Vibrationen auf, die Oberflächen werden schöner.

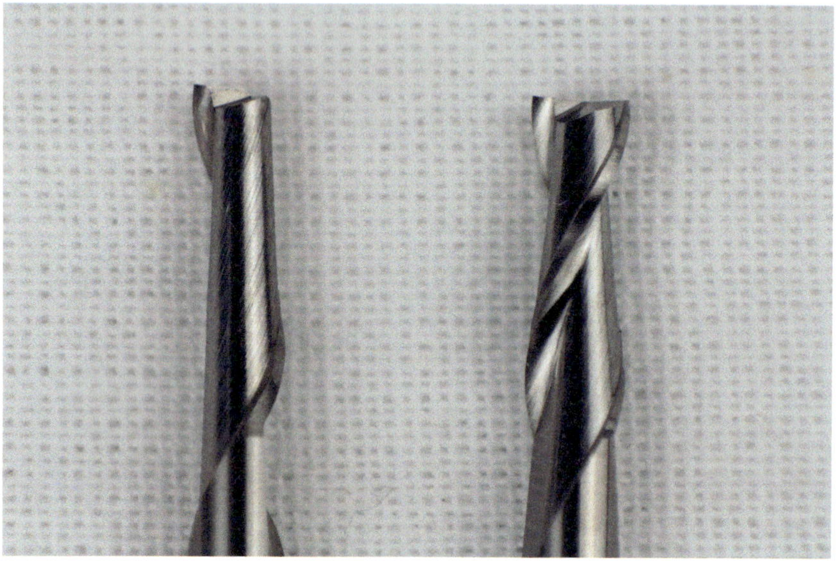

Bild 3.7 Einschneider (links) und Zweischneider (rechts): Beim Einschneider ist deutlich mehr Spanraum vorhanden.

Natürlich ist die Späneabfuhr auch abhängig von der Geometrie, die gefräst wird. Steckt ein 2-mm-Schaftfräser 10 Millimeter tief in einer Nut – er schneidet also beispielsweise die erste Bahn einer Tasche –, ist es relativ schwierig, die Späne wegzubefördern. Fährt er dagegen halb in der Wand und halb im Freien – beispielsweise, wenn er schon einige Runden in der Tasche gedreht hat –, so können die Späne zur Seite ausweichen und die Spanabfuhr ist unproblematisch.

Eine Sonderform sind **diamantverzahnte Fräser**, die gern bei eher harten Werkstoffen genutzt werden. Ihr ursprünglicher Einsatz ist das Ausschneiden von Elektronikplatinen, sie eignen sich aber auch gut für alle Sorten Holz und Kunststoff. Sie halten relativ lang, erlauben allerdings weniger hohe Vorschubgeschwindigkeiten und erzeugen etwas schlechtere Kanten (Bild 3.8).

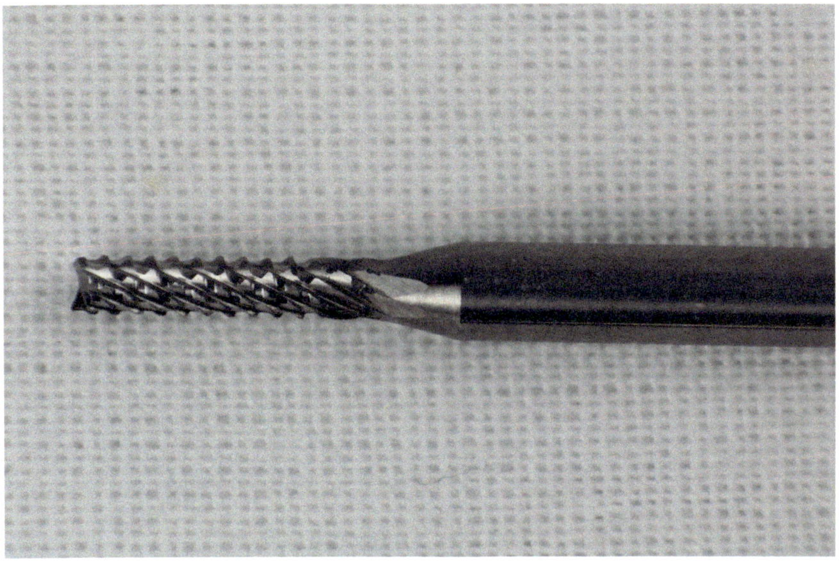

Bild 3.8 Diamantverzahnte Fräser sind gute Allroundwerkzeuge vor allem bei harten Werkstoffen.

Spezialisiert auf hohen Materialabtrag sind spezielle **Schruppfräser**, deren Schneiden gezackt wirken. Tatsächlich sind die Vertiefungen sogenannte Spanteilenuten, an denen die Späne brechen, was zu relativ kurzen Spänen führt, die sich gut abführen lassen. Zudem sinken die Schnittkräfte und damit auch die Kräfte auf die Maschine, was hohe Vorschubgeschwindigkeiten ermöglicht (Bild 3.9).

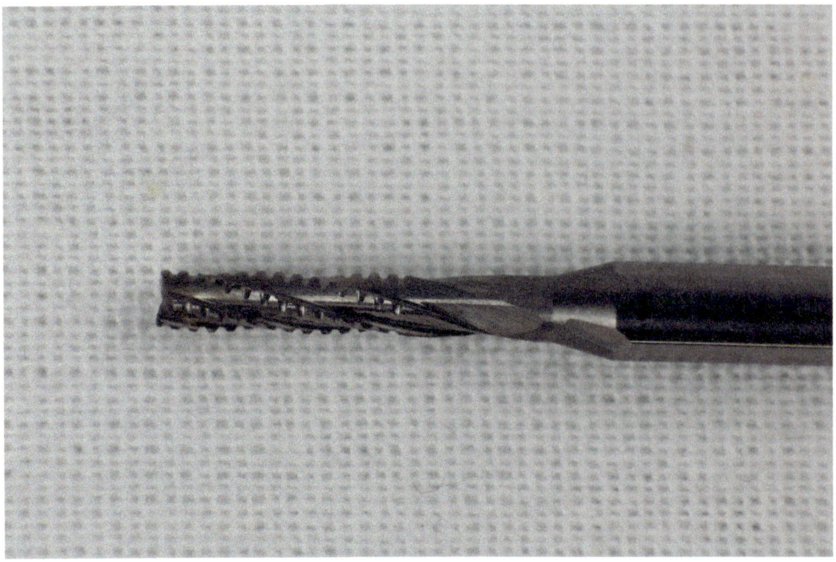

Bild 3.9 Die Spanteilenuten an den Schneiden des Schruppfräsers erzeugen kurze Späne, die sich gut abführen lassen.

3.2 Schnittwerte: Bitte die Richtgeschwindigkeit beachten!

Wie schnell kann ich denn nun schneiden? Der Hersteller eines Werkzeugs wendet sehr viel Know-how auf die Schneidengestaltung auf, denn diese entscheidet über die Effizienz des Werkzeugs. Wie schon mehrmals gesagt, sind diese Werte wichtig. Zu langsam zu fahren ist genauso kontraproduktiv wie das zu schnelle Fahren. Da unsere Maschinen im Vergleich zu Profianlagen in der Verfahrgeschwindigkeit, der Steifigkeit und auch der Spindeldrehzahl limitiert sind, werden wir oft in die Lage kommen, nicht so schnell fahren zu können, wie es die Werte des Werkzeugs vorgeben. Es macht also keinen Sinn, für eine einfache Fräse wie die unsere hocheffiziente Werkzeuge anzuschaffen. Wir werden sie sowieso nicht im optimalen Bereich betreiben können.

Für jedes Werkzeug gibt der Hersteller neben den Geometriedaten zwei Werte an, die den Schnitt eines Zahns im Werkstück beschreiben. Um diese Werte zu verstehen, müssen wir gedanklich in den Bearbeitungsraum hinabtauchen. Die Schneide schält einen Span heraus, wenn sie in Kontakt mit dem Werkstück kommt. Dazu muss sich der Fräser etwas in Bearbeitungsrichtung bewegen. Je weiter er sich zwischen zwei Schneiden bewegt, desto dicker wird der Span, den er abschält. Das ist der Vorschub f_z pro Zahn. Der zweite wichtige Wert ist die Geschwindigkeit, mit der sich die Schneide auf ihrer Kreisbahn durch das Material bewegt. Man nennt sie Schnittgeschwindigkeit v_c (Bild 3.10).

HINWEIS: Achtung! Beide Werkzeugwerte beziehen sich auf einen Zahn. f_z ist der Vorschub pro Zahn, der mehreren Schneiden entsprechend mehrmals gerechnet wird. Die Schnittgeschwindigkeit v_c ist nicht die Geschwindigkeit, mit der sich der Fräser durch das Material bewegt, sondern die des Zahns.

Um nun auf die eigentlich wichtigen Schnittwerte zu kommen, die im CNC-Programm abgefragt werden, kommen zwei Formeln zum Einsatz.

Spindeldrehzahl:

$S = (v_c \times 1000) / (d \times \text{pi})$

d ist der Werkzeugdurchmesser. Die 1000 werden benötigt, um m/min in mm/min umzurechnen.

Fräservorschub:

$v_f = f_z \times n \times S$

n ist die Anzahl der Zähne des Fräsers, also bei einem Zweischneider $n = 2$.

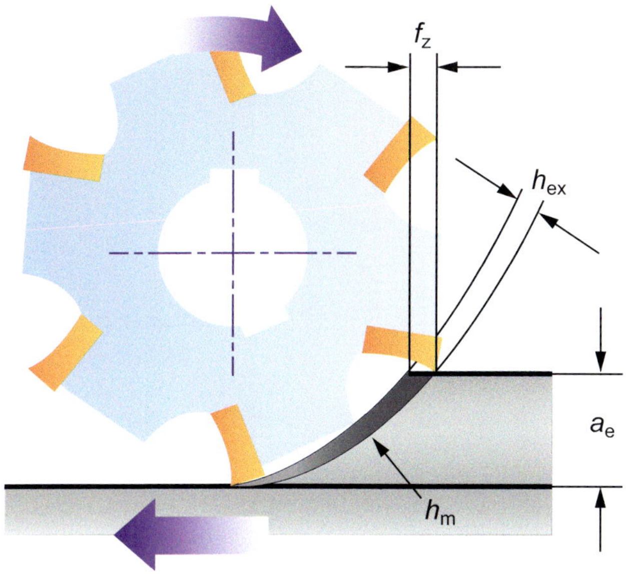

Bild 3.10 Der Vorschub f_z pro Zahn und die Schnittgeschwindigkeit v_c sind die Grundlagen der Schnittdatenberechnung. Hier wird auch die radiale Zustellung a_e gezeigt.

TIPP: Richtwerte für v_c und f_z bei verschiedenen Werkstoffen finden sich in Tabellenbüchern oder im Internet, z. B. bei Sorotec unter *http://www.sorotec.de/webshop/Datenblaetter/fraeser/schnittwerte.pdf*.

Rechnen wir einmal einen Zweischneider mit 3 Millimeter Durchmesser durch, mit dem wir Sperrholz fräsen möchten. Die Sorotec-Werkzeugtabelle liefert hier folgende Werte: v_c = 500m/min und f_z = 0,035 mm/Zahn/Umdrehung.

Drehzahl S = (500 × 1000) / (3 × pi) = 53 051 1/min

Vorschub v_f = 0,035 × 2 × 53 051 1/min = 3713,57 mm/min

Hier zeigt sich schon ein Problem: Unsere Spindel dreht maximal 12 000 Umdrehungen, berechnet haben wir jedoch über 53 000 Umdrehungen pro Minute. Also müssen wir, um die richtige Schnittgeschwindigkeit v_c zu erreichen, diese maximale Drehzahl unserer Spindel in die Vorschubformel eintragen:

Vorschub v_f = 0,035 × 2 × 12 000 1/min = 840 mm/min

Nun fehlen noch zwei Parameter, nämlich die radiale und axiale Zustellung. Die radiale Zustellung a_e beschreibt, wie breit der Materialstreifen ist, der weggeräumt wird. Bei einer Vollnut – also dem ersten Schnitt im Material – ist diese Zustellung gleich der Fräserbreite. Die zweite Bahn legt man nicht komplett neben die erste, sondern fräst mit einer gewissen Überdeckung (Bild 3.11).

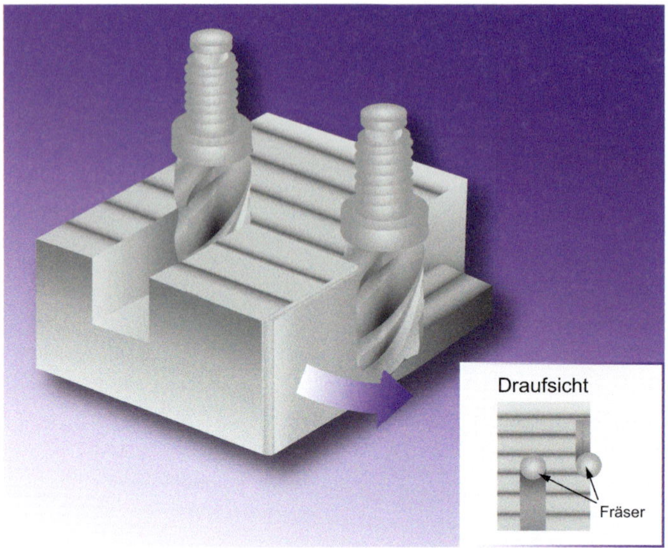

Bild 3.11 Das Fräsen in der Vollnut (links) ist zu vermeiden. Bei Hobbymaschinen ist eine Überdeckung von 25 – 33 Prozent optimal.

Auf stabilen Maschinen oder bei der Bearbeitung weicher Werkstoffe lässt man die Fräsbahnen zu einem Drittel des Durchmessers überdecken. a_e ist in diesem Fall $2/3 \times d$. Dann sitzt der Fräser satt in der Wand und es entstehen relativ wenige Vibrationen, die Maschine braucht aber entsprechend Drehmoment und Steifigkeit. Bei Hobbymaschinen ist eine Überdeckung zwischen 25 und 33 Prozent sinnvoll, also $1/4 \times d$ bis $1/3 \times d$. Den halben Werkzeugdurchmesser sollte man übrigens meiden.

Die axiale oder vertikale Zustellung a_p, also die Eintauchtiefe pro Schicht, sollte bei NE-Metallen etwa bei halbem Nenndurchmesser, bei Holz und Kunststoffen bis $2 \times d$ liegen. Sehr weiches Material wie Hartschaum erlaubt sogar $5 \times d$. Diese Werte habe ich von Sorotec übernommen, da ansonsten nur schwer entsprechende Werte für die weichen Werkstoffe zu finden sind, die wir bearbeiten. Oft wird übrigens empfohlen, lieber relativ tief zu gehen und dafür weniger seitliche Zustellung zu wählen. Das macht auch Sinn in Bezug auf die Standzeiten des Fräsers, da dieser nicht nur am untersten Ende, sondern gleichmäßig über die gesamte Schneide genutzt wird und verschleißt.

Im Internet finden sich viele Vorschläge für Schnittwerte. Eine gute Quelle für die im Buch eingesetzte Hobbyfräse ist das CNC-Wiki unter *https://cnc-wiki.de*, wo sich auch viele andere interessante Informationen finden (Bild 3.12). Das Hoffmann Group/Garant-Zerspanungshandbuch (*www.hoffmann-group.com*) ist ein gigantisches Tabellenwerk mit Richtwerten für eine riesige Zahl von Werkzeugen und vielen anderen interessanten Informationen. Es ist aktuell jedoch nicht mehr als E-Book, sondern nur noch als gedrucktes Werk beim Hersteller verfügbar.

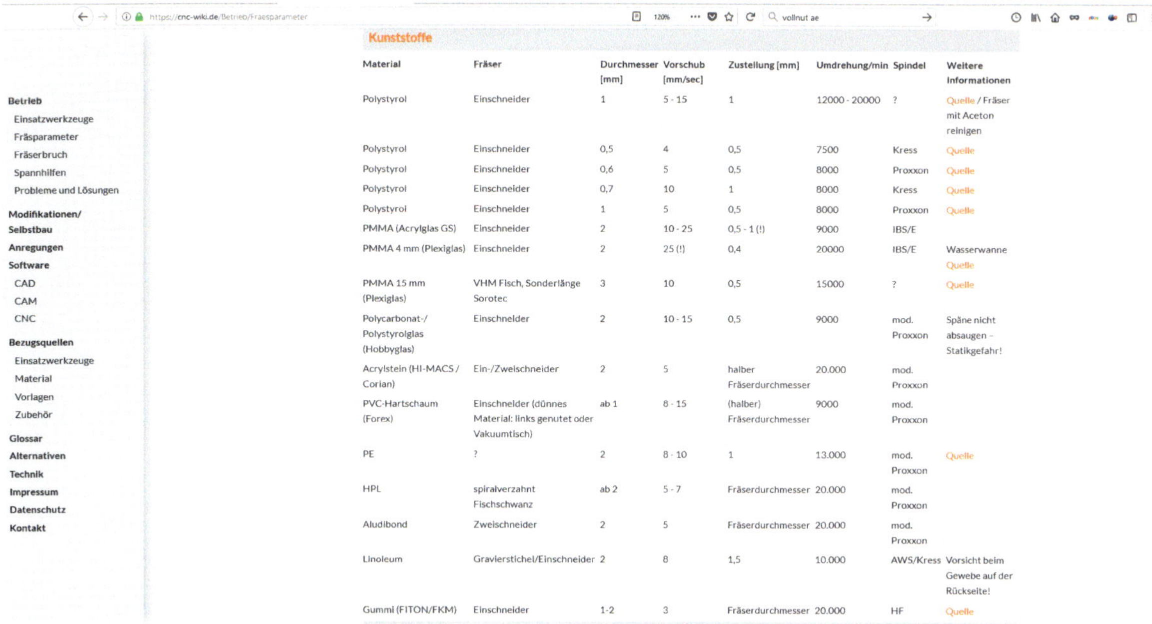

https://cnc-wiki.de/Betrieb/Fraesparameter

Betrieb
Einsatzwerkzeuge
Fräsparameter
Fräserbruch
Spannhilfen
Probleme und Lösungen
Modifikationen/ Selbstbau
Anregungen
Software
CAD
CAM
CNC
Bezugsquellen
Einsatzwerkzeuge
Material
Vorlagen
Zubehör
Glossar
Alternativen
Technik
Impressum
Datenschutz
Kontakt

Kunststoffe

Material	Fräser	Durchmesser [mm]	Vorschub [mm/sec]	Zustellung [mm]	Umdrehung/min	Spindel	Weitere Informationen
Polystyrol	Einschneider	1	5 - 15	1	12000 - 20000	?	Quelle / Fräser mit Aceton reinigen
Polystyrol	Einschneider	0,5	4	0,5	7500	Kress	Quelle
Polystyrol	Einschneider	0,6	5	0,5	8000	Proxxon	Quelle
Polystyrol	Einschneider	0,7	10	1	8000	Kress	Quelle
Polystyrol	Einschneider	1	5	0,5	8000	Proxxon	Quelle
PMMA (Acrylglas GS)	Einschneider	2	10 - 25	0,5 - 1 (!)	9000	IBS/E	
PMMA 4 mm (Plexiglas)	Einschneider	2	25 (!)	0,4	20000	IBS/E	Wasserwanne Quelle
PMMA 15 mm (Plexiglas)	VHM Fisch, Sonderlänge Sorotec	3	10	0,5	15000	?	Quelle
Polycarbonat-/ Polystyrolglas (Hobbyglas)	Einschneider	2	10 - 15	0,5	9000	mod. Proxxon	Späne nicht absaugen – Statikgefahr!
Acrylstein (HI-MACS / Corian)	Ein-/Zweischneider	2	5	halber Fräserdurchmesser	20.000	mod. Proxxon	
PVC-Hartschaum (Forex)	Einschneider (dünnes Material: links genutet oder Vakuumtisch)	ab 1	8 - 15	(halber) Fräserdurchmesser	9000	mod. Proxxon	
PE	?	2	8 - 10	1	13.000	mod. Proxxon	Quelle
HPL	spiralverzahnt Fischschwanz	ab 2	5 - 7	Fräserdurchmesser	20.000	mod. Proxxon	
Aludibond	Zweischneider	2	5	Fräserdurchmesser	20.000	mod. Proxxon	
Linoleum	Gravierstichel/Einschneider	2	8	1,5	10.000	AWS/Kress	Vorsicht beim Gewebe auf der Rückseite!
Gummi (FITON/FKM)	Einschneider	1-2	3	Fräserdurchmesser	20.000	HF	Quelle

Bild 3.12 Das CNC-Wiki liefert eine große Zahl von Einstelldaten für Hobbymaschinen.

3.3 Routenplanung: Die richtige Frässtrategie

Das Muster, in dem der Fräser durch das Werkstück fräst, um Material abzutragen, nennt man die Frässtrategie. Man kann beispielsweise eine Tasche im Zickzack ausräumen oder spiralförmig von innen nach außen bzw. andersrum. Auch beim Eintauchen gibt es verschiedene Optionen, ebenso beim Nutfräsen. Die grundsätzlichste Entscheidung beim Fräsen ist jedoch die Wahl, ob man mit der oder gegen die Vorschubrichtung fräst.

3.3.1 Hü oder hott: Gegen- und Gleichlauffräsen

Je nachdem, welche Kombination aus Drehrichtung des Fräsers und Vorschubrichtung vorliegt, spricht man von Gegenlauffräsen oder Gleichlauffräsen. Da dieser Unterschied nicht unerhebliche Auswirkungen auf das Ergebnis des Fräsvorgangs hat, soll auch hier kurz die Theorie erläutert werden. Grundsätzlich macht diese Unterscheidung nur Sinn, wenn keine Vollnut geschnitten wird, denn dann haben wir es auf der einen Seite des Fräsers mit Gleichlauffräsen und auf der anderen Seite mit Gegenlauffräsen zu tun.

Beim Gleichlauffräsen gleitet die Schneide in Richtung des Vorschubs, was bedeutet, dass sich das Material während des Schneidens von der Schneide wegbewegt. Der Span beginnt dick und wird immer dünner. Das bedeutet, dass die Schnittkraft beim Eintauchen der Schneide ins Werkstück am stärksten ist und zum Ende des Schneidvorgangs hin immer mehr abnimmt (Bild 3.13).

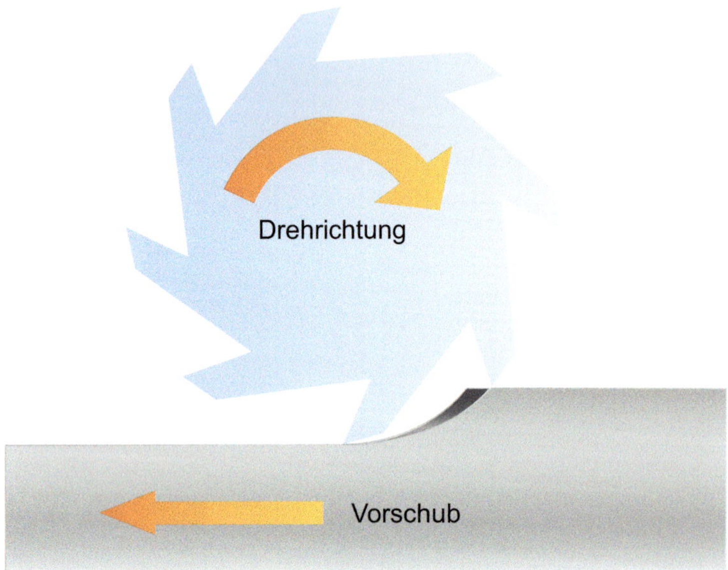

Bild 3.13 Beim Gleichlauffräsen gleitet die Schneide in Richtung des Vorschubs.

Beim Gegenlauffräsen beginnt der Span dünn und wird immer dicker, da das Werkstück durch den Vorschub zusätzlich gegen die Schneide gedrückt wird. Das Eintauchen ist eher sanft. Die Schnittkraft baut sich immer stärker auf, bis die Schneide aus dem Werkstück heraustaucht und den Span abschneidet. Die Schnittkraft bricht schlagartig zusammen, was zu Vibrationen führt (Bild 3.14).

Grundsätzlich erzeugt Gleichlauffräsen deshalb bessere Oberflächen als der Gegenlauf. Allerdings kommt es bei Hobbyfräsen, die Umkehrspiel haben, zu einem weiteren Effekt. Beim Gleichlauffräsen stemmt sich der Fräser gegen das Werkstück, während er beim Gegenlauffräsen quasi ins Material hineingezogen wird. Dadurch drückt sich der Fräser beim Gleichlauffräsen sozusagen während des Schneidens nach hinten, bis das Umkehrspiel ausgenutzt ist. Wenn die Schneide ins Freie gelangt, springt der Fräser wieder nach vorn. Auch das kann bei relativ weichen Fräsen mit Umkehrspiel für Rattermarken sorgen. Wahrscheinlich ist auf einer Hobbyfräse, wie wir sie in diesem Buch bauen, das Gegenlauffräsen deshalb am Ende die bessere Option. Du solltest dies an einem Probestück mit einer kleinen Tasche ausprobieren.

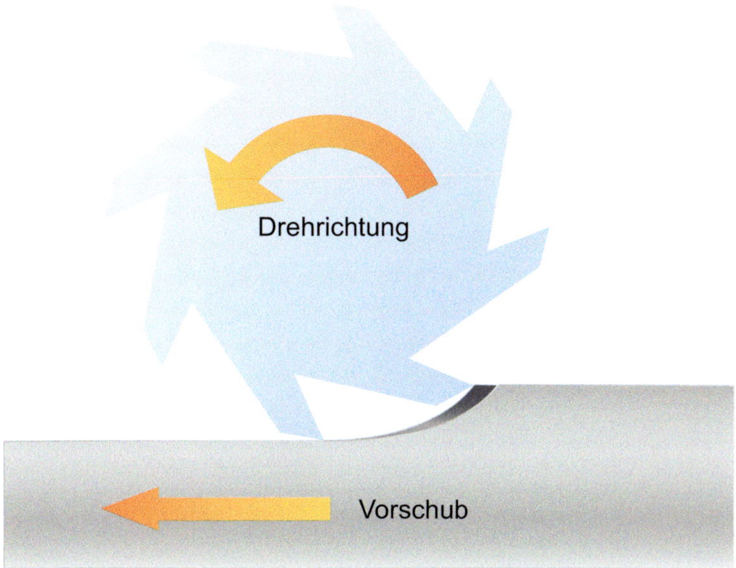

Bild 3.14 Beim Gegenlauffräsen wird das Werkstück in die Schneide hineingeschoben.

3.3.2 Schruppen, Schlichten und Restmaterial

Je kleiner der Fräserdurchmesser, desto feinere Details lassen sich herausarbeiten, doch desto länger dauert auch das Abtragen von Bereichen, in denen viel Material zerspant werden muss. Deshalb unterteilt man den Fräsvorgang sehr oft in zwei oder mehr Abschnitte – das Schruppen und das Schlichten (manchmal sogar Vor- und Fertigschruppen und -schlichten).

Schruppen bedeutet, dass man die Form mit einem möglichst großen Fräser grob vorarbeitet, um möglichst viel Material in möglichst kurzer Zeit in Späne zu verwandeln. Dabei wird die Endform nur grob beachtet. Bei der schon mehrmals als Beispiel verwendeten Halbkugel in der Tasche würde die Halbkugel beim Schruppen nur treppenförmig ausgearbeitet (Bild 3.15).

Bild 3.15 Im Schruppdurchgang wurde grob Material entfernt. Nun wird beim Schlichten die endgültige Oberfläche (blau) erzeugt.

Beim Schruppen lässt man normalerweise ein Schruppaufmaß stehen. Man fräst also nicht an die Endkontur heran, sondern hält an jeder Stelle beispielsweise einen halben Millimeter Abstand. Ein Grund ist unter anderen, dass man dann mit speziellen Schruppfräsern arbeiten kann, die viel Material räumen, aber schlechte Oberflächen hinterlassen.

Bei Formen mit großen, zu entfernenden Bereichen und komplexen Geometrien kann es sinnvoll sein, mit einem großen Durchmesser vorzuschruppen und mit einem feineren Fräser nachzuschruppen. Das nennt man dann Restmaterialbearbeitung (Bild 3.16). Ein gutes Beispiel ist eine Ecke mit einem Innenradius von 4 Millimetern. Dort wird man mit einem 6-mm-Fräser nicht hineinkommen. Es verbleibt ein Radius von 6 Millimetern und ein halbmondförmiges Restmaterial hin zum eigentlich gewollten 4-mm-Radius. Für das Nachschruppen muss die CAM-Software das Rohteil anpassen. Es sollen beim Nachschruppen nur die Bereiche abgefahren werden, wo noch Material ansteht. Die CAM-Software simuliert also die Bearbeitung mit dem 6-mm-Fräser und erkennt dann, wo noch Restmaterial stehen bleibt. Dann berechnet sie die Werkzeugwege für den kleineren Fräser.

Bei Schlichten passiert im Prinzip dasselbe: Mit speziellen Schlichtfräsern wird das beim Schruppen stehen gelassene Material abgetragen und bei Bedarf mit einem kleinen Kugelfräser am Ende nochmals Restmaterial entfernt. Du siehst also, dass der Werkzeugwechsel nichts Exotisches ist, sondern sehr oft benötigt wird. Deshalb bauen wir uns in Kapitel 9 einen Werkzeuglängensensor.

Bild 3.16 In den Ecken bleibt abhängig von Radius des Radiusfräsers Restmaterial stehen.

3.3.3 Die richtige Frässtrategie für verschiedene Anwendungen

Grundsätzlich gibt es zwei Möglichkeiten, eine Tasche auszufräsen: längs beziehungsweise quer, also im Zickzack beziehungsweise parallel, oder spiralförmig. Beide Strategien haben ihre Vorteile: Das Parallelfräsen – der Ausdruck „parallel" bezieht sich auf die parallelen Fräserbahnen – ist eine sehr effiziente Art, eine Fläche abzufahren. Zudem kann die Bearbeitungsrichtung achsparallel gewählt werden. Das bedeutet, dass die Bahnen entweder in X- oder in Y-Richtung liegen. Das hat den Vorteil, dass immer nur eine Achse gleichzeitig läuft (Bild 3.17).

Bild 3.17 Parallelfräsen wird vor allem beim Planen von Oberflächen verwendet.

Sobald mehrere Achsen gleichzeitig fahren – also beispielsweise wenn man diagonal verfährt –, beeinflussen sich die Bewegungen der Achsen. X- und Y-Achse müssen sehr genau gleich schnell fahren, damit die Diagonalbewegung genau in einer Gerade erfolgt. Beim achsparallelen Fräsen wird beispielsweise die X-Achse blockiert und die Y-Achse bewegt. Eine Beeinflussung findet nicht statt.

Auch wenn die Tasche schräg zu den Achsen liegt, kann die achsparallele Strategie genutzt werden. Ob dann längs oder quer gearbeitet wird, hängt von der Geometrie der Tasche ab. Je länger der Fräser in einer Richtung unterwegs sein kann, desto kürzer ist die Bearbeitungszeit. Man wird die Fräsbahnen also möglichst in der Richtung definieren, in der die Tasche breiter ist.

Die Parallelbearbeitung hat jedoch auch Haken. Einer Bahn Gleichlauffräsen folgt eine Bahn Gegenlauffräsen. Das kann Auswirkungen auf die Standzeit (also die Lebensdauer) des Fräsers haben, aber auch für unsaubere Oberflächen sorgen. Zudem wird die Seitenwand, an der die Bearbeitungsbahnen enden, nicht glatt, sondern eine Abfolge von Kreisbögen. Diese Wandung muss also in jedem Fall nachbearbeitet werden.

Das spiralförmige Bearbeiten - von innen nach außen oder von außen nach innen - hat diese Nachteile nicht (Bild 3.18). Je nachdem, ob man die Tasche im oder gegen den Uhrzeigersinn ausfährt, werden alle Konturen im Gleich- oder Gegenlauf bearbeitet. Außerdem werden alle Seiten parallel zur Wand bearbeitet, eine Nachbearbeitung ist also nicht notwendig. Natürlich ist nicht jede Tasche rund. Wenn also der Fräser der Kontur folgt, aber im Großen und Ganzen kreisförmig von innen nach außen oder andersrum läuft, spricht man von konturparalleler Bearbeitung.

Wenn es in die dritte Dimension geht, gibt es mehrere Möglichkeiten. Man kann 2,5- oder dreiachsig arbeiten (Z-konstant oder konturfolgend). Ersteres ist effizienter, Letzteres ergibt sauberere Oberflächen.

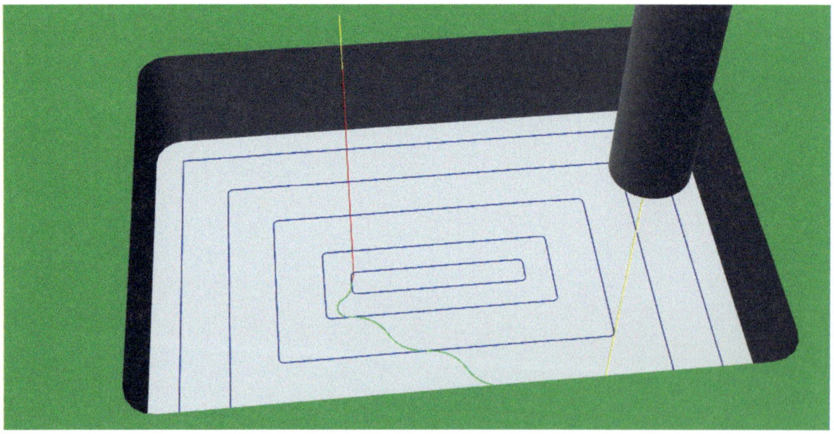

Bild 3.18 Das spiralförmige Fräsen sorgt für saubere Seitenflächen der Tasche.

Komplexere CAM-Systeme bieten noch weitere, spezielle Frässtrategien oder Kombinationen aus den vorangehend beschriebenen Verfahren an. Diese sind allerdings nur in Spezialfällen wie dem HSC-Fräsen sinnvoll oder wenn es darum geht, die Bearbeitungszeit stark zu optimieren. Profis wenden sogar an den unterschiedlichen Konturen einer Geometrie unterschiedliche Strategien an. Das ist für unsere Anforderungen - und die Fähigkeiten der kostenlosen CAM-Systeme - irrelevant.

Wichtig sind allerdings die Aus- und Einfahrstrategie sowie das Wirbel-, Taumel- oder Trochoidalfräsen. Allen ist gemeinsam, dass man den Vollschnitt und ein senkrechtes Eintauchen möglichst vermeiden will. Die Schneide in der Mitte der Unterseite eines Stirnfräsers bewegt sich nicht auf einer Kreisbahn, sondern dreht sich nur. Das behindert das axiale Eintauchen in den Werkstoff. Doch wie kommt man sonst auf Arbeitstiefe? Man muss ja, bevor man eine Tasche auf einer Oberfläche fräsen möchte, erst einmal in diese Oberfläche eintauchen.

Im Gegensatz zu einem Bohrer haben Fräser keine Spitze, die das Werkzeug in seiner Drehbewegung im Material stabilisiert. Der Bohrer „sitzt" beim Abtauchen immer in der kegelförmigen Kontur, die durch seine Spitze erzeugt wird. Das stabilisiert den Bohrer. Er läuft sauber geradeaus. Ein Stirnfräser ist unten flach und kann deshalb verlaufen, also sich verbiegen und ein krummes Loch erzeugen. Geht die Krümmung in die falsche Richtung, hinterlässt der Eintauchvorgang hässliche Marken in der Wandung. Beiden Problemen weicht man aus, indem man auf einer gebogenen Rampe eintaucht, die tangential in die Bearbeitungskontur übergeht. Ebenso kann man tangential ausfahren, um nicht schlagartig die Bearbeitung zu beenden, sondern in einem feinen Übergang den Kontakt zum Material zu verlieren.

Eine Rampe benötigt allerdings Platz, denn sie ist ja eine ungewollte Bearbeitung. Kann man die Rampe irgendwo in den Innenbereich der Tasche legen, also in einen Bereich, der ohnehin weggefräst wird, ist das kein Problem. Manchmal hat man dafür allerdings keinen Platz, da die Taschen sehr klein sind. Dann gibt es die Möglichkeit, in einer Helix abzutauchen. So benötigt man nur wenig Platz (Bild 3.19 und Bild 3.20).

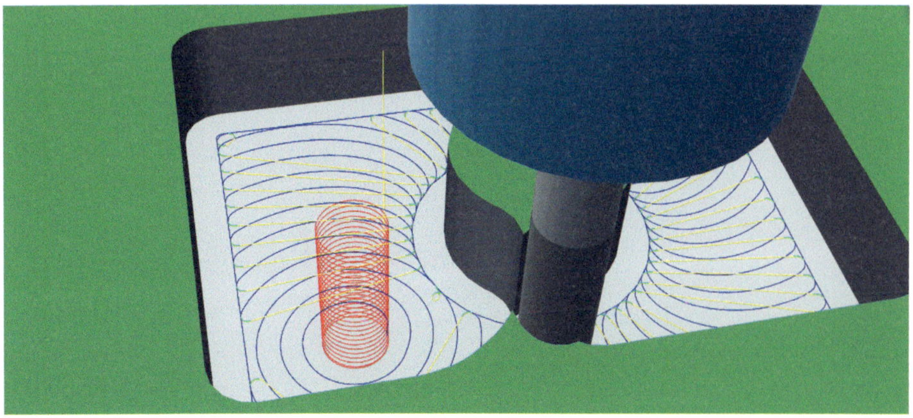

Bild 3.19 Fusion 360 bietet mit Adaptive Clearing eine besonders schnelle Schruppstrategie an (in Rot: die Helixbahn beim Einfahren).

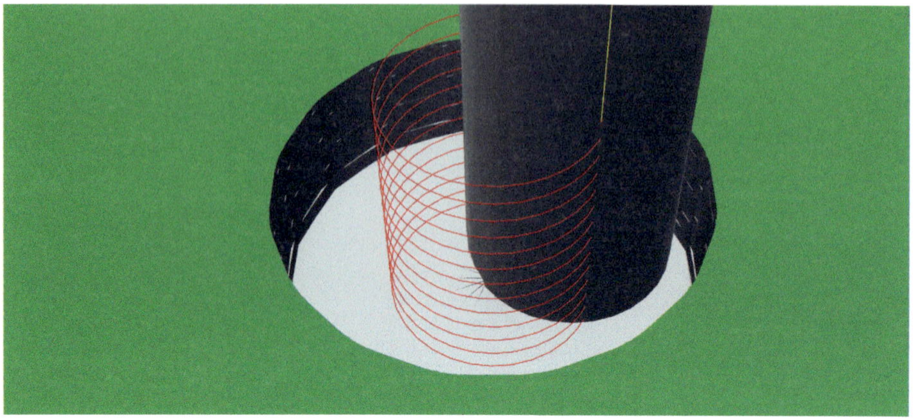

Bild 3.20 Besonders schonend für Werkzeug und Werkstück: das Eintauchen auf einer Helixbahn

Zusätzlich vermeidet man bei einer Helix die unangenehme Vollnut. Man fährt in einer sehr engen Helix langsam nach unten und der Fräser ist nicht rundum im Eingriff, sondern er trägt die Wand helixförmig ab. Das kann man sich auch beim Nutenfräsen und Bohren zunutze machen, indem man einen Fräser nutzt, der schmaler ist als die Nut oder die Bohrung, und auch dort in kleinen Kreisbewegungen fährt.

Nichts anderes ist das Wirbelfräsen (Bild 3.21). Für eine 6 Millimeter breite Nut nimmt man keinen 6-mm-Fräser, sondern zum Beispiel einen mit 3 Millimetern Durchmesser. Mit diesem fährt man die Nut auch nicht längs ab – dann wäre man ja wieder im Vollzugriff –, sondern man bewegt sich in kleinen Kreisen vorwärts, mathematisch gesprochen in einer Trochoide. So greift der Fräser immer in einer Richtung (Gleich- oder Gegenlauf) auf der „Vorderseite" der jeweiligen Kurve ins Material. Das vermeidet auch die Gefahr des Spänestaus.

Bild 3.21 Das Adaptive 3D-Clearing in Fusion 360 entspricht dem Wirbelfräsen.

Lass dich nicht verrückt machen. Meist wird man Taschen parallel schruppen und dann konturfolgend schlichten. Eine Rampe macht Sinn, ebenso das trochoidale oder helixförmige Arbeiten. Alle anderen Frässtrategien sind „nice to have" und können im Lauf der Zeit erlernt werden.

3.4 Nullpunkte: Wo bin ich und wer bin ich?

In einer Hinsicht ist ein 3D-Drucker wesentlich einfacher zu nutzen als eine CNC-Fräse: Die Platzierung des zu druckenden Objekts definiert man in der Druckersoftware und dann kann es direkt losgehen. Bei einer Fräse ist das komplizierter, denn die Fräse „weiß" ja nicht, wo man das Rohteil im Bearbeitungsraum aufspannen möchte. Deshalb muss die Fräsensteuerung immer mehrere Koordinatensysteme beziehungsweise verschiedene Nullpunkte miteinander verrechnen. Unter Nullpunkt versteht man den Ursprung des jeweiligen Koordinatensystems.

HINWEIS: Ich arbeite im Folgenden mit einem vereinfachten System und ebensolchen Benennungen. Professionelle Fräsmaschinen arbeiten mit weiteren Nullpunkten, die hier nicht relevant sind, beispielsweise einem Werkzeugaufnahmepunkt in der Spindel und einem Einstellpunkt in der Werkzeugaufnahme. Da wir von Hand einspannen, benötigen wir einen Werkzeugnullpunkt an der Spitze und in der Drehachse des Werkzeugs.

Das eigentliche, allen anderen Koordinaten zugrunde liegende Koordinatensystem, mit dem alle CNC-Maschinen in Wirklichkeit arbeiten, ist das Maschinenkoordinatensystem mit dem **Maschinennullpunkt**. Diesen legt der Hersteller einmal fest, er kann nicht verändert werden. Unsere Firmware GRBL legt den Maschinennullpunkt auf „hinten, links oben", sofern man sie nicht selbst kompiliert und Einstellungen im Quellcode ändert. Dem folgen wir der Einfachheit halber.

Am **Referenzpunkt** beginnt die CNC-Maschine zu zählen. Maschinen mit Rückmeldung, die die reale Position der Achsen messen, beziehen sich auf diesen Referenzpunkt ebenso wie unsere einfache CNC-Maschine, bei der die Steuerung eine bestimmte Anzahl von Schritten an die Schrittmotoren weitergibt und „hofft", dass die Motoren diese auch ausführen. Da in der Steuerung hinterlegt wird, wie viele Schritte an jeder Achse pro Millimeter Verfahrweg notwendig sind, kann die Steuerung berechnen, wo das Werkzeug sich aktuell befindet. Das stimmt so lange, bis beispielsweise durch zu schnelle Vorschubwerte Schrittverluste auftreten. Die Steuerung gibt eine Anzahl von Schritten vor. Der Achsantriebmotor hat diese Schrittanzahl aber nicht umgesetzt und befindet sich damit woanders als die Steuerung „glaubt".

In diesem Zusammenhang müssen wir kurz über Referenz- und Endschalter sprechen. Endschalter befinden sich auf jeder Achse, entweder an beiden Enden der Führungen oder an beiden Seiten des beweglichen Portals beziehungsweise Schlittens. Sie erfüllen eine Sicherheitsfunktion, indem sie der Steuerung mitteilen, dass der bewegliche Teil am Ende der Achse angelangt ist. Daraufhin unterbricht die Steuerung alle Bewegungen, da das Überfahren der Endschalter mechanischen Schaden bedeutet. Referenzschalter, die an allen drei Achsen angebracht sind, teilen der Maschine mit, dass der Referenzpunkt in der jeweiligen Achsrichtung erreicht ist.

Referenzschalter können, müssen aber nicht mit den Endschaltern identisch sein (zumindest mit einem der Endschalter an jeder Achse). An unserer Fräse nutzen wir einen der Endschalter jeder Achse als Referenzschalter. Vor jedem Programmstart fährt man die Referenzschalter an. Das nennt man auch Homing. Stehen alle Achsen auf den Referenzschaltern, werden alle Achsen in der Steuerung auf Null gestellt. So ist ein eindeutiger und jederzeit wiederholbarer Maschinennullpunkt entstanden. Damit kann beispielsweise eine Bearbeitung neu gestartet werden, wenn ein Fräser im Lauf der Bearbeitung abbricht.

Der nächste wichtige Punkt ist der **Werkzeugnullpunkt**. Dieser befindet sich am unteren Ende des Fräswerkzeugs in der Mitte der Drehachse der Spindel. Da wir die Werkzeuge von Hand einspannen und diese unterschiedlich lang sind, verändert sich dieser Punkt relativ zur Spindel mit jedem Einspannen in Z-Richtung. Hier kommt der Werkzeuglängentaster zum Einsatz, beispielsweise nach dem Wechsel vom Schrupp- auf den Schlichtfräser. Man fährt dazu mit dem Fräser auf einen Taster, der der Maschinensteuerung mitteilt, wie lang der Fräser ist. Dann verschiebt die Steuerung den Werkzeugnullpunkt entsprechend der Messung und die Tiefe der Bearbeitung stimmt wieder.

Nun weiß die Maschine, wo sich die Spitze des Werkzeugs im Raum befindet. Doch wo ist das Werkstück aufgespannt? Dazu benötigt man den **Werkstücknullpunkt**. Dieser wird in der CAM-Software definiert und fällt üblicherweise mit dem **Programmnullpunkt** zusammen. Dies ist der Nullpunkt, von dem aus alle Koordinaten des CNC-Programms berechnet werden. Er wird üblicherweise auf eine Ecke des Rohteils gelegt. Man fährt nach dem Homing mit den Motoren an den Werkstücknullpunkt und teilt der Maschinensteuerung mit, dass der Werkstücknullpunkt erreicht ist. Dann kann die Maschine das CNC-Programm abarbeiten.

Nun wird auch klar, warum wir einen Referenzpunkt **und** einen Werkstücknullpunkt benötigen. Ersterer zeigt der Maschine, wo das Werkzeug ist, letzterer, wo das Werkstück ist. Da man jedoch oft die Außenflächen des Werkstücks bearbeitet, existiert die Ecke, die man für den Werkstücknullpunkt angefahren ist, während der Bearbeitung gar nicht mehr. Dank des Referenzpunkts kann sich die Maschine aber das Verhältnis zwischen Referenz- und Werkstücknullpunkt immer wieder errechnen.

Letzter Nullpunkt ist der **Werkzeugwechselpunkt**. Dieser bezeichnet einen Punkt, den die Maschine anfahren kann, wenn man ein Werkzeug wechseln möchte. Er wird so gelegt, dass man gut an die Spindel herankommt. Er wird einmal in der Steuerung definiert und bleibt dann festgelegt (Bild 3.23).

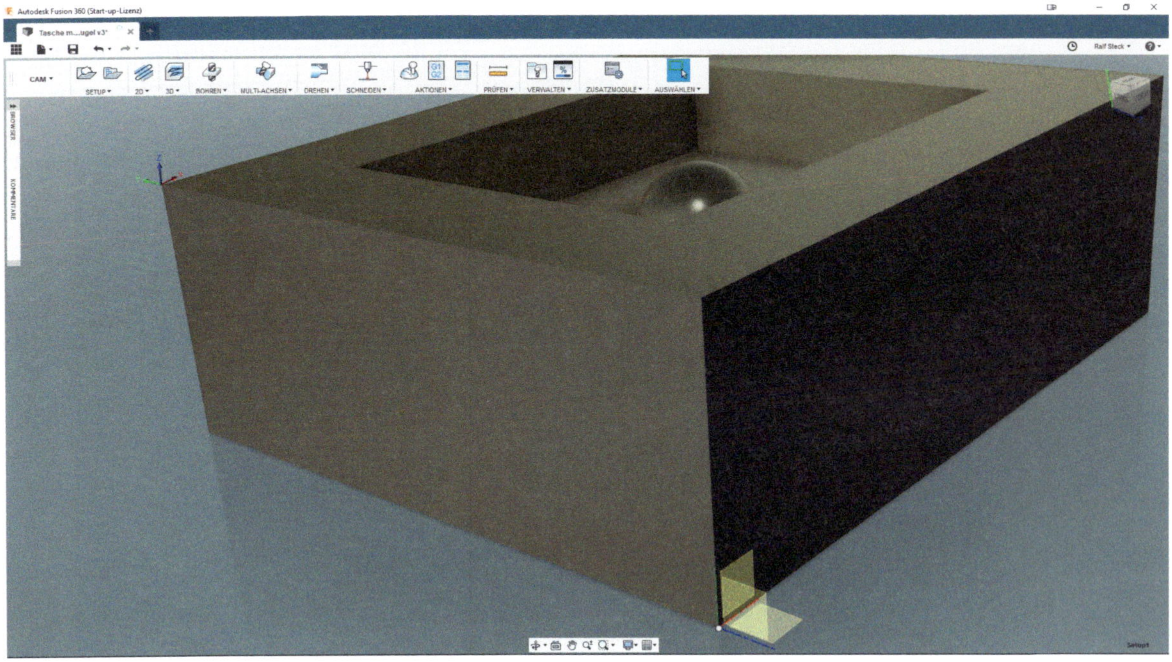

Bild 3.22 Der Modellnullpunkt des CAD-Modells liegt rechts unten (mit Y nach oben), der Werkstücknullpunkt liegt links oben (mit Z nach oben), wie es für CAM notwendig ist.

Bild 3.23 Zum Werkzeugwechsel fährt die Spindel an eine gut erreichbare Stelle.

Wenn du die G-Code-Befehle und die Oberfläche der Maschinensoftware betrachtest, findest du noch die Befehle G54 bis G59 zur **Nullpunktverschiebung**. Verschoben wird damit der Programmnullpunkt. Wenn du mehrere gleiche Teile aus einem Rohteil fräsen möchtest, musst du nicht jedes Teil einzeln programmieren, sondern kannst beispielsweise mit G54 X200 Y200 den Programmnullpunkt auf beiden Achsen um 200 Millimeter verlegen und dasselbe Programm mit dem neuen Nullpunkt nochmals starten.

Doch nun genug der Theorie. Beginnen wir mit dem Bau der Fräse. Erste Vorüberlegungen hierzu findest du in Kapitel 4.

4 Vor dem Fräsenbau: Kauf- und Bauvorbereitungen

Bevor wir uns an den Kauf der Einzelteile und den Zusammenbau der Shapeoko-Fräse machen, müssen wir noch einige Fragen klären: Wie groß soll die Fräse sein? Welche Spindel und welche Motoren wollen wir verwenden? Darum soll es in diesem Kapitel gehen.

4.1 Wie groß soll die Fräse werden?

Ein ganz wichtiger Vorteil der Shapeoko ist die Größenunabhängigkeit. Man entscheidet sich für eine Arbeitsraumgröße, addiert auf diese Maße einen bestimmten Zuschlag – beispielsweise die Tiefe des Portals –, um auf die Endgröße zu kommen, und bestellt das MakerSlide entsprechend. Das einzige weitere, von den Abmessungen abhängige Grundmaterial sind die Riemen für X- und Y-Achse sowie die Zahnstange für den Z-Antrieb. Der Shop, für den ich mich schlussendlich entschieden habe, verkauft deshalb ein Mechanik-Kit, das alle Schrauben, Bleche, Lager und Rollen enthält und das für jede Abmessung passt. Der Käufer ordert MakerSlide sowie Riemen in der gewünschten Größe dazu.

Ich kenne ja selbst den Drang, immer möglichst groß zu denken. Natürlich ist es einfacher und bequemer, mehrere Teile aus einer größeren Sperrholzplatte zu fräsen als zwei kleinere Platten nacheinander zu bearbeiten. Allerdings lassen sich die kleineren Platten sicherer und besser aufspannen. Deshalb solltest du Zurückhaltung üben. Zudem wird die mögliche Verwindung des Maschinengestells umso höher, je länger die Achsen und damit die MakerSlide-Profile sind. Damit sinkt die Genauigkeit der Fräsergebnisse. Ich würde mit normalem MakerSlide in jedem Fall unter einem Meter Achslänge bleiben. Für größere Maschinen wird zwar auch ein massiveres Profil angeboten, aber du solltest dir genau überlegen, wie groß die Teile wirklich sein werden, die du fräsen willst (Bild 4.1).

Bild 4.1 Die Fräse sollte in den Abmessungen handlich bleiben.

Allzu klein zu werden macht allerdings auch keinen Sinn. Ich hatte zunächst die Proxxon MF 70 im Blick, die sich mit 3D-gedruckten Teilen oder einem gekauften Alu-Adaptersatz zur CNC-Fräse aufrüsten lässt. Bei dieser Maschine ist zwar eine Tischgröße von 200 × 70 Millimetern angegeben, der tatsächliche Verfahrbereich, also die Fläche, die der Fräser erreichen kann, ist jedoch lediglich 134 × 46 Millimeter groß. Das ist schon sehr knapp, denn das ist die maximale Größe eines Bauteils, das auf dieser Fräse gefertigt werden kann. In der Praxis ist es noch etwas weniger, da das Material ja auch noch gespannt werden muss und die Spannpratzen die Bewegung des Fräskopfs weiter behindern können.

Ich habe mich für eine Arbeitsraumgröße von etwa 300 × 600 Millimetern entschieden. Das ergibt eine kompakte Maschine mit Außenmaßen von etwa 750 × 850 Millimetern mit allen Anbauten. Ich habe ehrlich gesagt auch die Außenmaße und den verfügbaren Platz im Bastelkeller in die Auswahl einbezogen. Man benötigt etwas Platz um die Fräse herum. Plane deine Fräse also nicht allzu groß. Wie man so schön sagt: So groß wie nötig, so klein wie möglich.

TIPP: Im myhobby-CNC-Wiki (*http://myhobby-cnc.de/wiki*) findest du unter dem Punkt *Projekte > Einordnung und Unterschiede der Modelle* Daten, die darlegen, um wie viel das jeweils gewählte Fräsenmodell über die MakerSlides hinausragt. So kannst du die Maximalgröße der Fräse ausrechnen und mit dem vorhandenen Platz abgleichen.

Eine wichtige Regel bei rechteckigen CNC-Maschinen lautet: Die bewegliche Portalachse bildet die kürzere Seite. Dann sind die längeren Profile feststehend verbaut und können bei Bedarf zusätzlich abgestützt werden (was wir auch tun werden). Das Portal dagegen kann sich verkanten und einfacher biegen, sodass diese Achse möglichst kurz sein sollte. Nachteil dieses Aufbaus ist die etwas schlechtere Zugänglichkeit von der offenen Seite der Maschine her, da diese offene Seite nun eine Schmalseite ist.

HINWEIS: Der vorangehend empfohlene Aufbau ist kein Dogma. Meine Shapeoko-T ist auch mehr breit als tief (Bild 4.2). So kann man viel besser im Arbeitsraum arbeiten und durch die Trapezspindeln sollte der Versatz zwischen den beiden Enden des Portals nicht allzu groß werden.

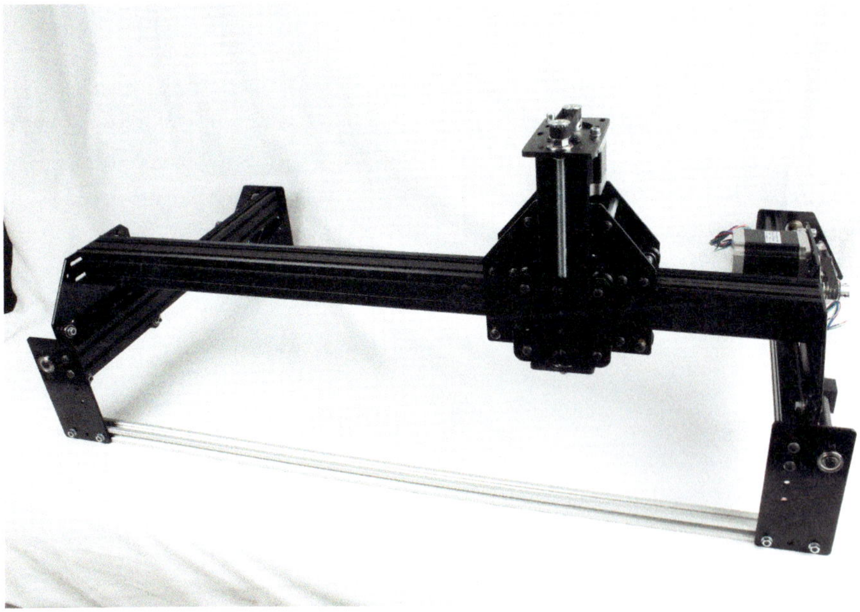

Bild 4.2 Das Portal der Shapeoko-T ist breiter als die X-Achse. So sollte es eigentlich nicht sein.

Die Spindel entscheidet über die Bearbeitungsgeschwindigkeit, die verwendbaren Werkzeuge und nicht zuletzt über die Qualität der Fräsbearbeitung. Handschleifer wie die Proxxon IBS-E oder Dremel-Produkte haben Spannzangen, die maximal 1/8-Zoll-Werkzeuge (3,2 Millimeter) spannen, und sind nicht auf die dauernde seitliche Belastung ausgelegt, die beim Fräsen unweigerlich auftritt. Mehr als Platinen und weiches Holz wird man mit solch einer Spindel nicht fräsen können. Zudem benötigen diese Geräte Netzspannung, was ich, wie in Kapitel 1 beschrieben, vermeiden möchte. Dieses Manko teilen sie mit den Kress-Spindeln, die ansonsten häufig an der Shapeoko zum Einsatz kommen.

Ich habe eine 400-Watt-„Chinaspindel“ ausgewählt, weil diese einerseits leicht genug ist und in Anbetracht dessen, was der Shapeoko-Rahmen an Steifigkeit liefern kann, ein guter Kompromiss aus genug Leistung und annehmbarem Preis ist. Die Spindel lässt sich mit den in Abschnitt 2.2.6 genannten Einschränkungen in Bezug auf die erreichbaren Drehzahlen mit 12 bis 48 Volt betreiben und über ein PWM-Signal aus dem G-Code heraus in der Drehzahl steuern. Mit einem zusätzlichen Satz Spannzangen lassen sich Werkzeuge bis 7 Millimeter Durchmesser spannen, also auch die verbreiteten 6-Millimeter-Fräser aus dem Oberfräsenbereich.

4.2 Wer liefert was? Bauteile und Bezugsquellen

Man kann natürlich einen Shapeoko-Bausatz in den USA oder Großbritannien bestellen (*https://carbide3d.com*), wird dann aber schnell feststellen, dass das Nachkaufen zölliger Schrauben hierzulande nicht ganz einfach ist. Es ist auch möglich, die Teile einzeln zu kaufen, doch es sind einige Spezialteile an der Fräse, die man selbst anfertigen müsste, beispielsweise die Bleche, die die Profile verbinden. Es hat allerdings nicht jeder eine Laserschneidanlage zu Hause oder in der Firma. Deshalb habe ich mich entschlossen, zumindest den mechanischen Teil bei einem deutschen Onlineshop zu kaufen, und bin dabei auf myhobby-CNC (*http://www.myhobby-cnc.de*) gestoßen (Bild 4.3). Der Betreiber Ronald Holze hat selbst verschiedene Fräsen gebaut und ist dabei auf die gerade geschilderte Problematik gestoßen.

„Aufgrund meines Organisationswahns und der Affinität, etwas verändern zu wollen“, wie er sagt, hat er dann verschiedene Projekte auf Basis von MakerSlide, das er inzwischen selbst produzieren lässt, umgesetzt und veröffentlicht. Zudem hat er die MakerSlides optimiert. So sind bei Holzes Profil die inneren Löcher sternförmig geformt. Man kann durch kräftiges Eindrehen einer Schraube ein Gewinde schneiden und benötigt zum Aufbau der Fräse keinen Gewindeschneider. Darüber hinaus hat Holze ein eigenes, größeres Profil namens MakerSlide-MAX entwickelt, das den Aufbau größerer Fräsen ohne Verlust an Steifigkeit ermöglicht.

HINWEIS: Die Shapeoko-X, die wir in diesem Buch bauen, ist Holzes Weiterentwicklung der Shapeoko 2. Unter anderem werden kräftigere Riemen des Typs HTD-3M anstelle der GT2-Riemen des Originals eingesetzt. Die Z-Achse ist wesentlich einfacher und steifer geworden und alle Motorhaltebleche haben Bohrungen für NEMA 17- sowie NEMA 23-Motoren.

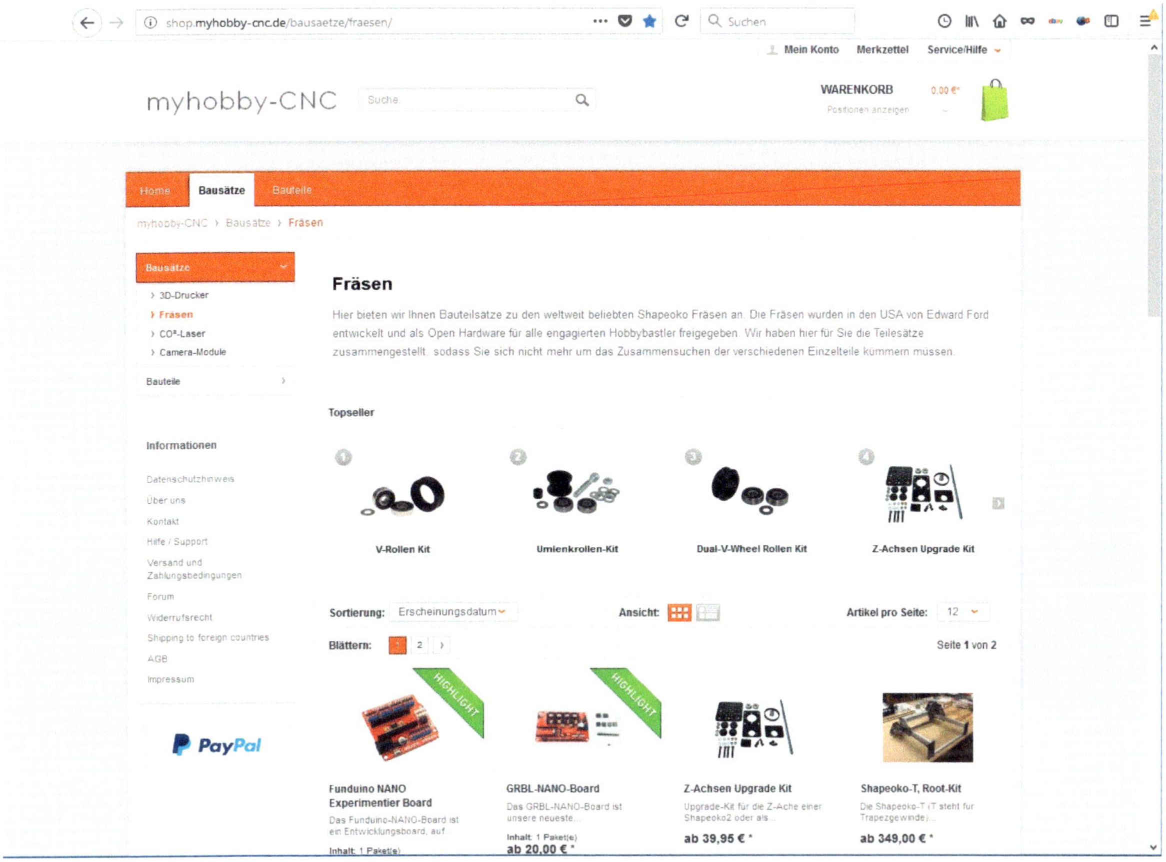

Bild 4.3 Im myhobby-CNC-Shop von Ronald Holze finden sich alle Teile, die du für die Fräse benötigst.

Um eine komplette Fräse zu kaufen, muss man im myhobby-CNC-Shop mehrere Pakete und Einzelteile bestellen. Das ist etwas komplex, andererseits ist man sehr flexibel, sowohl was die Größe der Maschine als auch die Ausstattung betrifft. Wir beginnen mit dem Root-Kit. Dieses enthält alle Teile für den mechanischen Aufbau außer Profilen, Zahnriemen und Pulleys. Die Ersteren beiden sind von der Maschinengröße abhängig, Letztere müssen in ihrer Bohrung zu den Motoren passen.

Bei der Bestellung der Profile musst du beachten, dass der Bauraum kleiner als die Länge der Profile ist (Bild 4.4). Bei meiner CNC-Maschine ist vom hinteren Ende der X-Achse bis zur Spindel ein Abstand von 14,5 Zentimetern. Das bedeutet: Fährt die Maschine bis zum Anschlag nach hinten, so ist die Spindel immer noch 14,5 Zentimeter vom Ende der Arbeitsfläche entfernt. Der Bereich zwischen dieser Stellung des X-Portals und dem Ende der Arbeitsfläche kann nicht von der Spindel erreicht werden, ebenso ein 3 Zentimeter breiter Streifen am vorderen Ende. Diese Werte schwanken etwas in Abhängigkeit von der verwendeten Spindel. Klar ist jedoch, dass die Y-Profile etwa 20 Zentimeter länger sein müssen als die gewünschte Y-Länge des Bauraums.

Auch in X-Richtung ist eine Zugabe erforderlich. Diese richtet sich danach, ob man die Y-Motoren innen oder außen liegend anbauen möchte. Man kann die Platten, die auf den Y-Profilen laufen und an denen die X-Profile befestigt sind, innen oder außen am MakerSlide laufen lassen. Der jeweilige Motor ist dann ebenfalls innen beziehungsweise außen abgeschraubt. Der Riemen liegt in jedem Fall auf dem Y-Profil.

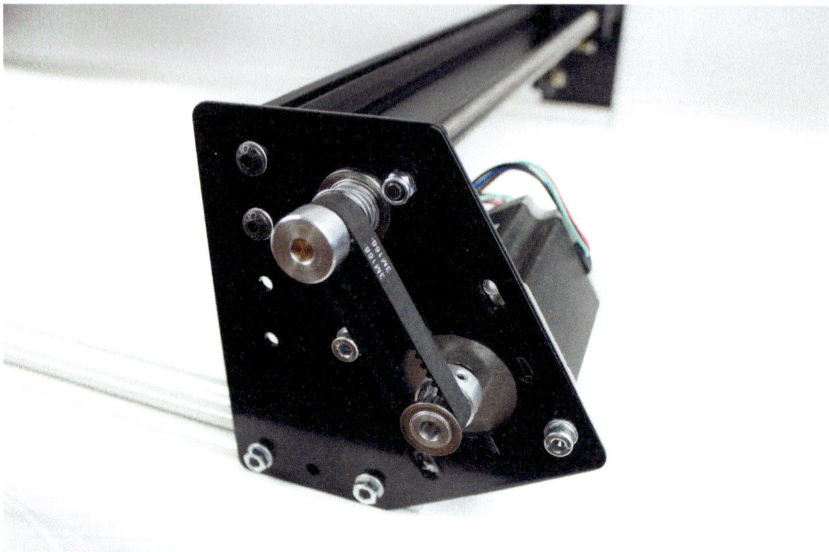

Bild 4.4 Die Fräse wird etwas größer, als die Profile lang sind. Die Überstände findest du im myhobby-CNC-Wiki (*http://myhobby-cnc.de/wiki*).

Der Z-Laufwagen ist 16 Zentimeter breit. Also liegt auch auf jeder Seite des Arbeitsraums ein etwa 8 Zentimeter breiter, nicht erreichbarer Streifen. Baut man Endschalter an, geht ein weiterer Zentimeter pro Seite verloren. Bei außen liegenden Motoren kann der Wagen bis über die Y-Profile fahren. Es geht also innen weniger Arbeitsraum verloren, dafür lassen die nach außen ragenden Motoren den Platzbedarf der Maschine größer werden. Für innen liegende Motoren müssen die X-Profile also 16, besser 18 Zentimeter breiter werden als die X-Arbeitsbreite, bei außen liegenden Motoren kommen weitere 8 Zentimeter hinzu.

Neben den jeweils zwei MakerSlide-Profilen für X- und Y-Achse werden zwei Rahmenprofile von 20 × 20 Millimetern benötigt, die die Enden der Y-Achsen verbinden. An diese werden die Endplatten der Y-Achsen angeschraubt. Zusätzlich liegt die Arbeitsplatte auf diesen Profilen. Diese Rahmenprofile müssen 80 Millimeter länger als die X-Achsprofile sein.

Vom Zahnriemen musst du pro Achse etwa 15 Zentimeter mehr kaufen, also insgesamt etwa 45 Zentimeter mehr als zweimal die Y- plus einmal die X-Länge. Die Länge der Z-Achse ist vorgegeben. Die nutzbare Höhe über der Arbeitsplatte hängt von deren Dicke und der Spindelanbringung ab. Zwischen dem Rahmenprofil und der untersten Kante des Z-Laufwagens sind 13 Zentimeter Platz. Die maximale Arbeitshöhe beträgt also 13 Zentimeter minus die Arbeitsplattendicke.

Ein weiteres Kit enthält die elektrischen und elektronischen Bauteile – von den Motoren und der Steuerung über Motorentreiber, Kabel sowie den passenden Pulleys bis hin zu Schaltern, einem Fräser und einer Reihe von Kleinteilen. Das Elektro-Kit ist in einer NEMA 17- und einer NEMA 23-Version mit den entsprechenden Motoren und Pulleys verfügbar. Komplett wird die Fräse mit dem Fräsmotor-Kit, in dem ein Netzteil, ein Anschlusskabel sowie der Fräsmotor und dessen Halterung enthalten sind. Komplett? Nein! Es fehlen noch weitere Bauelemente wie die Kabelführung in den Energieketten (Bild 4.5), eine Beleuchtung und verschiedene Verkleidungen und Halterungen, doch diese werden wir nach Bedarf nachkaufen.

Bild 4.5 Energieketten (hier von igus) ermöglichen das saubere Führen der Kabel auf die beweglichen Achsen.

Sicher wunderst du dich, dass die Arbeitsplatte bislang noch nicht erwähnt habe. Sie ist im myhobby-CNC-Shop nicht zu finden, weil sie aufgrund ihrer Größe hohe Versandkosten erfordern würde und lediglich aus einer MDF-Platte mit etwa 20 Millimetern Dicke besteht, die in jedem Baumarkt zu kaufen ist. Ich habe mich für einen etwas anderen Aufbau entschieden: eine 10 Millimeter dicke Sperrholzplatte und zwei ebenso dicke MDF-Platten als Wasteboard.

In die unterste Platte aus Sperrholz habe ich in einem Raster von 100 × 100 Millimetern Vertiefungen mit 25 Millimeter Durchmesser gefräst, alle drei Platten in den Zentren der Vertiefung durchgebohrt und schließlich M5-Einschlagmuttern in die Sperrholzplatte geklopft (Bild 4.6). Damit habe ich ein schönes Raster von Befestigungspunkten, in die ich Spannpratzen einschrauben kann. Zudem kann ich die darüberliegenden MDF-Platten jederzeit austauschen, wenn sie zu uneben sind. Die dritte Platte ist hinzugekommen, da sich zeigte, dass meine Spindel relativ kurz ist und ich deshalb mit dem Fräser anfangs nicht bis auf das Wasteboard herunterfahren konnte. Der Nachteil: Drei Platten mit 10 Millimetern sind weicher als eine Platte mit 30 Millimetern Dicke. Deshalb habe ich recht schnell vier Versteifungsprofile unter der Arbeitsplatte eingebaut.

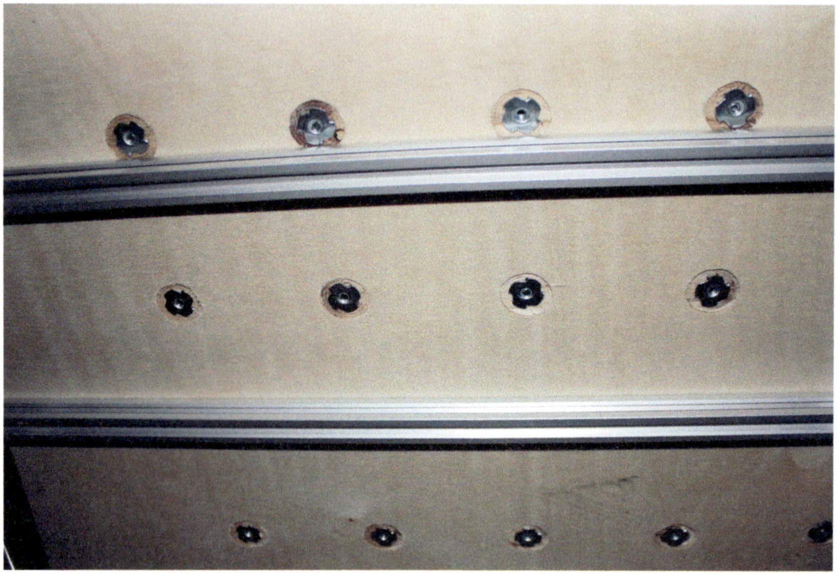

Bild 4.6 Die Einschlagmuttern auf der Unterseite sitzen in gefrästen Vertiefungen.

Elektro-Kit und Frässpindel stammen nicht von myhobby-CNC, weil ich auf Restteile meiner 3D-Druckerbasteleien zurückgreifen konnte. Die Stücklisten der Kits im myhobby-CNC-Shop geben einen guten Überblick, welche Bauteile du kaufen musst. Wenn du die Kits dort kaufst, sparst du einiges an Zeit für die Suche aller Komponenten.

Ich habe bei 3D-Druckern gute Erfahrungen mit Polulu-Motortreibern gemacht und aus diesem Grunde immer einige Ersatztreiber auf Lager. Deshalb war es für mich wichtig, auch bei der Fräse diese Treiberbausteine einsetzen zu können. Wie in Abschnitt 2.2.1 beschrieben, benötigt man neben der Steuerung einen Computer, der die Bedienoberfläche erzeugt und während des Fräsens den G-Code sendet. Ich finde, es ist ein sehr teurer Ansatz, dafür bei jedem Gerät einen eigenen PC aufzustellen, – und Hand aufs Herz, welcher echte Maker hat nur eine Fräse oder nur einen 3D-Drucker? Meist besitzt man einen ganzen Gerätezoo. An meinen 3D-Druckern habe ich stattdessen Raspberry Pi-Rechner mit der Software Octoprint verbaut, die eine Weboberfläche, Uploadmöglichkeiten für Druckdateien und eine Webcam-Anbindung bereitstellt. Etwas Ähnliches wollte ich auch für die CNC-Fräse einrichten.

Meine Beute für die Fräsenelektronik sieht also zusammengefasst so aus: Arduino-Steuerung mit GRBL, Polulu-Treiber und Raspberry-Anbindung. Zudem wollte ich die Möglichkeit haben, die Spindel per PWM direkt zu steuern. Inzwischen hat Ronald Holze mit seinem GRBL-Controller eine Steuerung im Angebot, die alle Anforderungen erfüllt und sich über USB mit dem Raspberry verbinden lässt. Diesen Controller gab es allerdings noch nicht, als ich meine Fräse aufbaute, und so entschied ich mich für eine Alternative: den Raspberry Pi CNC Hat des neuseeländischen Anbieters Protoneer. Diese Steuerung wird direkt auf den Raspberry Pi gesteckt, was den Kabelsalat reduziert, und bietet über die genannten Features hinaus sogar die Möglichkeit, statt der Polulus größere, kräftigere Treiber anzusteuern. Dazu dienen Adapterplatinen, die statt der Polulus eingesteckt und an die dann die Treiber angeschlossen werden (Bild 4.7).

Bild 4.7 Die Adapterplatinen auf dem Pi CNC Hat ermöglichen den Anschluss externer Treiber.

Die ersten Versionen des Pi CNC Hat basierten noch auf einem gesteckten Arduino Nano, was den Vorteil hatte, dass dieser getauscht werden kann, andererseits musste der Arduino zum Aufspielen einer neuen GRBL-Version ausgebaut und per USB an einen PC angeschlossen werden. Die neueste Version 2.60 hat einen Arduino-kompatiblen Atmega 328-IC direkt auf der Platine und ermöglicht ein Flashen des Arduino vom Raspberry aus.

Damit haben wir alle wichtigen Bauteile der Fräse beisammen, alle Längen ausgerechnet und können ans Bestellen gehen. Was das für unseren Geldbeutel bedeutet, werden wir in Abschnitt 4.3 berechnen.

4.3 Die Kostenfrage: Bestelllisten und Preise

Und was kostet das Ganze nun? Das ist nicht einfach zu beziffern, da die Ausstattung und die Größe großen Einfluss auf die Kosten haben. So kostet der Millimeter MakerSlide etwa bei myhobby-CNC.de 2 Cent pro Millimeter. Für X- und Y-Achse sind jeweils zwei MakerSlides notwendig, also werden 4 Cent pro Millimeter fällig.

Tabelle 4.1 zeigt meine Bestellliste für die Shapeoko-X bei myhobby-CNC.de. Die Preise sind jeweils ohne Versand gerechnet.

Tabelle 4.1 Benötigte Bauteile für die Shapeoko-X (Teil 1)

Anzahl	Produkt	Einzelpreis	Summe
1	Shapeoko-X, Root-Kit Stahl, pulverbeschichtet	299,00 €	299,00 €
2	MakerSlide, 80 cm	16,00 €	32,00 €
2	MakerSlide, 50 cm	10,00 €	20,00 €
2	Aluprofil, 20 × 20 mm, 58 cm	5,80 €	11,60 €
1	HTD-3M-Zahnriemen, Breite 9 mm, Länge 260 cm	23,40 €	23,40 €
4	Pully 16 Zähne für HTD 9 mm, Zahnriemen 5 mm	7,49 €	29,96 €
Zwischensumme			415,96 €
Optionale Teile			
4	Kunststoff-Endkappe 2020-B	2,49 €	9,96 €
1	VHM-Fräser, 1 Schneide	4,98 €	4,98 €
4	Aluprofil 20 × 20 mm, 58 cm	6,60 €	30,40 €
10	Aluwinkel, Druckguss 20 × 20 cm (Set mit 10 Stück)	7,98 €	7,98 €
3 Sets à 10 Stück	Blechmutter für Nutenprofil M5	3,49 €	6,98 €
Summe optionale Teile			60,30 €
Gesamtsumme			476,26 €

Bild 4.8 Wie Weihnachten! Die Bestellungen der Fräsenteile sind eingetroffen.

Im Folgenden erkläre ich, warum ich mich dazu entschlossen habe, die nur optional benötigten Teile zu kaufen. Die Endkappen schließen die Querprofile seitlich ab, sind also rein der Optik geschuldet – wie im Endeffekt auch die Kunststoffbeschichtung des Root-Kits. Den Fräser habe ich gekauft, um überhaupt einmal ein Werkzeug zur Verfügung zu haben. Es zeigte sich schnell, dass sich die Arbeitsplatte durchbiegt. Deshalb kaufte ich wie in Abschnitt 4.2 besprochen vier zusätzliche Aluprofile und verschraubte diese mithilfe der Aluwinkel und der Blechmuttern längs unter der Arbeitsplatte. Mehr Steifigkeit ist immer gut. Von den Blechmuttern habe ich einige in Reserve genommen, um verschiedene Halterungen an die Profile schrauben zu können.

Tabelle 4.2 zeigt die weiteren Bauteile, die für die Shapeoko-X benötigt werden. Ich habe für jedes Produkt eine Quelle angegeben. Natürlich gibt es auch andere Quellen beispielsweise für den Raspberry Pi, die durchaus preiswerter sein können als der hier angegebene Betrag.

Tabelle 4.2 Benötigte Bauteile für die Shapeoko-X (Teil 2)

Anzahl	Produkt	Quelle	gesamt
1	Raspberry Pi 3 Model B	Reichelt	35,00 €
1	Protoneer Pi CNC Hat alternativ: GRBL-NANO-Board + Arduino Nano	myhobby-CNC, Ebay	ca. 30,00 €
Set mit 5 Stück	Polulu-Motortreiber	Ebay, Reichelt	10,00 €
1	MicroSD-Karte für Raspberry, 8–16 GByte	Diverse	10,00 €
1	Netzteil Meanwell MW RSP-320-24, 24 V, 320 W	Reichelt, myhobby-CNC	60,00 €
1	Netzteil Meanwell RD 65A, 5/12 V, 65 W	Reichelt	24,00 €
1	Micro-USB-Kabel mit offenem Kabelende	Conrad	3,53 €
1	Notausschalter 2x Öffner	Conrad, Reichelt	14,00 €
1	Spindel 400 W mit PWM-Steuerung	Ebay	ab ca. 75,00 €
4	Steppermotoren Nema 17, 2-phasig/bipolar, ca. 2,5 A	Ebay, myhobby-CNC	65,00 €
2 x 1 m	Energiekette plus Anschlussstücke, igus Easy Chain E14.2	Conrad, igus	70,00 €
6	Mikroschalter 1x aus	Conrad, Reichelt	12,00 €
15 Meter	Schleppkettenleitung, 4 × 0,34 mm^2 geschirmt	Conrad	31,80 €
1	Wasteboard MDF, 800 × 580 × 22 mm	Baumarkt	15,00 €
Gesamtsumme			ca. 450,00 €

Ich möchte noch einige Anmerkungen zu den Bauteilen aus Tabelle 4.2 machen.

Die Polulus kann man einzeln für 15 Euro, aber auch im 5er-Set auf eBay für circa 10 Euro kaufen. Über die Qualität sagt das relativ wenig aus. Es sollten DRV8825-Treiber-ICs verbaut sein. Die Treiber werden, wie übrigens auch die Motoren, meist im 5er-Set verkauft, da diese Anzahl in den meisten 3D-Druckern verbaut ist (X, Y, 2x Z, Extruder). Die 5er-Sets sind meist preiswerter als vier einzelne Motoren oder Treiber. Wir nehmen den fünften Treiber bzw. Motor dankend als Ersatzteil auf Lager.

Das 24-V-Netzteil treibt Motoren und Spindel an. Das kleine 5-V-/12-V-Netzteil beliefert den Raspberry über das offene USB-Kabel mit 5 V. An die 12-V-Versorgung schließen wir später eine LED-Beleuchtung an.

Bitte übertreibe bei der Schleppkettenleitung nicht mit dem Durchmesser der Adern. Aus den Schrittmotoren kommen auch sehr dünne Litzen heraus. Ich habe meine Maschine das erste Mal nach dem Motto „Viel hilft viel" verkabelt und feststellen müssen, dass die Kabel am Ende viel zu steif waren. Vergiss nicht: Von der X-Achse kommt ein Bündel aus alleine sieben Leitungen für vier Motoren und dreimal zwei Endschaltern plus Spindelversorgung, Licht und anderes herunter, das sich sauber und mit möglichst wenig Widerstand mit dem Portal mitbewegen muss (Bild 4.9). Ich empfehle eine Kabelführung in Schlepp- beziehungsweise Energieketten. Das sieht sauber aus und verhindert, dass einzelne Leitungen irgendwo hängen bleiben oder gequetscht werden. Die Schleppketten sind nicht gerade billig, aber wirklich eine sinnvolle Ausgabe.

Bild 4.9 Am Ende muss eine ganze Menge an Kabeln sauber geführt werden.

Damit sind wir ohne das optionale Zubehör unter 900 Euro geblieben. Nicht schlecht, oder? Allerdings fehlt in der Aufstellung nach wie vor der eine oder andere Meter Kabel, Schrauben in verschiedenen Längen (vor allem M4 und M5), Muttern, Schalter und Taster sowie Tastatur, Maus und Bildschirm für den Raspberry. Ich gehe allerdings davon aus, dass du als Maker einige dieser Dinge schon zu Hause hast. Es reicht ja zum Beispiel ein ausrangierter 17-Zoll-Monitor für die Fräse.

Am Ende des Buches werden wir wohl bei etwa 1300 Euro landen. Hier sind allerdings mindestens der Staubsauger und der Zyklonabscheider inbegriffen.

4.4 Werkzeug und Zubehör: Was braucht es noch?

Auch wenn wir vorgefertigte Teile verwenden, so ist die Shapeoko kein komplett vorgefertigter Bausatz zum Zusammenstecken, sondern es sind immer wieder Nacharbeiten notwendig. So war bei meinem Bausatz, den ich mit schwarz gepulverten Blechen bestellt habe, in vielen Löchern zu viel Beschichtung und ich musste die Löcher mit der Schlüsselfeile säubern. Wir brauchen also Werkzeug und Kleinteile, vor allem Schrauben, Muttern und Unterlegscheiben. Zur Mindestausstattung beim Werkzeug rechne ich einen guten Inbusschlüsselsatz, Maulschlüssel bis 6 mm herab und einen Satz Schlüsselfeilen. Auch Schraubenzieher, Hammer, Elektronikerzangen, Lötkolben etc. sollten in einem Maker-Haushalt vorhanden sein.

TIPP: Den myhobby-CNC-Bausätzen liegen Linsenkopfschrauben mit Inbus nach DIN EN ISO 7380-1, Form A, bei. Sie sehen gut aus, die Vertiefung des Inbus ist jedoch gegenüber den „normalen“ Inbusschrauben DIN 912 flacher. Du solltest vermeiden, mit einem abgenutzten Inbusschlüssel oder mit einem Kugelkopf-Inbus zu arbeiten, sonst ist der Sechskant schnell rundgedreht.

In der Regel ist es ja so, dass man nie die passenden Schrauben auf Lager hat. Trotzdem macht es Sinn, einen kleinen Vorrat an Muttern, Sicherungsmuttern und Unterlegscheiben sowie einige gängige Schraubengrößen in M5 anzuschaffen. Die gängigsten Größen an der Fräse sind M5x12, M5x20 und M5x30. Ich habe mir auch noch die längsten Schrauben gekauft, die ich in M5 gefunden habe (M5x80), und die ich nach Bedarf absägen kann. Wichtig ist ein Dutzend M2,5x12-mm-Schrauben samt Muttern, um die Endschalter zu befestigen.

Viele Zusatzteile und Gehäuse habe ich auf dem 3D-Drucker gefertigt. Es ist wirklich praktisch, wenn man Zugriff auf einen solchen Drucker hat, doch vieles lässt sich natürlich auch anders lösen.

5 Endlich schrauben! Der mechanische Aufbau der Fräse

Endlich geht's los mit dem Basteln! In diesem Kapitel beschreibe ich den mechanischen Aufbau der Shapeoko-X und weise an manchen Stellen auf die Besonderheiten der Shapeoko-T hin. Wenn du eine andere Hardware gewählt hast, bitte ich dich trotzdem, dieses Kapitel und die folgenden zu überfliegen. Ich werde dir einige Tipps geben, die auch für die Verwendung anderer Hardware nützlich sind.

HINWEIS: Vorab noch eine wichtige Vorbemerkung: Die Shapeoko-Bausätze eignen sich nicht zum einfachen Zusammenstecken durch Techniklaien. Du wirst immer wieder Teile nacharbeiten und anpassen müssen. Für einen echten Maker sollte das eigentlich kein Problem sein, aber ich will nicht, dass du enttäuscht bist.

Übrigens bleibt es dir überlassen, welches die X-Achse und welches die Y-Achse ist. Ich folge hier der Shapeoko-Konvention, bei der davon ausgegangen wird, dass man vor einer der offenen Seiten sitzt. Dann ist das bewegliche Portal, das sich nach vorn und hinten bewegt, die Y-Achse. Der Schlitten, der auf dem Portal nach rechts und links läuft, ist die X-Achse. Die Y-Achse läuft auf den unteren MakerSlides, die mit den Querprofilen das Grundgerüst bilden. Die X-Achse läuft auf dem Portal. Dies ist allerdings nur ein Vorschlag. Meine Shapeoko-X steht quer auf dem Tisch und ich habe X und Y vertauscht. Ein Aufkleber, den ich als jpg-Datei zum Ausdrucken zur Verfügung stelle, hilft bei der Orientierung.

Die meisten Fotos habe ich beim Aufbau einer Shapeoko-T gemacht. Ergänzende Fotos, die die Unterschiede zur riemengetriebenen Shapeoko-X zeigen, stammen von einer fertig aufgebauten Maschine. Die Unterschiede werden jeweils im Text beschrieben. Abbildungen zum Aufbau der Shapeoko-X findest du auch im myhobby-CNC-Wiki unter *http://myhobby-cnc.de/wiki*.

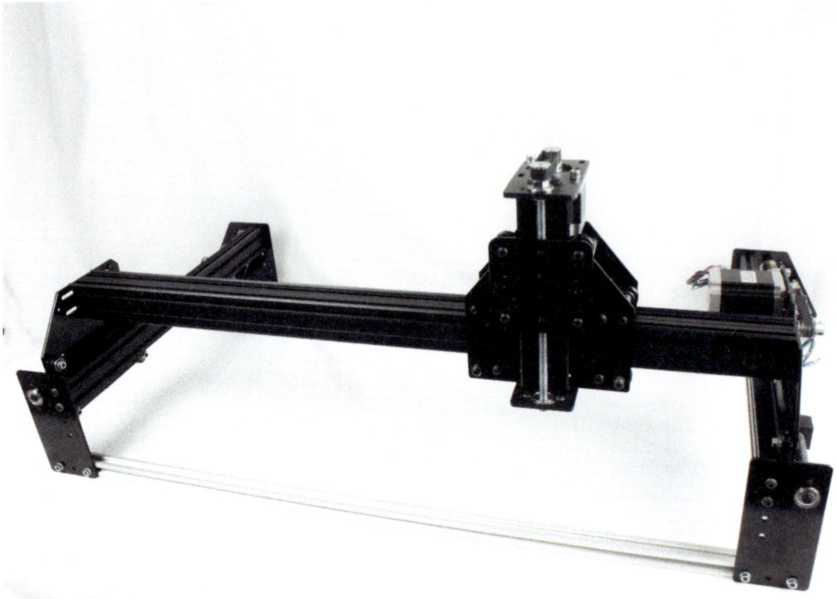

Bild 5.1 Unser Ziel in diesem Kapitel: der fertige Rohbau der Fräse (hier die Shapeoko-T)

5.1 Rolling, rolling, rolling: Die Kleinteile

Etwa ein bis zwei Wochen nach der Bestellung erreichte mich eine längliche Kiste von myhobby CNC. Darin fanden sich gut verpackt die abgelängten Profile und Blechpakete sowie einige Beutel mit Kleinteilen (Bild 5.2). Ich benutze immer ein Tablett mit hohem Rand, um die Kleinteile zu sortieren, dann kann nichts auf den Boden rollen.

Die Beutel sind beschriftet. Wir beginnen mit dem größten Beutel, in dem sich die Laufrollen mit der v-förmigen Kerbe am Umfang sowie bei der riemengetriebenen Version die Umlenkrollen befinden. In beide müssen Kugellager eingepresst werden. Das geht mit dem Daumen ganz einfach.

HINWEIS: Achte darauf, dass die Lager genau waagerecht liegen, wenn du sie einpresst. Sonst verkanten sie und flutschen nicht sauber an ihren Platz.

Bei beiden Rollenarten kommen Distanzscheiben zwischen die Kugellager (1 Millimeter dick bei den V-Rollen, 3 Millimeter dick bei den Umlenkrollen). Bei den V-Rollen werden die Lager von beiden Seiten eingesetzt. Die Umlenkrollen lassen sich je nach Ausführung von einer oder von beiden Seiten bestücken. Bestücke alle Rollen mit den kleineren Kugellagern in den zylindrischen Verpackungen. Achtung! Die 1 Millimeter starken Präzisionsscheiben sehen anders aus als die Unterlegscheiben aus der großen Schraubenpackung.

Bild 5.2 Die Kleinteile der Fräse sind übersichtlich verpackt, genaues Sortieren lohnt trotzdem.

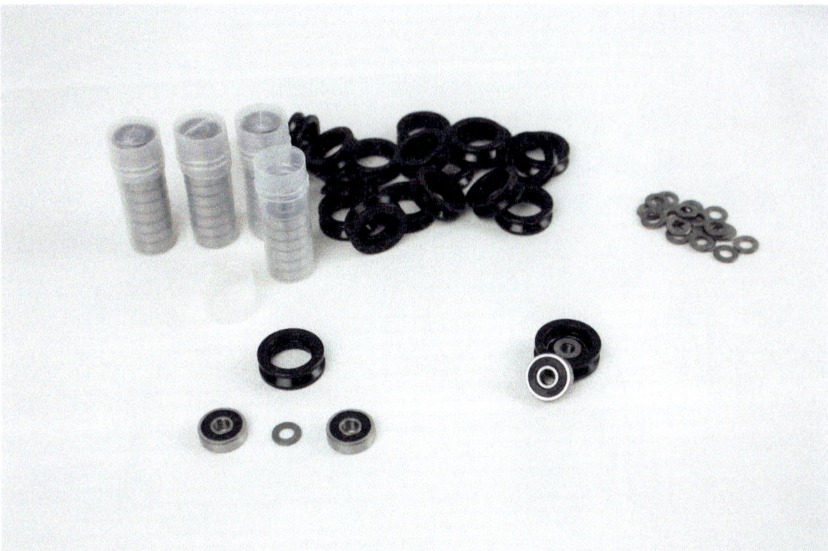

Bild 5.3 20 V-Rollen warten auf den Zusammenbau. Zwischen die Kugellager wird eine Präzisionsscheibe (1 mm) eingelegt.

Die Fräse besteht grob gesagt aus vier Teilen: dem Untergestell mit X-Laufschienen, dem Portal, dem Y-Schlitten und der Z-Achse. Diese werden wir nun Stück für Stück zusammenschrauben.

5.2 Auf und ab: Die Z-Achse

Im Folgenden beschreibe ich im Gegensatz zur „normalen“ Shapeoko-T, welche die Z-Achse der Shapeoko 2 mit oben liegendem Z-Motor besitzt, die Version der Z-Achse, wie sie in der Shapeoko-X zum Einsatz kommt. Der Zusammenbau der Z-Achse des T-Modells ist sehr ähnlich und sollte dich nicht vor Schwierigkeiten stellen.

Die Bauteile der Z-Achse werden in einer Tüte angeliefert. Außerdem gehören das etwa 20 Zentimeter lange Stück MakerSlide sowie die quadratische Platte dazu. In der Tüte findest du die obere und die untere Platte, die die Gewindestange führen, mehrere Schrauben, den Gewindeklotz, der auf der Gewindestange läuft, und natürlich die Gewindestange mit zwei Pulleys und zwei Flanschlagern sowie dem Antriebsriemen. Vier Nutmuttern vervollständigen den Z-Achsensatz (Bild 5.4).

Bild 5.4 Die Z-Achse besteht aus diesen Teilen sowie der Kunststoffmutter mit Befestigung.

Die Flanschlager kommen in die beiden Abschlussplatten, die es in Kunststoff oder Aluminium gibt. Die Löcher haben auf einer Seite eine Nut für den Flansch, sodass die Lager praktisch eben in der Platte liegen. Sie werden mit jeweils zwei kurzen Schrauben gesichert. Bei den Kunststoffplatten geht das problemlos, bei der Aluversion musste ich mit einem Kegelsenker eine kleine Fase anbringen, damit die Schrauben ganz in die Platte eingeschraubt werden konnten.

In die große Platte mit der Motorhalterung bauen wir nun die Gewindestange ein. Dazu gibt es zwei Ausführungen mit jeweils anderer Gewindestange und Pulley. Bild 5.5 zeigt den Pulley mit 8-mm-Gewinde, der sich direkt auf die Gewindestange schrauben lässt. Die andere Lösung enthält einen Pulley mit 6,35-Millimeter-Loch und eine an einem Ende abgedrehte Stange. Dort wird der Pulley mit Madenschrauben auf der Gewindestange befestigt. Eine flache Mutter zwischen Pulley und Flanschlager ermöglicht das Kontern gegen die zweite flache Mutter, die unter dem Flanschlager sitzt. Bei der M8-Pulley-Version wird unter dem Pulley eine normale M8-Mutter als Abstandhalter eingesetzt und gegen die untere Mutter gekontert. Am unteren Ende der Achse ist die Spindel ohne Muttern nur radial im Flanschlager geführt (Bild 5.6).

Nun geht es mit dem Z-Schlitten weiter. Dieser besteht aus der quadratischen Platte, auf der später die Spindel sitzt, und vier V-Rollen mit Befestigung. Die V-Rollen sind einstellbar gelagert. Zwei Rollen sitzen direkt auf M5-Schrauben, die anderen beiden in einer Exzentermutter, mit der sich durch Drehen der Mutter der Abstand zu den beiden anderen V-Rollen einstellen lässt (Bild 5.7).

Bild 5.5 Hier kommt der Pulley mit M8-Gewinde zum Einsatz (am oberen Ende der Z-Spindel).

Bild 5.6 Unten wird die Z-Spindel in Richtung der Drehachse nur lose geführt. So entstehen keine Spannungen.

Bild 5.7 Zwei der jeweils vier V-Rollen an jedem Laufwagen sind durch die messingfarbenen Exzentermuttern einstellbar.

Lege das quadratische Blech so vor dich, dass die beiden 5 Millimeter großen Löcher in den Ecken links und die 7 mm großen Löcher rechts liegen. Stecke in jedes Loch von unten eine M5x30-Schraube. Links kommen nun jeweils eine 9 Millimeter hohe Abstandshülse, eine V-Rolle, eine Unterlegscheibe und eine Mutter auf die Schraube, rechts jeweils die Exzentermutter (der exzentrische Rand muss ins Loch hinein), eine 3-Millimeter-Hülse, die V-Rolle, die Unterlegscheibe und eine selbstsichernde Mutter. Falls die V-Rolle nicht direkt auf die Schraube rutscht, ist die Distanzscheibe verschoben. Du kannst sie mit einem kleinen Schraubenzieher von oben in Position schieben, dann fällt die Rolle an ihren Platz.

Drehe nach dem Festziehen mit dem SW8-Maulschlüssel die Exzentermutter so, dass die Rolle ganz außen ist. Dann kannst du den Schlitten auf das MakerSlide stecken und die Rollen so lange enger drehen, bis kein Spiel mehr zu spüren ist. Der Schlitten muss sich ganz leicht auf dem Profil bewegen lassen.

Nun ist Zeit, auf der Rollenseite des Blechs die Kunststoffmutter anzubringen. Bitte ziehe diese vorsichtig und nur handfest an. Die Mutter sollte später, wenn alles montiert ist, auf die Spindel eingestellt werden. Auf der anderen Seite schraubst du die Spindelhalterung an.

HINWEIS: Vorsicht! Bei den „Chinaspindeln“, wie ich sie hier verwende, sind die Halterungen so schlecht gefertigt, dass die Spindel nicht hineinpasst, oval gepresst wird oder schief sitzt. Ich habe mir passende Spindelklemmen auf dem 3D-Drucker hergestellt.

Es folgt der Endzusammenbau, bei dem wir erstmals Schrauben in die Stirnseite des MakerSlide drehen. Diese schneiden sich ihr Gewinde selbst. Das erfordert etwas Gefühl. Bemühe dich, die Schrauben genau senkrecht anzusetzen. Dabei hilft es, zumindest anfangs einen Inbusschlüssel mit Schraubdrehergriff statt des normalen L-Schlüssels zu verwenden (Bild 5.8). Drehe die Schrauben zunächst ohne das zu verschraubende Teil einmal ins MakerSlide ein, um das Gewinde sauber zu schneiden. Ich habe mit einem Spritzer WD40 aufs Gewinde für gute Schmierung gesorgt.

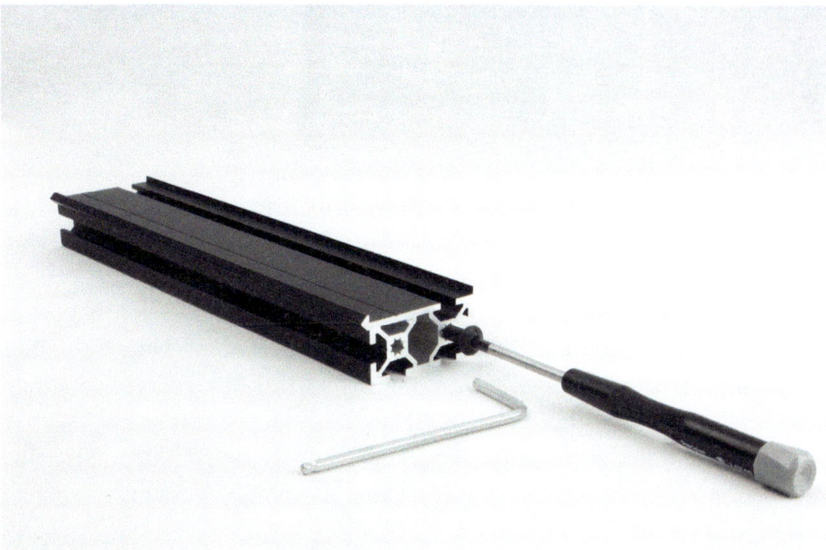

Bild 5.8 Ein Inbusschlüssel mit Schraubdrehergriff hilft beim rechtwinkligen Ansetzen der Schrauben.

Die Platten gehören jeweils mit dem Lagerflansch in Richtung MakerSlide. Starte mit der oberen Platte, die mit dem langen Ende vom Schlitten weg angebaut wird. Fädle dann den Schlitten auf die Gewindestange und das MakerSlide auf und schraube bis etwa in die Mitte des Profils. Vor dem Ansetzen der zweiten Platte müssen in die hinteren Nuten des Profils je zwei Nutmuttern – das sind die kleinen Bleche mit Gewinde – in die beiden Nuten auf der Rückseite des MakerSlide eingesetzt werden. Mit diesen Muttern wird später die Z-Achse auf dem X-Schlitten befestigt. Damit haben wir die erste Achse fertiggestellt (Bild 5.9).

Bild 5.9 Die Z-Achse – bis auf den Motor und den Spindelhalter komplett

5.3 Hin und her: Der X-Schlitten

Die Z-Achse ist am X-Schlitten befestigt, deshalb wollen wir uns diesen Bauteil als Nächstes widmen. Hier zeigen sich auf den ersten Blick gravierende Unterschiede zwischen Trapezspindel- und Riemenversion: Der Motor fährt bei der Riemenversion auf dem Schlitten mit, während er bei der Trapezspindelversion auf dem Portal sitzt. 2018 entwickelte Holze neue X-Schlittenbleche, die für beide Versionen Verwendung finden. Es wird am Ende lediglich eine Trapezspindelmutter anstelle des Motors eingebaut. Ansonsten ist der Aufbau derselbe.

Bild 5.10 Die Kleinteile sind sortiert und die Bleche ausgepackt. Es kann losgehen mit dem X-Schlitten.

Wir haben es mit derselben Anordnung der V-Rollen wie an der Z-Achse zu tun. Hier sind die festen Rollen oben an der abgeschrägten Seite des Blechs und die einstellbaren Rollen unten (Bild 5.11). Im Gegensatz zur Z-Achse kommen die Exzentermuttern „von hinten" an die V-Rollen und die Abstandshülsen entfallen ganz. Zwischen die Rollen und das Blech kommt eine Unterlegscheibe, ebenso am Kopf der Schraube (nur bei den einstellbaren Rollen) und an der Mutter.

Bild 5.11
Oben die festen, unten die einstellbaren V-Rollen: Das Bild zeigt den Aufbau und die Position der Unterlegscheiben sehr schön.

Nun kommen bei der X-Version noch zwei Umlenkrollen an eines der Bleche und bei der T-Version eine Trapezgewindemutter. Die Umlenkrollen sorgen dafür, dass der Zahnriemen, an dem sich der Schlitten entlangbewegt, praktisch völlig flach auf dem Profil anliegt. Zwischen den Umlenkrollen ragt der Motorpulley herein. Der Riemen schlingt sich u-förmig von den Umlenkrollen zum Pulley und zurück (Bild 5.12). Das sorgt dafür, dass der Riemen fast auf 180 Grad des Pulleys aufliegt, entsprechend viele Zähne des Riemens Kontakt zum Pulley haben und so maximales Drehmoment übertragen werden kann.

Bild 5.12 Riemenführung mit Umlenkrollen an der Shapeoko-X (hier an einer der Portalwangen): Der Riemen liegt vorn und hinten im Bild flach auf dem Laufprofil und umschlingt den Motorpulley (alte Blechversion ohne Riemenspanner).

In den Langlöchern lässt sich der Motor verschieben und so der Riemen sehr einfach spannen. Jede Umlenkrolle wird mit einer 6 Millimeter breiten Distanzrolle und einer Unterlegscheibe am Schraubenkopf und unter der Mutter auf einer 30-Millimeter-Schraube montiert.

Die Abstandhalter findest du mit den zugehörigen Schrauben und Scheiben in einem eigenen Beutel. Setze sie in die Löcher (wie in Bild 5.13 zu sehen) in der Platte mit den Umlenkrollen beziehungsweise der Trapezgewindemutter ein.

Bild 5.13 Die hintere Platte des X-Schlittens: links für die Shapeoko-X mit Abstandhaltern (die Umlenkrollen fehlen noch, die Schrauben sind schon eingesetzt), rechts für die Shapeoko-T mit der Trapezgewindemutter

Auf die Rückseite der anderen Platte – also auf der Seite ohne Rollen – schraubst du nun die Z-Achse mit vier 10-Millimeter-Schrauben und Scheiben. Schiebe vorher die Nutmuttern so hin, dass du sie sauber mit den Schrauben triffst. Nun musst du die beiden Platten noch nur zusammensetzen und wieder ist eine Komponente fertig (Bild 5.14).

Bild 5.14 Die Z-Achse und der X-Schlitten sind jetzt komplett montiert.

5.4 Brückenbau: Das X-Portal

Die Z-Achse mit dem X-Schlitten läuft auf dem X-Portal, das sich wiederum auf den Y-Laufschienen hin- und herbewegt. Das X-Portal besteht also aus zwei MakerSlides, auf denen der Y-Schlitten sitzt, und den beiden Wangen, die gleichzeitig die Laufwagen der Y-Achse bilden. Beginnen wir mit den Wangen, die viel Ähnlichkeit mit den Schlittenhälften haben.

Nun gilt es, die Bleche richtig auszusuchen. Bei der Shapeoko-X können die Motoren nach innen oder nach außen gebaut werden. Innen liegende Motoren haben den Nachteil, dass die Arbeitsfläche in der Breite nicht voll genutzt werden kann, weil der X-Schlitten an die Motoren stößt. Vorteilhaft ist dagegen der kompaktere Aufbau und dass die Laufschienen von den innen liegenden Wangen etwas vor Staub geschützt werden. Der Staubschutz lässt sich allerdings auch an der Version mit außen liegenden Motoren nachrüsten, indem innen Bleche montiert werden, die die Laufbahnen abdecken.

Bei der Shapeoko-T läuft der Wagen in jedem Fall außen. Der Motor der X-Achse, der am Portal mitreist, sitzt innen, ist aber in jedem Fall außer Reichweite des X-Schlittens. Die Y-Motoren sitzen anders als bei der Riemenversion nicht auf den Portalwangen, sondern ganz vorn (oder hinten) am Grundgestell. Allerdings kann der X-Motor links oder rechts am Portal montiert werden. Ich würde ihn auf die Seite montieren, auf der du die Kabelführung vorgesehen hast. Dann bleiben die Motorkabelwege schön kurz. Das Blech mit der Motorhalterung ist leicht an dem Fortsatz für den Motor zu erkennen. Stelle am besten die beiden Bleche so vor dich, dass bei der T-Version die Spindellagerung – das sind die etwa 20 Millimeter großen Löcher in den Wangen – nach hinten zeigen. Bei der Riemenversion müssen die Motorlöcher zu dir hin zeigen. Dann weißt du, welches die Innenseiten der Bleche sind, an denen die Rollen montiert werden müssen. Die abgeschrägten Kanten zeigen nach oben und zu dir (Bild 5.15).

Es kommen wieder vier V-Rollen an jedes Blech. Der Aufbau entspricht dem am X-Schlitten. Oben werden in die äußersten Löcher feste Rollen montiert, unten Verstellrollen mit dem Exzenter nach außen. Bei der Riemenversion folgen oben in den Löchern neben den V-Rollen die Umlenkrollen mit Distanzrollen, bei der T-Version wird außen die Trapezmutter und das Spindellager montiert. Hier kommen wieder Flanschlager zum Einsatz, die von innen nach außen gedrückt und dann mit jeweils zwei 13-Millimeter-Schrauben und einer Sicherungsmutter gesichert werden. Die Schrauben und Muttern für Lager und Trapezmuttern findest du in dem Beutel mit der Beschriftung „Trapezgewinde-Set" (Bild 5.16).

TIPP: Ich musste die Löcher für die Flanschlager mit einer runden Schlüsselfeile von der Kunststoffbeschichtung befreien, damit ich die Lager einsetzen konnte.

Bild 5.15 Die beiden fertig bestückten Portalwangen der T-Version: In dieser Anordnung ist der Motor hinten rechts auf dem Portal montiert. Die abgeschrägten Kanten zeigen nach oben und nach vorn zu dir.

Bild 5.16 Das Trapezgewinde-Set: Schrauben für die Lager (links hinten, vier kurze Schrauben für die Lager in den schmalen Y-Blechen), Hülsen (hinten) und sechs Schrauben M5x13 mm für die Trapezgewindemuttern. Die Scheiben und Sicherungsscheiben rechts vorn zeigen die Reihenfolge, in der sie auf der Hülse montiert werden.

Nun sollten alle Rollen verbaut sein und wir können zum Endzusammenbau des Portals und der gesamten Fräse schreiten. Zunächst müssen wir jedoch noch die Spindeln fertigstellen, denn die erste verbauen wir gleich. Du solltest drei Trapezspindeln geliefert bekommen haben, die du selbst ablängen musst. Die Spindeln sind jeweils 10 Millimeter kürzer als die zugehörige Achse beziehungsweise das jeweilige MakerSlide. Wenn die Spindeln einen oder zwei Millimeter kürzer werden als gewünscht, ist das kein Problem. Dafür sind ja die gedruckten Hülsen als Loslager da, die die Längenunterschiede ausgleichen. An der Y-Achse - also auf dem Portal - wird eine Spindel montiert, an der X-Achse werden zwei montiert. Bitte verwechsele die beiden nicht, sonst sägst du im schlimmsten Fall zu kurz ab.

Im Trapezspindel-Beutel findest du drei Messinghülsen, die mit einem guten Zweikomponentenkleber auf jeweils ein Ende aller drei Spindeln geklebt werden. Die schwarzen, 3D-gedruckten Hülsen sind die Gegenlager und dürfen **nicht** verklebt werden. Messe vor dem Verkleben die Wandstärke der Hülse (bei mir 2 Millimeter) und suche ein entsprechend dickes Material, beispielsweise eines der noch nicht verbauten Bleche. Das legst du, nachdem du den Kleber aufgebracht hast (auf den Spitzen des Gewindes reicht völlig aus), unter das andere Ende der Spindeln, damit Hülse und Spindel in einer Flucht sind, wenn der Kleber trocken ist. Reinige am besten vorher das Ende der Spindeln und die Innenseite der Hülse mit Aceton, dann hält die Verklebung bombensicher.

Dann suchst du aus dem gelieferten Material die beiden MakerSlides heraus, die der Portalbreite entsprechen. Die Profile werden Rücken an Rücken verbaut, das bedeutet, dass die dreieckigen Laufschienen voneinander weg nach außen zeigen. Schraube nun die Profile mit M5x13-Schrauben - jeweils mit Unterlegscheibe - an die Portalwangen. Oben am Profil findest du zwei Reihen mit je zwei Bohrungen und einem Langloch. Die X-Profile werden in die äußeren Bohrungen und die Langlöcher geschraubt (Bild 5.17).

TIPP: Auf Thingiverse findest du Verbinder, die in die Nuten der beiden Profile eingeklopft werden, um das Portal zusätzlich zu versteifen (achte auf den Abstand der Profile!). Andere Maker haben die Profile auch schon über Schrauben miteinander verbunden.

Achte darauf, dass der X-Schlitten weiterhin frei laufen kann. Dazu schiebst du am besten zunächst den X-Schlitten auf das Profil auf, um zu sehen, wie die Profile zueinander stehen müssen. Auch hier ist darauf zu achten, dass der Schlitten schön leicht läuft. Ich musste an den V-Rollen Unterlegscheiben hinzufügen, damit der Abstand der mit den Verbindern versehenen Profile mit der „Spurbreite“ des Schlittens übereinstimmte.

Bild 5.17 Die erste Wange ist angebaut und die Spindel montiert. Hier siehst du, welche Schraublöcher für das Profil vorgesehen sind.

Bei der X-Version kommt in die Nut oben im hinteren MakerSlide eine Blechmutter, auf die später der Riemenspanner aufgeschraubt wird. Bei der T-Version musst du mit der zweiten Wange auch gleich die erste Spindel einbauen. Schraube die Trapezspindel durch die Kunststoffmutter am X-Schlitten und stecke dann die 3D-gedruckte Hülse auf die Trapezspindel. Richtig eingeschraubt ist die Spindel, wenn die Messinghülse zur Wange mit der Motorhalterung zeigt. Stecke nun alles so zusammen, dass die Hülsen in den Lagern landen, und verschraube die zweite Wange.

TIPP: Ich habe die Spindel mit dem Akkuschrauber eingeschraubt. Das spart viel Gefummel. Du solltest allerdings nicht mit Vollgas schrauben.

Nun kommt der Spielausgleich der Trapezspindel an die Reihe (Bild 5.18). Auf der Welle der Messinghülse werden aus der Trapezspindel-Tüte eine Unterlegscheibe, eine Wellscheibe und noch eine Unterlegscheibe aufgefädelt. Danach musst du die Sicherungsscheibe von der Seite in die Nut der Welle einpressen. Achte darauf, dass die Scheibe nicht wegspringt. Ich benutze ein Stück Holz, beispielsweise das hintere Ende eines Pinselstiels, zum Einpressen der Sicherungsscheiben. Mit dem Akkuschrauber kannst du den Schlitten jetzt einmal probehalber hin und her sausen lassen. Doch Achtung! Am Ende der Achse gibt es keine Sicherung. Wenn du zu weit fährst, zerstörst du die Trapezspindelmutter.

Bild 5.18 Lager, Scheibe, Wellscheibe, Scheibe, Sicherungsscheibe: So wird der Spielausgleich aufgebaut.

Auf die Achse der Messinghülse kommt nun ein Pulley, und zwar „falsch herum", also mit der Verzahnung nach innen. Der Grund wird in Bild 5.19 deutlich: Die Motorachse ist so kurz, dass eine fluchtende Ausrichtung beider Pulleys nur auf diese Weise möglich ist.

Damit ist auch das Portal fertig (Bild 5.19). Nun widmen wir uns der letzten Achse und damit dem Basisgerüst der Fräse.

Bild 5.19 Das fertige Portal der Shapeoko-T (schon komplett mit einem Nema23-Motor für die X-Spindel)

TIPP: Um die Pulleys optimal auszurichten, steckst du den Motorpulley erst einmal lose auf die Achse, baust den Motor samt Zahnriemen ein und spannst den Riemen. Dann drehst du an der Achse einige Male, dabei verschiebt sich der Motorpulley von selbst so, dass der Zahnriemen sauber läuft. Ziehe erst dann die Madenschrauben an.

5.5 Am Boden: Die Y-Achse

Nun sind wir mit dem mechanischen Aufbau der Maschine fast fertig. Es fehlt nur noch die Y-Achse. Diese besteht aus den beiden letzten MakerSlides und Spindeln sowie zwei 20x20-Millimeter-Profilen, die die Querverbindung der beiden Profile bilden. Verbunden wird dies alle wieder von Blechen: zwei fünfeckigen Blechen mit den Motorhalterungen sowie zwei rechteckigen Blechen. Wo du die Motoren anordnest (vorne oder hinten), ist Geschmackssache. Allerdings macht es Sinn, die Motoren nach hinten zu setzen, dann sind die offen laufenden Spindelantriebe vor Fingern, Lappen und anderen Dingen geschützt, die nicht hier hingehören. Zudem laufen dann später alle Motorkabel an einer Seite der Maschine zusammen, was die Verkabelung vereinfacht. Am besten legst du die Profile und Bleche einmal so aus, wie die Maschine später zusammengebaut werden soll, damit klar ist, wie die Bleche später sitzen, und wo „innen“ und „außen“ ist.

Die Vorgehensweise ist ja inzwischen bekannt. Zunächst werden die letzten Flanschlager – immer von innen – in alle vier Bleche gesteckt und dann mit Schrauben gesichert. An den schmalen Blechen gibt es eine Besonderheit. Die Löcher haben 4,2 mm Durchmesser und ermöglichen es, ein M5-Gewinde direkt ins Blech zu schneiden und dann die Lager mit den sehr kurzen M5x6-mm-Schrauben zu sichern. Das sieht sehr sauber aus. Diese Bleche sind ja normalerweise vorn. Falls du keinen Gewindeschneider hast, kannst du die Löcher aber auch aufbohren und längere Schrauben mit Muttern einsetzen (Bild 5.20). Dann beginnst du damit, Gewinde in die Schmalseiten der beiden MakerSlides zu schneiden – wie immer mit einer Schraube und reichlich WD40. Befestige nun die schmalen Bleche an den beiden MakerSlides und lege die Teile zur Sicherheit wieder in der richtigen Position auf dem Arbeitstisch aus. Richtig angeschraubt sind die Bleche, wenn die Laufschienen am Profil auf der Seite des Flanschlagers sitzen.

Bild 5.20 Lager nach außen, Laufkanten zum Lager: So sitzen die vorderen Bleche richtig.

Die beiden Laufschienen werden mit den silbernen 20x20-Millimeter-Profilen zu einem rechteckigen Rahmen verbunden. Dazu fädelst du zwei M5x10-Linsenschrauben in eines der Profile und befestigst es dann mit Unterlegscheibe und Mutter von innen an den schmalen Blechen (Bild 5.21). Mit dem anderen Blech machst du das gleich noch einmal. So entsteht ein „U" aus den beiden MakerSlides und einem der silbernen Profile. Drehe die Muttern zunächst nur leicht fest, damit die Bleche sich auf dem Profil bewegen können. Schiebe dann das Portal von hinten auf die MakerSlides und schiebe es bis an die Bleche. Nun sollte sich das „U" von selbst in der Breite passend zur Spurweite des Portals einstellen (Bild 5.22). Etwas Rütteln an den Blechen hilft dabei, Verspannungen abzubauen. Jetzt ziehst du die Muttern der Nutschrauben fest.

Bevor nun die letzten Bleche angebaut und der Rahmen komplettiert wird, müssen beim T-Modell noch die beiden Spindeln eingesetzt werden. Die Messinghülsen zeigen zum offenen Ende des „U" beziehungsweise zu den Motorplatten hin. Am anderen Ende setzt du die schwarzen, 3D-gedruckten Hülsen ein – wiederum ohne Klebstoff! Versuche, die beiden Spindeln gleich weit durch die Muttern zu schrauben. Allerdings kommt es jetzt noch nicht auf den letzten Zehntelmillimeter an. Allzu weit musst du nicht schrauben. Die Enden der Spindel sollten in etwa auf Höhe der Kante der Portalwangen liegen.

HINWEIS: Schiebe bei der Shapeoko-X in die Nut oben am Profil jeweils eine Blechmutter (mit der Ausstülpung nach unten) ein.

Bild 5.21 Die M5x10-Schrauben werden am Rahmen als Nutschrauben verwendet.

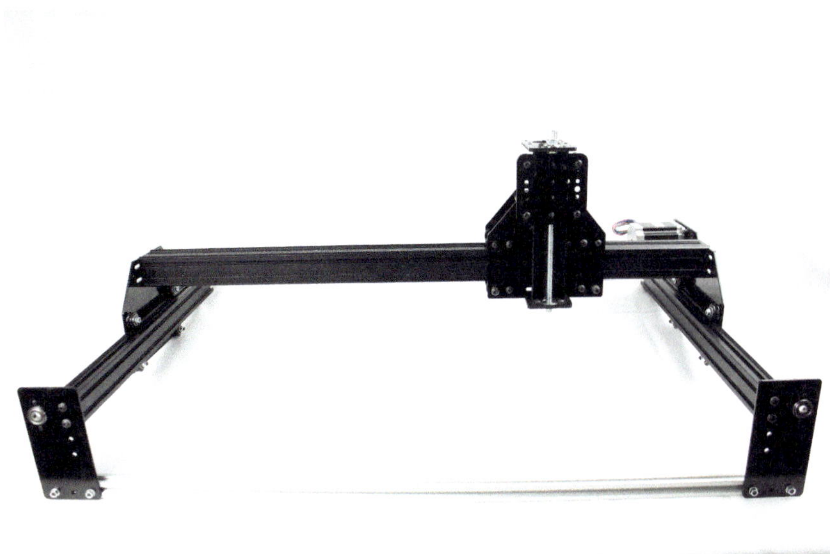

Bild 5.22 Wenn das Portal eingeschoben wird, stellt sich der Rahmen von selbst auf die passende Breite ein.

Beim endgültigen Zusammenbau richten wir den mechanischen Aufbau bei der Shapeoko-T gleich aus. Ziel ist es, dass das Portal genau rechtwinklig auf dem Grundrahmen sitzt. Dazu fährst du das Portal fast ganz nach vorn und misst mit der Schieblehre den Abstand zwischen den Seitenwangen und den Rahmenblechen. Bei der Shapeoko-X ist das natürlich weniger wichtig, da die Riementriebe erst noch angebracht werden müssen.

Bild 5.23 Die „Spurbreite" des Rahmens wird über die Verbindung zum 20x20-Profil eingestellt.

Wenn du nun die Motorbleche an die Enden schraubst, achte darauf, ob beide Bleche auf deinem – hoffentlich möglichst ebenen – Arbeitstisch aufliegen. Ist dies nicht der Fall, ist eine der Portalwangen nicht genau rechtwinklig zu den X-Laufprofilen angeschraubt. Man sieht das ganz gut, wenn man die obere Kante der Wangenbleche mit der Oberkante der MakerSlides vergleicht.

Die nächsten Schritte kennst du schon: den Spielausgleich mit zwei Unterlegscheiben, einer Federscheibe und einer Sicherungsscheibe auf den Messinghülsen befestigen, Motoren anbauen, Riemen und Pulleys ausrichten und befestigen.

Bei der Shapeoko-X müssen wir nun noch die Riemen einbauen. Zunächst baust du die Motoren an der X- und Y-Achse an und setzt jeweils einen Pulley auf. Der Riemen kommt üblicherweise am Stück. Du musst ihn also selbst ablängen. Beginnen wir mit der X-Achse.

HINWEIS: Achtung! Miss die Riemenlängen lieber zweimal, bevor du einmal falsch abschneidest.

Unter den Schrauben findest du zwei Madenschrauben mit 16 Millimeter Länge. Diese legst du etwa 3 Zentimeter vom Ende des Zahnriemens auf diesen und knickst den Riemen so, dass die Zähne ineinandergreifen. Diesen doppelten Teil schiebst du nun von außen durch den Schlitz in den vorderen Blechen des Rahmens, direkt über dem Profil. So klemmt der Riemen zuverlässig am vorderen Ende, ohne die Bewegung des Portals zu behindern (Bild 5.25).

Bild 5.24 Der komplette Aufbau der Y-Achsantriebe der Shapeoko-T mit Pulleys, Riemen und Motor

Bild 5.25 Vorne wird der Riemen mithilfe einer Madenschraube geklemmt.

Fädle den Riemen entlang des Profils und über die Umlenkrollen sowie den Motorpulley (siehe Bild 5.12) nach hinten und schneide ihn mit etwa einem Zentimeter Überstand – bei gespanntem Riemen – ab. Der Riemen wird nun in eines der Spannerbleche mit Winkel eingefädelt und dieses in die Blechmutter im Profil eingeschraubt. Durch Verschieben dieser Schraube kannst du später den Riemen immer wieder nachspannen (Bild 5.26). Das Ganze wiederholst du auf der anderen Seite der X-Achse.

Elegant an dieser Riemenbefestigung finde ich, dass die Riemen sich in ihrer Verzahnung selbst gegen Verrutschen sichern.

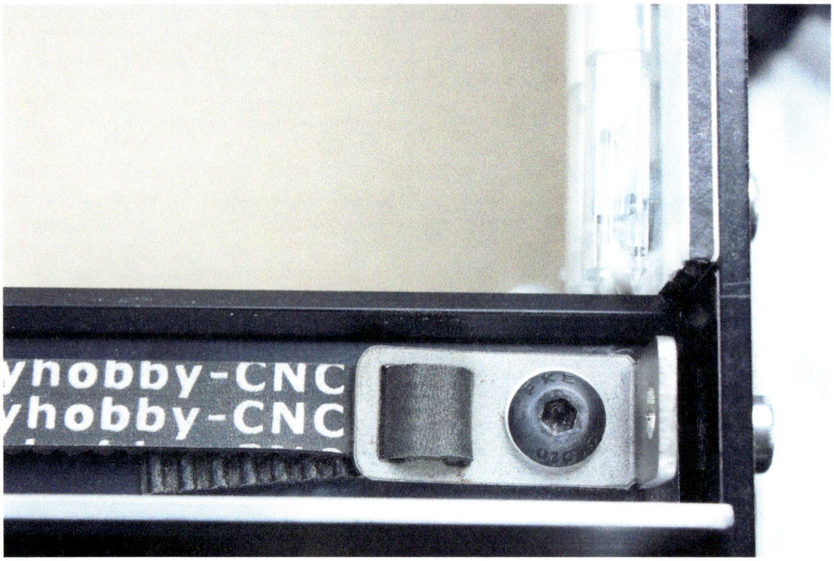

Bild 5.26 Durch Verschieben dieses Blechs lässt sich der Riemen auf der Y-Achse spannen.

An der X-Achse wird der Riemen ganz ähnlich befestigt, allerdings auf der festen Seite nicht mit einem Riemenspanner, sondern mit einem zweiten Blech, das hochkant außen an die Wange geschraubt wird. Hier habe ich einen Kabelbinder angebracht, um den Riemen zu sichern. Auf der anderen Seite wird das zweite flache Blech als Spanner verwendet und mit der Blechmutter, die du hoffentlich ins Profil geschoben hast, verschraubt (Bild 5.27).

Für den mechanischen Aufbau fehlt nun nur noch der Arbeitstisch, der bei der Shapeoko durch ein Brett gebildet wird. Das besorgst du dir im Baumarkt und lässt es gleich auf die passende Größe zuschneiden: so lang wie die MakerSlides der X-Achse und so breit wie die 20x20-Millimeter-Profile. In deinem Schraubenvorrat sollten nun noch vier längere Schrauben M5x30 liegen. Der Arbeitstisch wird mit diesen vier Schrauben am Profil befestigt. Bohre vier Löcher mit einem Durchmesser von 5,5 oder 6 Millimetern in die Ecken des Bretts, jeweils 10 Millimeter in X-Richtung und 25 bis 30 Millimeter in Y-Richtung vom Rand entfernt. In die Löcher setzt du die Schrauben von unten ein, schiebst die Köpfe in die 20x20-Millimeter-Profile und schraubst das Ganze mit der Unterlegscheibe und den restlichen vier Muttern fest.

Bild 5.27 Auf dem Portal wird der Festpunkt des Riemens durch ein Blech gebildet, das mit dem MakerSlide an der Portalwange verschraubt wird.

Damit ist der mechanische Aufbau der Fräse abgeschlossen. Das Ganze sollte in etwa aussehen wie in Bild 5.28.

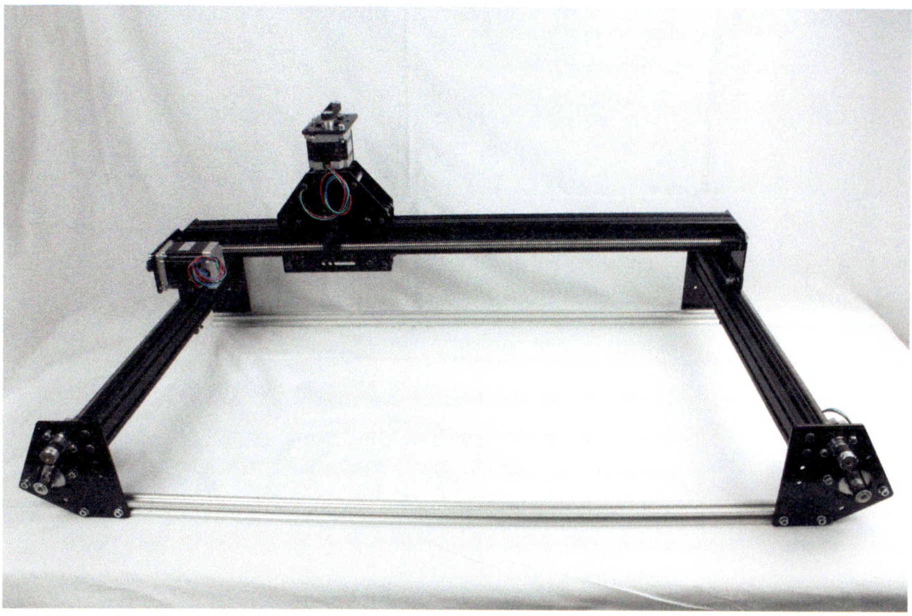

Bild 5.28 Der fertige mechanische Aufbau (hier noch ohne Arbeitsplatte)

5.6 Exkurs: Fräsen einer Arbeitsplatte mit Shaper Origin

Die Arbeitsplatte für den mechanischen Aufbau ist in der Regel eine Holzplatte, auf der das Werkstück festgespannt wird. Da liegt allerdings auch schon der Hase im Pfeffer. Wie befestigt man das Werkstück auf dieser Holzplatte? In Abschnitt 2.7.1 hast du schon gelernt, dass dafür doppelseitiges Klebeband oder Spaxschrauben in Frage kommen. Allerdings ist das Klebeband nur bei flachen Bauteilen nutzbar und die Spaxschrauben zerstören die Arbeitsplatte schnell.

Eine elegante und einfach herzustellende Alternative sind Einschlagmuttern. Diese werden von unten in Bohrungen der Arbeitsplatte geschlagen und ermöglichen es, durch die Arbeitsplatte hindurch Spannpratzen zu befestigen. Ich habe passende Senkkopfschrauben gekauft, um die nicht benutzten Löcher zu verschließen. Eine besonders elegante Lösung ist es, für die Einschlagmuttern in die Unterseite der Arbeitsplatte runde Taschen zu fräsen, damit die Muttern nicht über die Platte hinausragen. Das ist vor allem wichtig, wenn du die Arbeitsplatte unterbauen möchtest. Bei meiner ersten Fräse habe ich zudem Folgendes festgestellt: Wenn man die Muttern einfach so einschlägt, verformen sich die Gewinde und die Schrauben lassen sich nicht mehr so schön einschrauben. Deshalb wollte ich nicht nur die Taschen und die Bohrungen für die Schraube einbringen, sondern auch kleine Vorbohrungen für die Krallen der Einschlagmuttern.

5.6.1 Shaper Origin – die handgeführte CNC-Fräse

Als ich meine Arbeitsplatte herstellen wollte, hatte ich gerade die Shaper Origin, eine sehr interessante Fräsenvariante, als Teststellung im Haus. Wie bereits in Abschnitt 2.6.5 erläutert, handelt es sich dabei um eine handgeführte CNC-Fräse. Mit dieser habe ich meine Arbeitsplatte bearbeitet (Bild 5.29).

Solltest du kein Interesse daran haben, deine Arbeitsplatte mit einer Shaper Origin anzufertigen, kannst du die folgenden Ausführungen auch nutzen, um ein Fräsprogramm zu erstellen und die Arbeitsplatte mit deiner Fräse bearbeiten. Da einige Bohrungen außerhalb des eigentlichen Arbeitsbereiches liegen, musst du dann allerdings die Platte trickreich aufspannen und verschieben.

Eine handgeführte CNC-Fräse? Das hört sich wie ein Widerspruch an, ich finde jedoch keine bessere Beschreibung für die Shaper Origin. Das Prinzip ist einfach erklärt: Man nehme eine handgeführte Oberfräse, rüste diese mit einem Rechner und Bildschirm aus und gebe der Frässpindel etwas Spiel in der Handhalterung sowie die notwendigen Schrittmotoren, sodass sie die unweigerlich auftretenden Ungenauigkeiten, die beim Führen aus der Hand nun mal auftreten, ausgleichen kann.

Bild 5.29 Die Shaper Origin landete zum Test in meiner Werkstatt und wurde zum Fräsen der Arbeitsplatte eingesetzt.

Der Clou an der Maschine ist die Positionsbestimmung. Die Fräse „weiß“, wo sie ist. Dazu ist sie mit einer Kamera an der vom Benutzer abgewandten Vorderseite ausgerüstet. Vor dem Fräsen beklebt man das Rohmaterial mit Shaper-Tape, einem speziellen Klebeband, das mit Dominostein-ähnlichen Mustern versehen ist. Die Streifen müssen nicht rechtwinklig oder parallel verklebt werden, denn die Maschine erstellt aus den Markierungen eine Karte, an der sie sich orientiert.

Die Shaper Origin, deren Hersteller Shaper Tools inzwischen von Festool übernommen wurde, ist in einem Container verstaut, der neben der Maschine einen Saugschlauch zum Anschluss an einen Staubsauger enthält. Im Formteil im Boden des Containers findet sich eine Tasche mit Werkzeugen, drei Fräsern und zwei Rollen Shaper-Tape. Die Werkzeuge dienen zum Ausbau der Spindel und zum Öffnen und Schließen der Spannzange an der Spindel. Die Spindel leistet 720 W und erreicht je nach Einstellung an einem Handrad 10 000 bis 25 000 U/min. Die Spannzange nimmt $^1/_4$-Zoll (6,35 mm)-Werkzeuge auf. Zusätzlich ist eine $^1/_8$-Zoll (3,175 mm)-Spannzange erhältlich. Das Testgerät kommt aus den USA, in der deutschen Verkaufsversion sind metrische Spannzangen verbaut. Die Oberfläche lässt sich auf verschiedene Sprachen, darunter auch Deutsch, einstellen.

Die Shaper Origin lässt sich mit SVG-Dateien beschicken. Dieses Format ist für Konstrukteure allerdings eher nicht geläufig. Deshalb habe ich mit dem Fusion 360-Plugin gearbeitet, das es ermöglicht, aus 3D-Modellen oder Skizzen SVG-Daten zu erstellen. Zudem kann der Bediener einfache Konturen wie Kreise oder Rechtecke direkt auf der Maschine programmieren.

Das Menü der Fräse ist einfach aufgebaut. Nach den Einstecken des Stromkabels zeigt die Shaper Origin auf ihrem Touchdisplay rechts vier Grundmenüs und links jeweils weitere Untergruppen. Man beginnt damit, die Oberfläche des Werkstücks zu scannen. Ich habe bei einigen Teilen ein zweites Brett oberhalb des eigentlichen Werkstücks auf meinen Arbeitstisch geklebt. Doppelseitiges Teppichband hält hier bombenfest. Auf das zweite Brett habe ich das Shaper-Tape geklebt. Die Maschine benötigt oberhalb ihrer Arbeitsstelle einen etwa 30 Zentimeter tiefen Bereich, in dem Shaper-Tape aufgeklebt ist – und zwar sehr exakt auf gleicher Höhe mit dem Bereich, in dem man fräst. Das Shaper-Tape einfach auf die Werkbank zu kleben und dann 22 mm-Platten zu fräsen, geht also nicht. Ich hatte bei meiner 20 Millimeter starken Siebdruckplatte das Problem, dass das Shaper-Tape auf der rauhen Rückseite der Platte nicht klebte. Ich habe es schließlich mit Tesafilm an den glatten Kanten fixiert. Die Arbeitsplatte ist groß genug, dass man die Maschine immer so drehen kann, dass sie genügend Markierungen erfassen kann.

Hat man die Fläche gescannt, berechnet die Fräse aus den Fotos ein Gesamtbild, anhand dessen es seine Position bestimmt. Danach kann die zu fräsende Geometrie vom USB-Stick oder der Shaper-Website (*www.shapertools.com*) geladen werden. Dazu ist die Shaper Origin mit WLAN ausgestattet. Das Positionieren kann man sich vereinfachen, indem man ein Gitter definiert. Dazu spannt man als Tastdorn einen Fräser umgekehrt ein. Danach fährt man menügeführt zweimal die untere und einmal die linke Kante des Bretts an. Nun werden im Bildschirmfoto ein Gitter und Koordinaten sichtbar, sodass man das Objekt millimetergenau positionieren kann.

Nachdem die Form festgelegt ist, geht es ins Fräsen-Menü. Hier stellt man die Tiefe des Fräsvorgangs, den Durchmesser des Fräsers und die Geschwindigkeit ein, und legt fest, ob man innen, auf oder außerhalb der Linie fräsen möchte. Im Taschen-Modus kann man frei in einer Tasche herumfahren und sie ausräumen. Die Maschine achtet darauf, dass man nicht über die Abgrenzung gerät. Dabei hält die Shaper Origin einen kleinen Abstand zur Kontur, sodass man am Ende mit einem Inside-Schnitt eine saubere Kontur schaffen kann. Auch die Z-Längenmessung findet sich im Fräsen-Menü. Wenn man einen neuen Fräser eingespannt hat, drückt man diese Taste und der Fräskopf fährt – Spindel ausgeschaltet – aufs Material herab, bis es Kontakt hat. So ermittelt die Shaper Origin die Höhe, auf der die Fräsung beginnt.

TIPP: Bei einem weichen Werkstoff tauchen dünne Fräser in die Oberfläche ein, sodass die Tiefe nicht stimmt. Ich habe zur Z-Messung die Fräse auf ein härteres Material gestellt.

Dank des Staubsaugeranschlusses ist das Arbeiten mit der Shaper Origin relativ sauber. Nur wenige Späne verirren sich an der magnetisch befestigten Abdeckung. Die Arbeit geht flott von der Hand. Die Bildschirmdarstellung zeigt genau, wo man schon gefräst hat und in welche Richtung man fahren soll. Kleine Details, die in den Bewegungskreis der Shaper passen, lassen sich durch dauerhaftes Drücken der grünen Taste automatisch abfahren. Die Fräse erkennt Bohrungen, die in den Bewegungskreis passen, automatisch und schaltet in einen Helix-Modus, in dem der Fräser sich langsam und schonend ins Material „schraubt", statt gerade nach unten zu bohren. Verlässt man die gewünschte Frässpur, zieht sich der Fräser in hoher Geschwindigkeit nach oben zurück, sodass man nicht aus Versehen etwas entfernen kann, was eigentlich stehenbleiben sollte.

5.6.2 Erste Erfahrungen mit CAD: Der Arbeitstisch entsteht in Fusion 360

Fusion 360 ist ein CAD-System, das von Autodesk entwickelt wird und für Hobbyanwender frei nutzbar ist, wenn man seine Adresse angibt und eine Autodesk-ID anlegt. Fusion 360 enthält sogar ein CAM-System, mit dem wir in den folgenden Kapiteln auch die NC-Programme für weitere Projekte erstellen werden.

> Die Installation, Bedienung und Modelliertechnik von Fusion 360 habe ich in meinem Buch *CAD für Maker* (ISBN 978-3-446-45681-5) ausführlich beschrieben, deshalb gibt es hier nur eine Kurzversion.

Um Fusion 360 nutzen zu können, lädst du unter *https://www.autodesk.de/products/fusion-360/overview* die kostenlose Testversion herunter und installierst sie. Bei der Eingabe der Lizenz wählst du die Option für Heimanwender. So kannst Du einen Großteil des Funktionsumfangs kostenlos nutzen. In diesem Falle habe ich zusätzlich das Plug-in Shaper Utilities aus dem Autodesk App Store (*https://apps.autodesk.com/de*) installiert, das es ermöglicht, aus 3D-Modellen und Skizzen SVG-Dateien für die Shaper Origin zu erzeugen.

Achte darauf, dass du im Bereich *Modell* arbeitest. Das ist der erste Eintrag im Ribbon-Menü. Mit dem Button SKIZZE ERSTELLEN erstellst du nun eine Skizze und wählst dazu die Ebene „oben" aus (Bild 5.30). Dann klickst du auf das Rechteck-Werkzeug und klickst für die erste Ecke in den Nullpunkt. Danach springt der Fokus automatisch auf das Höhenmaß. Ich trage hier 800 ein, da meine Arbeitsplatte 800 × 600 Millimeter groß ist. Ein Klick auf die Taste TAB wechselt zur Breitenangabe. Hier trägst du 600 ein. Damit erstellt Fusion ein Viereck mit den beschriebenen Maßen.

Zeichne zwei weitere Vierecke in das erste Viereck hinein, jeweils mit zwei Kästchen Abstand zum größeren Viereck. Falls du kein Raster im Hintergrund siehst, klicke unten in der mittleren Liste auf den zweiten Eintrag von rechts. In den Rastereinstellungen wählst du ein festes Raster mit einem Hauptrasterabstand von 250 Millimetern und fünf Unterteilungen. Dann ist ein Kästchen 50 × 50 Millimeter groß. Im Skizzenmenü oder durch Drücken des Tastaturbefehls D schaltest du auf Skizzenbemaßung um und bemaßt die beiden inneren Rechtecke. Sie sollten, wenn du sie auf die Rasterkreuzungen gelegt hast, schon runde Maße haben. Ansonsten müssen die beiden Rechtecke in beide Richtungen jeweils 100 Millimeter kleiner sein als das nächstgrößere.

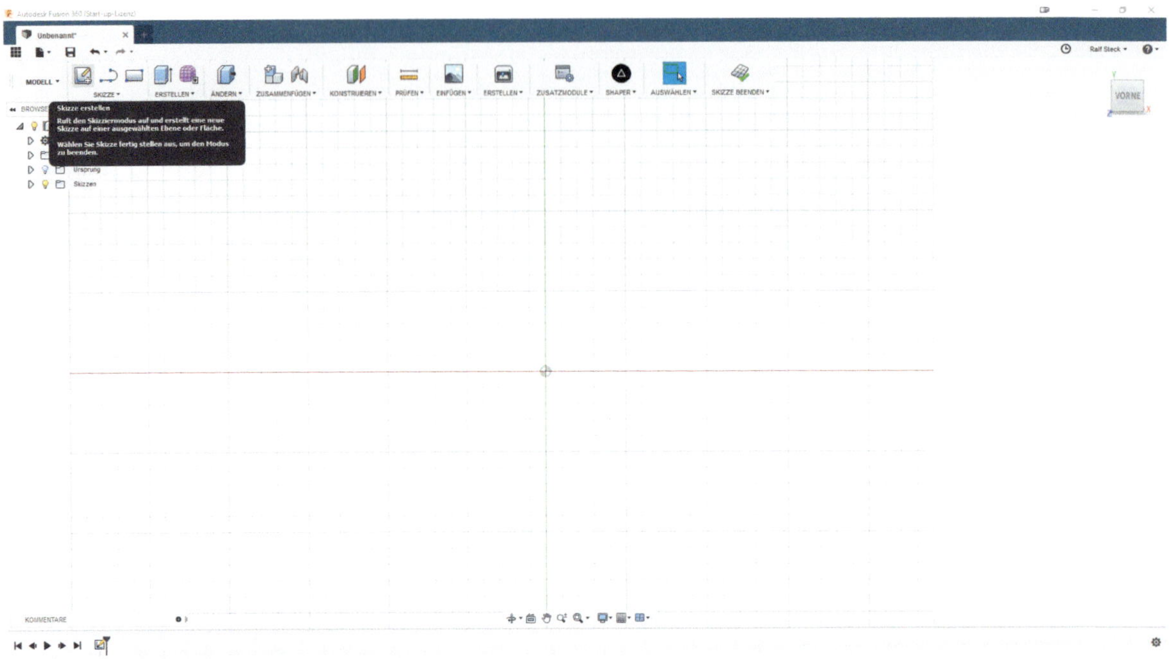

Bild 5.30 Die Arbeitsplatte wird als Skizze auf der Ebene „oben“ erstellt.

Nun sind die Rechtecke an sich definiert, jedoch noch nicht ihre Position. Wähle auf einer Seite die Kante des äußersten und des mittelgroßen Rechtecks aus und vermaße deren Abstand mit 50 Millimetern, beim inneren Rechteck entsprechend mit 100 Millimetern. Wiederhole diesen Vorgang unten oder oben. Dann markierst du die inneren Rechtecke durch Ziehen der Maus (mit gedrückter linker Maustaste) und definierst sie im Rechte-Maustaste-Kontextmenü als KONSTRUKTIONSGEOMETRIE (NORMALE/KONSTRUKTION). Dann sollte deine Skizze so aussehen wie in Bild 5.31.

Wir wollen ein Lochraster von 10 × 10 Zentimetern mit weiteren, diagonal dazwischenliegenden Löchern erstellen. Dafür dient die Hilfsgeometrie (Bild 5.31). Zoome zur linken obere Ecke des mittleren Vierecks. Wähle *Kreis* aus dem Skizzenmenü und setze knapp neben die Ecke des Rechtecks einen Kreis mit einem Durchmesser von 30 Millimetern sowie einen zweiten mit einem Durchmesser von 6,5 Millimetern. Das werden die Tasche und die Bohrung. Wähle die Mittelpunkte und die Ecke aus, um die Kreise auf die Ecke des Rechtecks zu fixieren, und vergebe mit der rechten Maustaste die Bedingung *Koinzident*.

Dann setzt du einen weiteren Kreis mit 1,5 Millimetern irgendwo in den rechten oberen Quadranten des großen Kreises. Das wird das erste Loch für die Krallen. Bei meinen Einschlagmuttern haben zwei diagonal gegenüberstehende Krallenspitzen einen Abstand von 14,5 Millimetern, also muss das Loch etwa einen Abstand von 7,5 Millimetern vom Mittelpunkt des Schraublochs haben. Dunkel erinnern wir uns an den Satz des Pythagoras. Die richtige Formel lautet $a = \sqrt{0{,}5 \times r^2}$, wobei a der Abstand nach oben und zur Seite vom Mittelpunkt des großen zum kleinsten Kreis ist, während r die Diagonale, also 7,5 Millimeter, ist. Der Windows-Taschenrechner (umstellen auf „Wissenschaftlich“) sagt uns das Ergebnis: 5,3 Millimeter. Wenn du es nicht glaubst, dann ziehe ein Maß zwischen die Mittelpunkte. Es zeigt 7,495 Millimeter (Bild 5.32). Beende das Maß nicht, sondern gehe mit ESC aus dem Menü heraus. Das Maß würde sonst die Skizze überbestimmen.

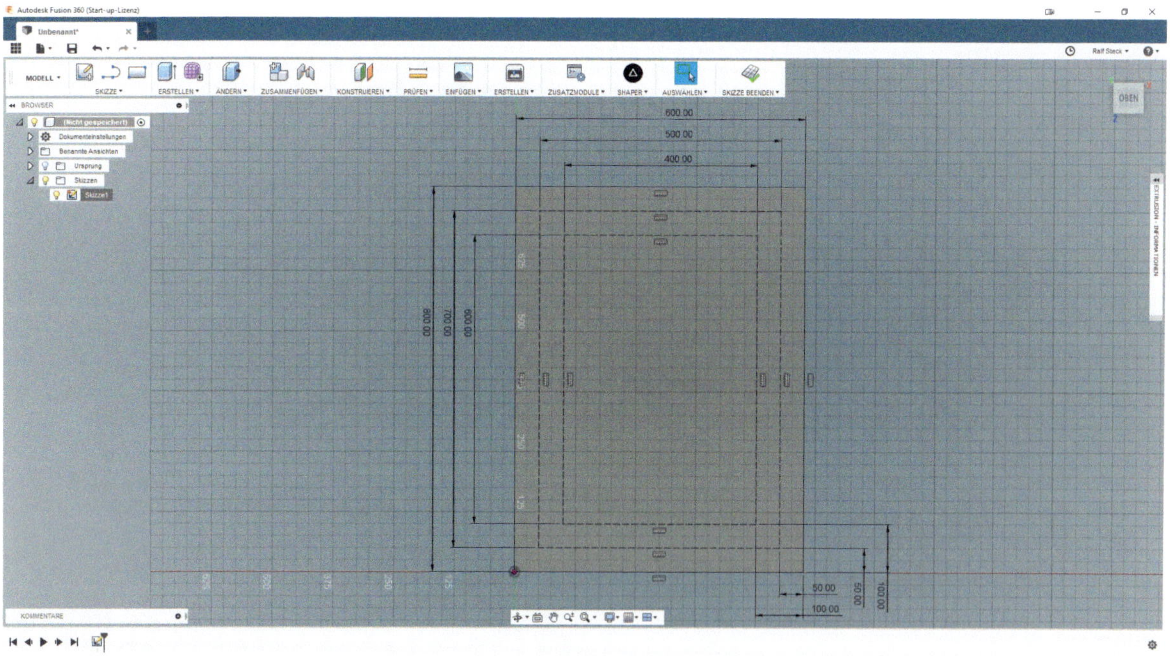

Bild 5.31 Mit wenigen Klicks entsteht die Arbeitsplatte mit Hilfsgeometrie.

Nun fehlen noch drei kleine Löcher. Diese erstellen wir als Kreismuster. Den Befehl findest du als RUNDE ANORDNUNG im Skizzenmenü. Wähle unter *Objekte* den kleinsten Kreis aus, unter *Mittelpunkt* den Mittelpunkt des großen Kreises und unter *Menge* „4“. Dann entsteht ein schönes Lochmuster. Faul wie wir sind, kopieren wir nun die gesamte Kreisgeometrie (mit der Maus markieren bis alles, auch die Bemaßungen, blau ist und dann STRG-C drücken) und fügen sie mit STRG-V wieder ein (Bild 5.33). Durch Ziehen an den weißen Pfeilen bewegst du die Kopie 50 × 50 Millimeter und in Y −50 Millimeter auf die Ecke des kleinsten Rechtecks.

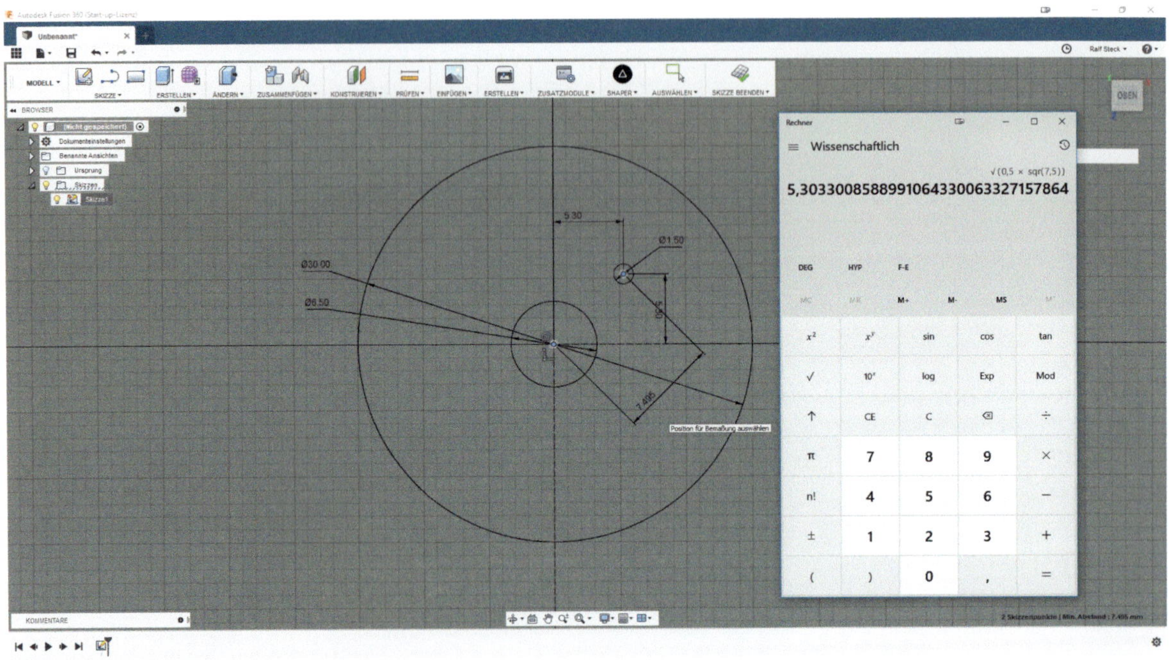

Bild 5.32 Etwas Mathematik – und schon findet unser kleines Loch seinen Platz auf einem Radius mit 7,495 Millimetern Länge.

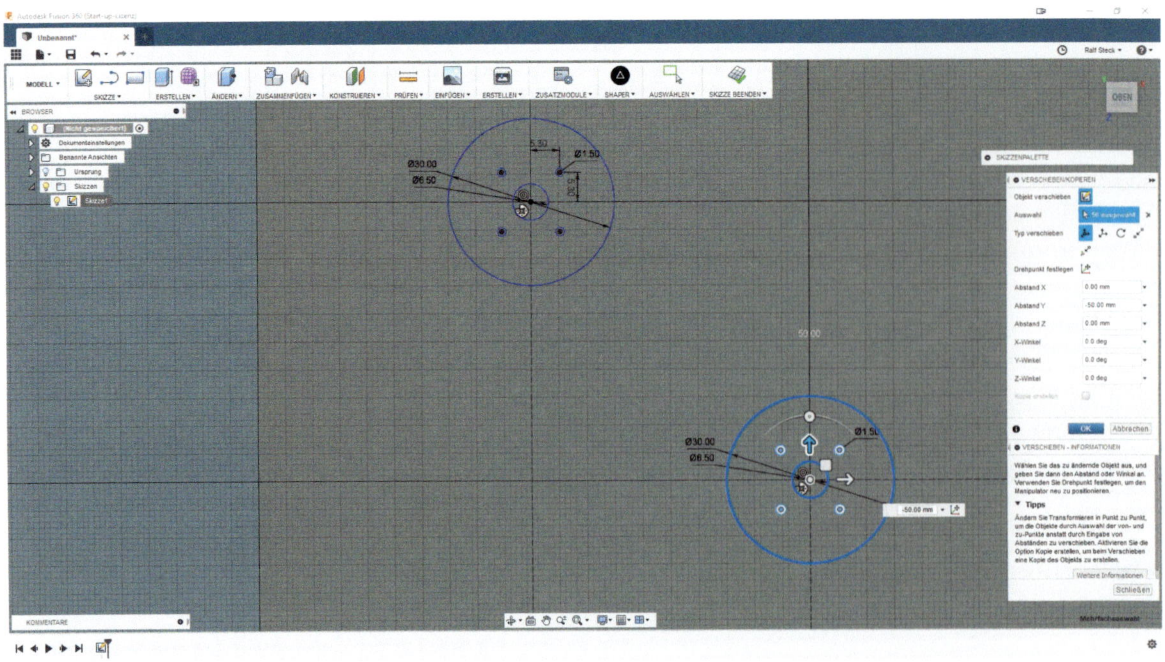

Bild 5.33 Durch Kopieren erstellen wir das Kreismuster noch einmal auf dem kleineren Rechteck.

Dann vervielfältigen wir die Kreismuster mit dem Befehl RECHTECKIGE ANORDNUNG. Markiere das linke obere Kreismuster und ziehe die Pfeile bis auf die untere und die rechte Ecke des Rechtecks. Du kannst auch die Abstände im Fenster des Befehls eingeben. Dann erhöhst du die Anzahl der Kopien so lange, bis alle 10 Zentimeter eine Kopie auf einer Rasterkreuzung zu liegen kommt. Bei mir sind das 6 und 8 Stück. So schnell sind 47 Kopien erstellt. Weitere 34 Lochmuster entstehen durch Mustern des zweiten Lochmusters (Bild 5.34).

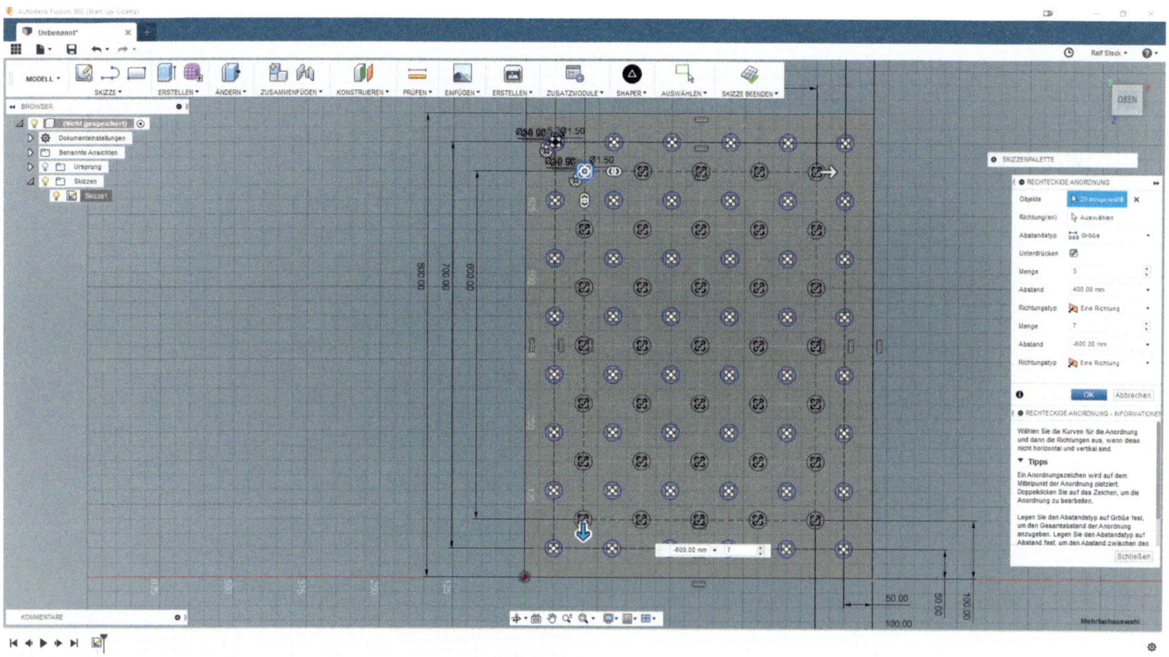

Bild 5.34 Das Muster ist 83 Mal entstanden. Das ergibt viele Anschraubpunkte für eine flexible Aufspannung.

Damit haben wir die Skizzengeometrie für die Arbeitsplatte erstellt. Für die Shaper Origin reicht das aus. Für den Fräsvorgang müssen wir allerdings noch ein 3D-Modell erstellen. Im Falle der Shaper Origin wähle ich das Plug-in Shaper Utilities aus und aktiviere die erweiterten Funktionen durch ein Häkchen bei *Advanced*. Dann kann ich die Option *Entire Sketch* auswählen und ein SVG erstellen, das alle Kreise enthält. Mit dem Nullpunkt, der auch im SVG an derselben Stelle sitzt, kann ich die Kreise sehr schön auf der Platte definieren (Bild 5.35). Das Fräsen mit der Shaper Origin ist nun reine Fleißarbeit.

TIPP: Ich habe die kleinen Löcher schlussendlich doch nicht gefräst, weil sich das Shaper-Tape von der rauen Oberfläche der Siebdruckplatte löste (siehe Bild 5.37).

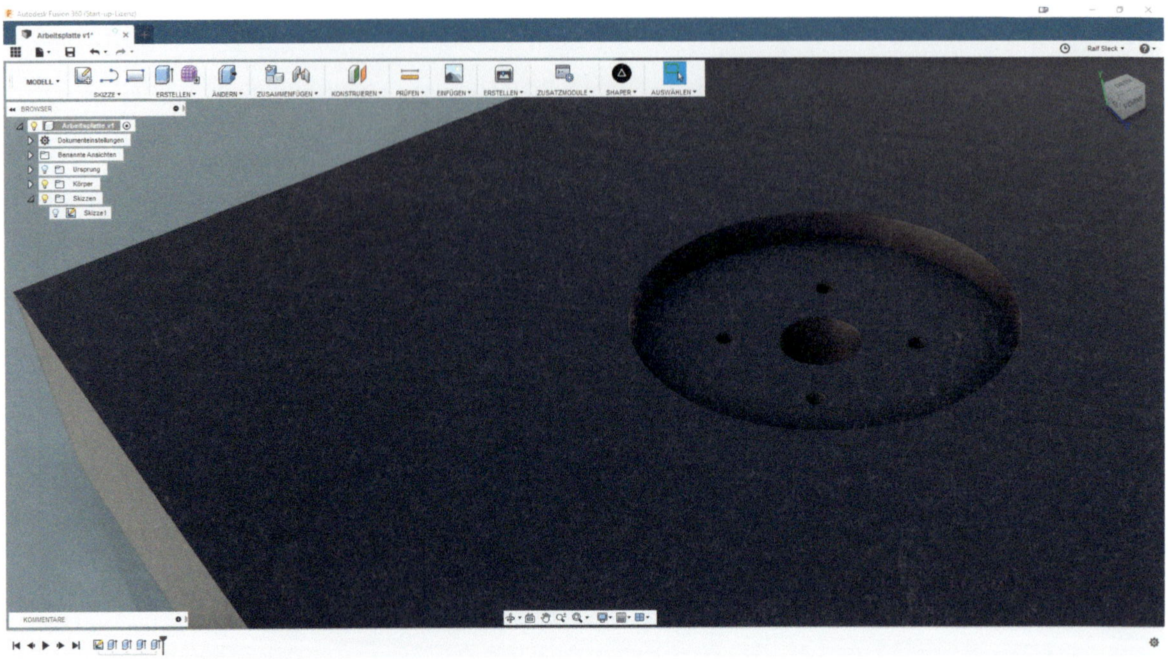

Bild 5.35 So sollen unsere Fräsungen später aussehen.

Da du vermutlich keine Shaper Origin zur Verfügung haben wirst, liefere ich dir noch den schnellen Weg zum 3D-Modell: Markiere alle Objekte (bei mir fast 500 Stück) und wähle im *Erstellen*-Menü EXTRUSION aus. Extrudiere die gesamte Platte nach unten, indem du von der Profilebene einen Abstand von −20 Millimetern eingibst. Damit bleibt der Nullpunkt an der oberen Ebene – und dort brauchen wir ihn auch zum Fräsen.

Nun beginnt eine Fleißarbeit: Wähle in der Ansicht „oben“ alle Kreise aus, starte wieder eine Extrusion und klicke dann alle 83 großen Kreise an, sodass nur noch die Kreise mit 6,5 und 1,5 Millimetern markiert sind. Extrudiere diese mit der Einstellung AUSSCHNEIDEN 5 Millimeter nach unten.

TIPP: Ich fräse die mittlere Bohrung bewusst nicht durch, denn du wirst vermutlich keinen Fräser haben, der weniger als 6 Millimeter Durchmesser und über 20 Millimeter Schneide hat. Die 2 Millimeter tiefe Bohrung, die nach dem Fräsen übrigbleibt, eignet sich hervorragend, um die Bohrungen mit der Hand- oder Ständerbohrmaschine fertigzustellen. ■

Im zweiten Schritt wählst du alle 83 großen Kreise. Das geht am besten, wenn du zuerst EXTRUSION auswählst und dann die Objekte zusammensammelst. Hast du aus Versehen etwas Falsches markiert, dann klicke noch einmal darauf, dann ist es wieder demarkiert. Extrudiere 3 Millimeter nach unten – und fertig ist das 3D-Modell unserer Platte (Bild 5.36).

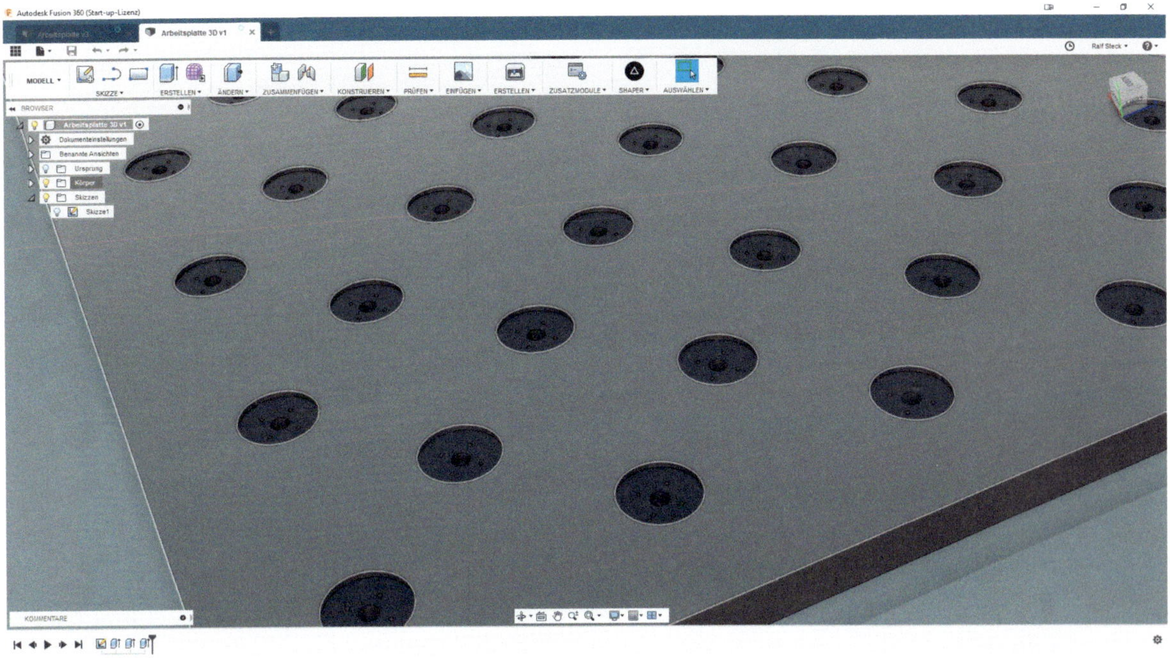

Bild 5.36 Fleißarbeit: Alle 87 Fräsungen sind modelliert.

Wechsle nun in den Bereich *CAM* von Fusion 360. In Kapitel 8 folgt eine detaillierte Funktionsbeschreibung dieses Bereichs. Ich nenne hier nur kurz die wichtigsten Schritte: Erstelle ein neues Setup und wähle dort das Werkstück-Koordinatensystem so, dass Z oben ist. Wähle unter *Rohteil* „Kein zusätzliches Rohteil“ aus. Wähle dann die 2D-Strategie *Bohrfräsen* und die 6,5 mm-Bohrungen aus. Im Fenster kannst du das Werkzeug und die Bearbeitungswerte definieren. Das ist wieder Fleißarbeit. Danach folgt ein Gang mit der Strategie *2D-Tasche* für die großen Vertiefungen und schließlich das Bohren mit dem 1,5 mm-Bohrer. Im Menü *Aktionen* findest du eine Simulation, um deine Fräswege zu testen und den Punkt *Postprocess*, um das NC-Programm zu erzeugen.

Dann musst du nur noch die 83 Muttern einschlagen und fertig ist die Arbeitsplatte (Bild 5.37). Sie benötigt ganz außen noch vier Bohrungen, in die kopfüber die letzten vier 30 mm-Linsenkopfschrauben eingesetzt werden. Diese werden in die 20x20-Profile eingeschoben und verschraubt.

TIPP: Es mag sinnvoll sein, nur eine Reihe der Lochbilder zu einem Fräsprogramm zu machen, nach jeder Reihe umzuspannen und die Reihen nacheinander zu fräsen. So kannst du auch außerhalb des eigentlichen Arbeitsbereichs der Fräse Löcher anfertigen.

Bild 5.37 Die Einschlagmuttern halten die auf der anderen Seite der Platte aufgespannten Werkstücke zuverlässig fest.

6 Der Lötkolben glüht! Aufbau der Fräsenelektronik und -steuerung

In diesem Kapitel beschreibe ich den Aufbau der Fräsenelektronik und -steuerung (Bild 6.1). Wie beim mechanischen Aufbau (Kapitel 5) sind die Erklärungen so allgemein wie möglich formuliert. Du kannst die Erklärungen zum Aufbau also auch nutzen, um eine andere Fräse zum Laufen zu bekommen. Mit kleinen Abstrichen sind die Bestandteile immer dieselben: Motoren, Endschalter, Spindel, Steuerung, Leitungen und Schalter.

Bei der Steuerung gibt es allerdings durchaus Unterschiede (siehe auch Abschnitt 2.2.1). Ich versuche auch hier, möglichst viele Möglichkeiten abzudecken. Schaue sie dir am besten alle an. Dann kannst du entscheiden, welche Steuerung für dich die optimale Lösung bietet. Der Grundaufbau ist übrigens immer derselbe: Motor, Motortreiber, Steuerungsplatine, Arduino und Steuerrechner.

Bild 6.1 Kein Hexenwerk: Der Testaufbau zeigt die komplette Steuerungselektronik der Fräse.

In diesem Kapitel stelle ich beispielhaft eine Steuerung von Protoneer vor, die auf „Polulu-kompatiblen“ Motortreibern basiert und direkt auf einen Raspberry Pi gesteckt wird. Dies ergibt eine sehr kompakte Steuerung, die direkt an die Maschine integriert werden kann. Ronald Holze, der Erbauer der in diesem Buch vorgestellten Fräse, hat mir zusätzlich seine GRBL-Nano-Steuerung zur Verfügung gestellt, die sogar noch die Ansteuerung für die Spindel enthält und sich drahtlos mit dem Steuerungs-PC verbinden lässt. Holze montiert seine Steuerung direkt auf dem Portal und lässt sie mitfahren, was das Verlegen der Leitungen stark vereinfacht. Vom Portal herunter führt dann im besten Fall nur noch die Stromversorgung. In Kapitel 10 zeige ich dir eine weitere Steuerung mit stärkeren Motortreibern für NEMA 23-Motoren, die auf der MaXYposi-Steuerung aus dem Make: Magazin basiert.

6.1 Verbindendes und Trennendes: Leitungen und Schalter

Zunächst einmal werden wir uns einen Überblick über die zu verlegenden elektrischen Leitungen und Taster verschaffen. Dann können wir uns überlegen, welche Leitung wir wie verlegen.

Stromversorgung: Je nach Ausbau benötigt deine Fräse verschiedene Spannungen und dazu mehrere Netzteile: 5 V für den Raspberry Pi, wenn einer verbaut ist, 12 V für LED-Leuchtstreifen und 12 bis 48 V für Motoren und Spindel. Bei letzterem Wert ist Vorsicht geboten, denn nicht jeder Bestandteil der Anlage verträgt jede Spannung. Das Protoneer-Board ist für 12 bis 36 V spezifiziert, das GRBL-Nano-Board für 12 bis 42 V. Die Polulu-Motortreiber arbeiten mit Maximalspannungen zwischen 24 und 50 V. Andererseits brauchen manche Chinaspindeln 48 V, um volle 12 000 U/min zu erreichen. Man wird also einen Kompromiss eingehen müssen, der bei mir so aussieht: ein 5-V-/12-V-Netzteil sowie eines für 24 V. Alternativ könnte man noch eines für 48 V hinzufügen und die Spindel damit versorgen.

Diese Netzteile müssen so verbaut werden, dass sie sich möglichst mit einer einzigen Netzbuchse versorgen lassen und mit einem gemeinsamen Hauptschalter ein- und ausgeschaltet werden können. Eminent wichtig ist es, die 220-V-Kontakte so abzudecken, dass nichts und niemand – auch keine Kinderfinger – an diese Kontakte gelangen können (Bild 6.2).

HINWEIS: Achtung! Das Arbeiten an 220-V-Netzspannung ist **lebensgefährlich**. Ich beschreibe hier den Anschluss bewusst nicht ausführlich. Wenn du an diesem Punkt Hilfe brauchst, hole dir bitte einen Fachmann ins Boot, der wenigstens die 220-V-Seite ordentlich aufbaut.

Bild 6.2 Das Anschließen des Netzteils erfordert Grundkenntnisse in Elektrik. Vorsicht, hier fließt Netzspannung!

Ich habe die Netzteile am Fräsenrahmen montiert und mit Abdeckungen aus dem 3D-Drucker versehen. In einer davon ist ein Anschlusspanel eingebaut, das einen Schalter, eine Sicherung und einen Kaltgeräteeingang zusammenfasst. Am zusätzlich montierten Kaltgeräteausgang ist der Bildschirm der Steuerung angesteckt, sodass auch dieser über den Hauptschalter ein- und ausgeht (Bild 6.3).

Optimal ist ein externes Gehäuse für die Steuerung und die Stromversorgung. Hier sind der Fantasie keine Grenzen gesetzt. Vom PC-Gehäuse bis zum Profi-Schaltkasten gibt es hier die verschiedensten Möglichkeiten. Das Gehäuse sollte jedenfalls groß genug sein, um alle Komponenten sauber verdrahten zu können, und genug Luftaustausch ermöglichen, damit die Netzteile nicht überhitzen.

Ebenfalls keine Grenzen sind dir beim Anschluss der Leitungen von der Fräse ans Gehäuse gesetzt. Oft werden neunpolige SubD-Stecker für den Anschluss der Schrittmotoren genutzt. Wenn wir das GRBL-Nano-Board auf die X- oder Y-Achse bauen, benötigen wir „von außen" lediglich eine 24-V-Leitung sowie das USB-Kabel zur Übergabe der G-Codes vom Steuerungsrechner zur Steuerung.

Bild 6.3 Das Anschlusspanel fasst Anschlussbuchse, Sicherung und Hauptschalter zusammen. Unten lässt sich ein Monitor anschließen.

Not-Aus-Schalter: Ein Not-Aus-Schalter ist extrem wichtig (Bild 6.4). Es handelt sich dabei um einen pilzförmigen Schalter, der im Notfall gedrückt wird und dann die CNC-Maschine zum sofortigen Stillstand bringt. Er muss so positioniert sein, dass man direkt hinfassen kann, ohne beispielsweise über die Maschine hinweggreifen zu müssen. Ich habe den Schalter vorn an die Maschine in ein 3D-gedrucktes Gehäuse gesetzt und die Stromversorgungsleitung vom Netzteil zur Steuerung und zur Spindel über diesen Schalter geleitet. Natürlich ist es auch möglich, den Not-Aus-Schalter in die 220-V-Stromversorgung einzubauen, aber dafür hätte ich 220 V rund um die Maschine führen müssen, und es sollten ja keine 220 V auf der Maschine sein.

Spindel: Die Spindel wird über eine zweiadrige Leitung mit Strom versorgt. Je nach Steuerung und Spindel wird diese Leitung direkt mit der Steuerung verbunden, über ein Relais geschaltet oder über ein eigenes Steuergerät mit der Stromversorgung verbunden. Wie anfangs erwähnt, bin ich kein Freund von 220 V auf der Fräse, doch viele Fräsen arbeiten mit einem Oberfräsenmotor, der mit Netzspannung versorgt und von Hand ein- und ausgeschaltet wird. Die meisten Steuerungen haben einen Ausgang für die Spindelsteuerung, über die die Spindel direkt – und oft drehzahlgeregelt – versorgt oder per Relais ein- und ausgeschaltet wird.

Meine 400-W-„Chinaspindel" hat eine eigene Steuerung, die einen Ein- und einen Ausgang für die Spindelstromversorgung sowie einen Anschluss für eine PWM-Signalleitung besitzt. Über Letztere kann die Steuerung die Drehzahl regeln. Die externe Spindelsteuerung wird über ein pulsweitenmoduliertes (PWM-)Signal von der Steuerung angesprochen und verändert je nach Eingangssignal die Spannung am Ausgang der Spindel zwischen null und voller Eingangsspannung (Bild 6.5).

Bild 6.4 Der Not-Aus-Schalter muss gut erreichbar vorne an der Maschine positioniert werden.

Bild 6.5 Im 3D-gedruckten Gehäuse sitzt die Spindelsteuerung (links: Eingang, rechts: Ausgang, unten: PWM-Eingang von der Steuerung).

Motoren: In jedem Fall vorhanden sind Leitungen von jedem Schrittmotor zur Steuerung, jeweils vierpolig und geschirmt. Die Einzelader muss nicht allzu dick sein. Die Kabel, die standardmäßig an den Motoren angebracht sind, sind auch sehr dünn. Dünnere Leitungen lassen sich einfacher verbauen und in engeren Radien führen.

End-/Referenzschalter: Du musst dir klar werden, ob und wie viele End- beziehungsweise Referenzschalter – die übrigens korrekterweise End- beziehungsweise Referenztaster heißen müssten – du verbauen möchtest. Grundsätzlich funktioniert eine CNC-Fräse auch ohne End- und Referenzschalter, diese vereinfachen jedoch einiges. Endschalter stellen lediglich sicher, dass eine Achse nicht versucht, über ihr Ende hinauszufahren (Bild 6.6). Man darf nur keine Befehle eingeben, die die Maschine außerhalb ihres Arbeitsbereichs schicken. Dann sind Endschalter überflüssig.

TIPP: Als Leser dieses Buches bist du wahrscheinlich eher ein CNC-Anfänger und experimentierst immer wieder herum. Dabei passieren die seltsamsten Dinge. Deshalb rate ich dir auf jeden Fall zum Einbau von Endschaltern. Ich spreche aus Erfahrung ...

Natürlich kommt es auch auf die Bauart der Maschine an. Bei einer hochpräzisen Profimaschine kann der leiseste Crash dazu führen, dass die Maschine ihre Genauigkeit nicht mehr erreicht und quasi Schrott ist. Dagegen wird an einer riemengetriebenen Shapeoko mit NEMA 17-Motoren beim Erreichen des Achsenendes entweder der Motor stehen bleiben oder der Riemen überspringen. Irgendwelche Schäden sind nicht zu erwarten. Anders sieht es bei der Shapeoko-T mit Spindeltrieben und vielleicht sogar NEMA 23-Motoren aus. Da gibt nichts nach. Hier empfehle ich dringend Endschalter.

Bild 6.6 Endschalter verhindern, dass die Achsen am Ende ihrer Bahn einschlagen.

Referenzschalter haben dagegen den Sinn, die Maschine in einen definierten Status zu versetzen. Man fährt die Endschalter einer bestimmten Position an, beispielsweise „hinten links oben“, und die Steuerung stellt die Maschinenkoordinaten aller Achsen auf 0. Fährt man nun mit den Motoren auf den Werkstücknullpunk und „nullt" dort die Werkzeugkoordinaten, kann man diesen Punkt immer wieder anfahren. Die Koordinaten des Werkzeugnullpunkts in Bezug auf den Maschinennullpunkt werden von GRBL im EEPROM des Arduino abgelegt und überleben damit auch das Aus- und Einschalten der Maschine. Ich kann also beispielsweise nach dem Schruppen Feierabend machen und am nächsten Tag mit dem Schlichten beginnen. Ich muss lediglich eine Referenzfahrt machen, damit die Maschine weiß, wo sie steht. So erkennt die Steuerung auch wieder, wo sich die Nullpunkte des letzten Tages befinden, und kann weiterarbeiten.

Unabdingbar sind Referenzschalter für den Werkzeugwechsel. In der Steuerung werden die Stellung zum Werkzeugwechsel (beispielsweise „vorne, Mitte, oben", wo immer sich der Fräser bequem tauschen lässt) und der Standort des Längentasters hinterlegt. Um diese Positionen anfahren zu können, muss die Maschine „genullt" werden.

Du kannst also mit keinem Schalter, drei Schaltern (nur Referenzschalter), fünf Schaltern (Endschalter an allen Achsen außer Z), sechs Schaltern (Endschalter an allen Achsen) oder neun Schaltern (Endschalter an allen Achsen plus getrennte Referenzschalter) arbeiten. Ich arbeite mit sechs Schaltern, da das ein guter Kompromiss zwischen Aufwand und Nutzen ist.

Dementsprechend benötigen wir mehrere Leitungen von den Endschaltern zur Steuerung. Der Steuerung ist es grundsätzlich egal, welcher der beiden Endschalter einer Achse ausgelöst wird, deshalb macht es keinen Sinn, jeden Endschalter einzeln mit der Steuerung zu verbinden. Die meisten Steuerungen haben dementsprechend auch nur einen Endschaltereingang pro Achse.

Bild 6.7 Der Z-Schalter, also der untere Endschalter der Z-Achse, wird oft weggelassen. Ich habe hier zur Sicherheit einen flachen Schalter verbaut.

Auch die Art der Signalisierung der Endschalter hat Einfluss auf die Verkabelung. Mikrotaster haben üblicherweise zwei Ausgänge: einen Ausschalter, der den Stromfluss unterbricht, sobald man den Taster betätigt, und einen Einschalter, der beim Drücken einen Kontakt zum Ausgang herstellt.

Im Englischen heißen die Ausschalter Normally-Closed (NC) und die Einschalter Normally-Open (NO). Normal bedeutet hier die Grundstellung, in der der Taster nicht betätigt ist.

Nutzt man die Taster als NO, so müssen die beiden Taster einer Achse parallel verkabelt werden. Sobald einer der beiden Taster anspricht, fließt Strom und die Steuerung erkennt, dass die Maschine die Endposition der Achse erreicht hat. Das hat allerdings den Nachteil, dass ein defektes Kabel nicht erkannt wird. Cleverer ist es, die Schalter als NC anzuschließen und hintereinander zu schalten. Dann fließt der Strom im Endschaltereingang ständig. Eine Unterbrechung, ob durch das Betätigen eines Endschalters oder durch einen Kabelbruch, bringt die Achse sofort zum Stillstand. Bei unseren Hobbymaschinen sind beide Lösungen möglich, an Profimaschinen findet man immer nur NC-Schaltungen (Bild 6.8).

Bild 6.8 Die meisten Mikroschalter haben einen NO- und einen NC-Ausgang.

Damit sind lediglich vier Adern für alle Endschalter notwendig, je eine Signalleitung pro Achse und eine gemeinsame Rückleitung, alternativ sechs Leitungen bei getrennter Rückleitung. Das GRBL-Controller-Board von myHobby-CNC hat je zwei Anschlüsse pro Achse, das Protoneer-Board insgesamt vier.

Zumindest bei den Leitungen der Endschalter empfiehlt es sich, welche mit Schirmung zu benutzen, um die hochfrequenten Störungen, die in den Leitungen der Motoren entstehen, von den Endschaltereingängen fernzuhalten. Ich habe die Schirmungen aller Leitungen in der Nähe der Steuerung auf einen gemeinsamen Massepunkt gelegt und eine Masseleitung an alle Achsen und die Spindel gelegt, da diese durch die Kunststoffrollen voneinander isoliert sind. So werden auch statische Aufladungen, wie sie beispielsweise beim Bearbeiten von Kunststoffen auftauchen können, zuverlässig abgeleitet.

Für die Endschalter sind an den Blechen der X- und der Y-Achse Befestigungsschlitze vorgesehen. Am Z-Laufwagen fehlen sie, lassen sich aber mit der Bohrmaschine schnell erstellen. Ein Endschalter auf der Z-Achse, also an deren unteren Ende, wird meist nicht verbaut, weil er eigentlich keinen Sinn macht. Bevor der Taster auslöst, ist üblicherweise die Spindel mitsamt Werkzeug in das Werkstück oder die Arbeitsplatte eingeschlagen. Ich baue sie trotzdem gerne ein, einfach aus Gründen der Vollständigkeit (Bild 6.7).

Ich benutze einfache Mikroschalter mit Rollenhebel, weil so zwischen der Oberfläche des Mikroschalters, der in etwa parallel zum Endblech liegt, und dem Anschlag noch etwas Reserve bleibt und die Achse nicht ganz bis auf Anschlag fahren muss, um den Endschalter auszulösen.

TIPP: Am unteren Ende der Z-Achse habe ich inzwischen einen Schalter mit Hebel, aber ohne Rolle eingebaut, um bis ganz auf die Platte herunterfahren zu können.

Die Anschraubpunkte sind in den Blechen als Schlitz ausgeführt, sodass jeder Mikroschalter mit zwei Löchern auf einer Ebene (nicht diagonal) passen sollte. Ich benutze Inbusschrauben DIN 912 M2,5 × 12 zum Anschrauben, die perfekt passen. Je nach Aufbau der Fräse lassen sich die Endschalter oft hinter den Blechen verstecken. Das schützt sie vor herumfliegenden Spänen, erfordert aber, dass du zuerst die Kabelenden anlötest und die Schalter danach verschraubst.

Beleuchtung: Ohne vernünftige Beleuchtung an der CNC-Maschine macht das Fräsen keinen Spaß. Gerade beim Antasten des Werkstücknullpunkts muss man sehen, was man tut. Ich benutze dafür gerne weiße Leuchtstreifen von IKEA, die unter dem Namen Dioder verkauft werden (Bild 6.9). Sie bringen schon ein Anschlusskabel mit und lassen sich mit 12 V betreiben. Die Streifen sind jeweils 25 cm lang, haben ein klares Kunststoffgehäuse und lassen sich mit beiliegenden Kabelbrücken miteinander verbinden oder direkt ineinanderstecken. In einem Paket zu knapp 20 Euro sind jeweils vier Streifen enthalten. Ich habe vier an die Rückseite der Fräse und weitere vier an die Unterseite des Portals geklebt. Natürlich habe ich auch einen Schalter eingebaut – und zwar ins Bedienpanel.

Bedienpanel: Die meisten Steuerungen ermöglichen den Anschluss von Hardwaretastern für Pause/Resume und Stop, mit denen sich ein Programmablauf pausieren beziehungsweise wieder starten oder ganz stoppen lässt. Das ist bei Tests recht praktisch. Den Resume-Taster benötigt man auch, um das Werkzeugwechsel-Makro nach dem Tausch des

Fräsers weiterlaufen zu lassen. Ich habe diese Taster, gemeinsam mit zwei Schaltern für die LED-Strips und den Raspberry Pi, in ein kleines Blech eingebaut und am seitlichen Profil der Fräse befestigt. Das sieht gleich professioneller aus (Bild 6.10).

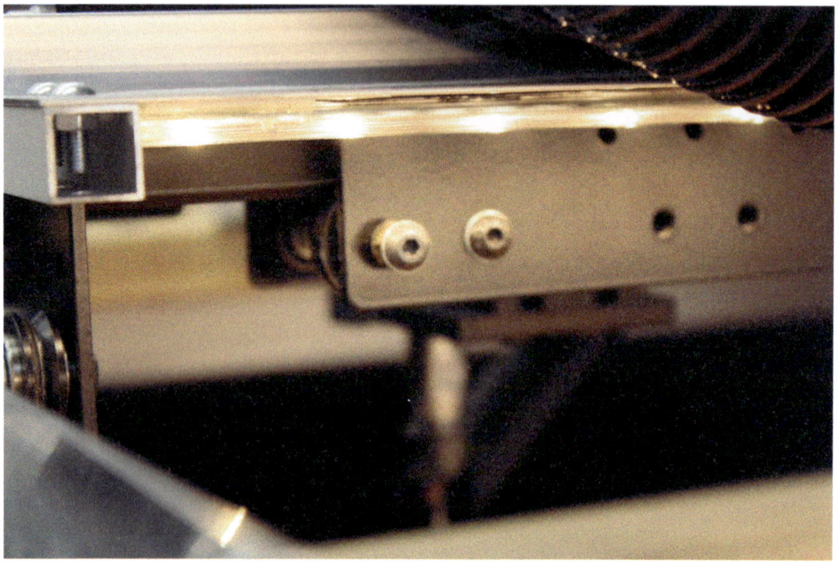

Bild 6.9 Die IKEA-LED-Leisten lassen sich unter dem Portal befestigen und beleuchten so den Arbeitsbereich sehr gut.

Bild 6.10 Die wichtigsten Bedienfunktionen sind auf ein kleines Bedienpanel herausgeführt.

6.2 Gute Führung: Verlegung der Leitungen und Anschluss der Steuerung

Ich empfehle dringend, die Leitungen vom Rahmen zum Portal und von dort weiter zum X-Schlitten mithilfe von Energieführungsketten zu führen, die auch unter den Namen Energie- oder Schleppketten bekannt und leider nicht ganz billig sind (Bild 6.11). Ich habe versucht, die Leitungen mit Kabelbindern zusammenzufassen, was dazu führte, dass sich das Kabelbündel am Gestell der Fräse verhakte und eine der Achsen blockierte. Das Werkstück war folglich ruiniert.

Bild 6.11
Stabil verlegte Energieketten können gleich noch den Schlauch der Absaugung führen.

Solange deine Fräse im Bereich von unter einem Meter Länge und Breite liegt, reichen zwei Ein-Meter-Stücke einer Energieführungskette aus, wie sie oft auf eBay angeboten werden. Man kann die Elemente, aus denen die Ketten bestehen, trennen und wieder zusammenstecken, um passende Längen zu erzeugen. Eine gute Möglichkeit, die gewünschte Länge zu berechnen, findet sich auf der Webseite des Herstellers igus (*https://www.igus.de*), bei dem du die gewünschte Kette auch gleich kaufen kannst. Die preiswerte Easy Chain reicht völlig aus. Ich habe die E08- oder E14-Versionen mit einer Innenbreite von etwa 25 Millimetern im Einsatz. Vergiss nicht, die passenden Enden mitzubestellen.

Ansonsten bieten die Bleche der Shapeoko viele Löcher, durch die sich Kabel ziehen und mit Kabelbindern fixieren lassen. Für die Befestigung der Energieketten musst du dir eine Winkelkonstruktion einfallen lassen. Ich habe dazu L-Profile aus Aluminium genutzt, wie es sie im Baumarkt gibt (Bild 6.12). Eine Alternative sind die Befestigungsblechsätze bei myhobby-CNC.

Bild 6.12 Eine einfache Konstruktion aus Aluprofilen stützt und führt die Energiekette.

Die Maschine bewegt sich im Betrieb ruckartig und schnell. Das solltest du beim Verlegen der Leitungen berücksichtigen. Richtiges Verlegen und Befestigen sowie sauberes Verlöten mit Schrumpfschlauch-Isolation beziehungsweise der Einsatz von Aderendhülsen an Schraubklemmen ist Pflicht. Zur Befestigung der GRBL-Nano-Steuerung auf dem Portal ist wiederum Kreativität gefragt oder der Kauf des entsprechenden Blechs im Shop.

Je nach Steuerung werden die Leitungen mit gelöteten oder geschraubten Steckern an die Platine angeschlossen (Bild 6.13). Bitte achte darauf, die Motorleitungen in der richtigen Reihenfolge an den Stecker anzulöten. Die üblichen Schrittmotoren haben vier Anschlusskabel in den Farben Rot, Blau, Grün und Schwarz. Rot/Blau gehören üblicherweise zu einer der beiden Spulen des Schrittmotors, Grün/Schwarz zur anderen. In dieser Reihenfolge (erst die eine Spule, dann die andere) müssen sie auch angeschlossen werden. Wenn du unsicher bist, ob die Farben stimmen, miss die Spulen durch, die Leitungen, die Durchgang haben, gehören zur selben Spule.

TIPP: Das kannst du ganz einfach testen, indem du Rot/Blau und Schwarz/Grün nacheinander am abisolierten Ende zusammenzwirbelst. Wenn die beiden verbundenen Kabel zu einer Spule gehören, lässt sich der Motor schwerer oder gar nicht mehr drehen.

Bild 6.13 Anschlusskabel müssen sauber verlötet und befestigt werden. Hier führe ich die Y-Motorleitung durchs Innere des Portalprofils.

Das GRBL-Nano-Board hat dreipolige Anschlüsse für die Endschalter (Bild 6.14). Der rechte Pin (auf der Platinenunterseite durch ein viereckiges Lötpad markiert) ist mit einer Betriebsspannung beaufschlagt, die sich mit JP31 auf 5 V oder die Eingangsspannung des Boards einstellen lässt. Sie ist für aktive Hallsensoren sowie induktive oder optische Endschalter gedacht. Für Mikroschalter brauchen wir sie nicht und lassen deshalb auch JP31 komplett offen. Der linke Pin liegt auf Masse, der mittlere ist die Signalleitung. Dort schließen wir die Endschalter an. Beim Protoneer-Board werden die Endschalter mit einem vierpoligen Stecker angeschlossen. Ganz rechts ist die gemeinsame Masse, die drei anderen Anschlüsse sind für die drei Achsen. Das ist alles auf dem Board beschriftet.

Auch zur Spindel führen zwei Anschlüsse. Beim Protoneer-Board sind diese für eine PWM-Steuerung (Bild 6.15). An das GRBL-Nano-Board kann die Spindel direkt angeschlossen werden. Wenn du die Eingangsspannung des Boards nutzen möchtest, schließt du die Spindel mit Plus an den beiden rechten (mit + gekennzeichneten) Pins und mit Minus an den beiden linken Pins an. Du kannst aber auch bis zu 50 V schalten, indem du die Plusleitung direkt mit dem Spindelnetzteil und die Minusleitung mit den beiden linken Pins verbindest.

Nun ist es fast an der Zeit, die Motortreiber aufzustecken. Davor müssen wir uns jedoch noch für einen Schrittteiler entscheiden und die Jumper unter dem Treiber entsprechend stecken. Zum Hintergrund: Die üblichen Schrittmotoren benötigen 200 Schritte für eine Umdrehung, das bedeutet 1,8 Grad Drehung pro Schritt. Da damit beim Verfahren der Achsen kein sauberer Rundlauf zustande kommt und um die Genauigkeit der Ansteuerung zu verbessern, lassen sich auch halbe, Viertel-, Achtel- und so weiter Schritte ansteuern. Je höher der Schrittteiler (auch Microstepping genannt), desto leiser der Motor und desto runder der Lauf. Allerdings verlieren die Motoren durch das Microstepping an Drehmoment, sodass man gerade bei einer Fräse nicht zu hoch gehen sollte. Vor allem aber muss die Steuerung die Schrittbefehle in ausreichender Geschwindigkeit liefern können. Ein höheres Microstepping, bei dem viel mehr Befehle gesendet werden müssen, um eine gegebene Strecke zu fahren, begrenzt also die maximal mögliche Fahrgeschwindigkeit. Achtelschritte auf X und Y sowie Halbschritte auf der Z-Achse sind ein guter Kompromiss. Die Z-Achse bekommt ein anderes Stepping, da die Verfahrgeschwindigkeit durch die Gewindestange relativ gering ist. Niedrigeres Stepping bedeutet mehr Winkel pro Schritt und höhere Geschwindigkeit.

Auf der Rückseite der GRBL-Nano-Platine sind die Jumperstellungen vermerkt. Bei den Protoneer-Boards finden sich diese Angaben im Wiki unter *https://wiki.protoneer.co.nz*. Das GRBL-Nano-Board benötigt für unsere Wunschkonfiguration Jumper auf MS1 und MS2 bei den Treibern X, Y und E sowie auf MSS1 beim Z-Treiber. Den E-Kanal kann man entweder als A-Achse, also als vierte Achse, konfigurieren, was GRBL 1.1 allerdings nicht unterstützt, oder als Klon der Y-Achse. Dann lässt sich dort der zweite Y-Motor anschließen. Auch dies wird mit Jumpern konfiguriert.

Ein weiteres Jumperpärchen dient dazu, die Pinbelegung des Arduino Nano auf die GRBL-Version bis 0.8 oder ab 0.9 festzulegen. Zwischen diesen beiden Versionen wurde die Pinbelegung geändert. Da inzwischen die GRBL-Version 1.1 im Einsatz ist, muss das Board für 0.9 gejumpert werden. Beim aktuellen Protoneer-Board fehlt die Umschaltung. Es ist von vornherein auf die neue GRBL-Belegung konfiguriert. Der E-Treiber kann hier auf alle drei Achsen geklont werden. Dies wird mithilfe einer Lötbrücke auf der Unterseite der Platine festgelegt (Bild 6.16).

Bitte achte darauf, die Treiberbausteine richtig herum einzustecken. Wird die Steuerung eingeschaltet, sind verdreht eingebaute Treiber sofort zerstört. Schaue im Datenblatt des Treibers, an welcher Ecke der Platine der Enable-Pin sitzt. Er ist auf den Steuerungsboards bezeichnet. Bitte richte dich nicht nach dem kleinen Poti auf der Treiberplatine. Dieses kann je nach Treiberart an verschiedenen Stellen liegen.

HINWEIS: Die Treiberbausteine sind sehr empfindlich. Die Steuerung darf nie betrieben werden, wenn keine Motoren angeschlossen sind.

Bild 6.14 Das GRBL-Nano-Board bietet für jede Achse drei Pins: Masse, Signal und Stromversorgung für aktive Endschalter.

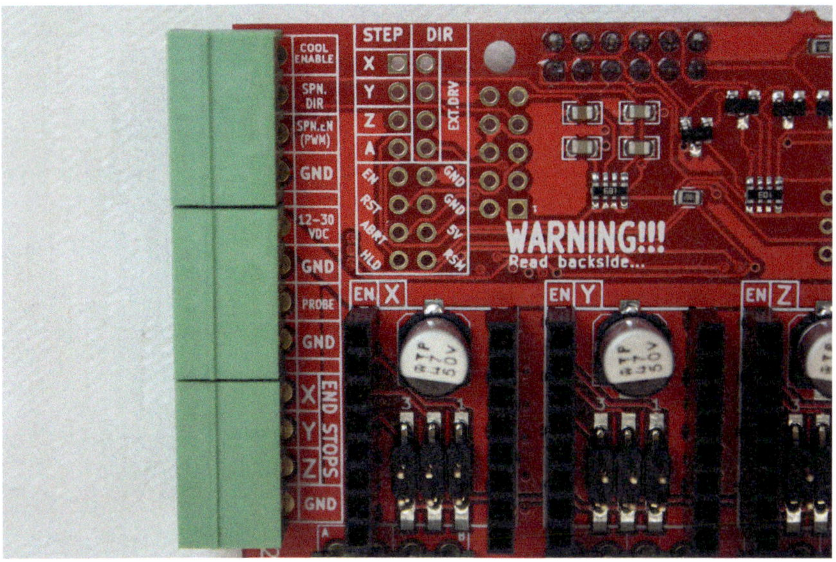

Bild 6.15 Beim Protoneer-Board liegen alle Endschalteranschlüsse auf einem Stecker.

Die Kühlung der Treiberbausteine ist ein wichtiges Thema. Diese werden im Betrieb sehr heiß und benötigen entsprechende Belüftung und am besten Kühlkörper. Ich habe für die Kombination aus Raspberry Pi und Protoneer-Board ein kleines Gehäuse entworfen und per 3D-Druck gefertigt. Im Deckel kann ein Lüfter montiert werden und die Platinen sind im Gehäuse versetzt angeordnet, sodass der Luftstrom auch zwischen die beiden Platinen gelangen kann, um den Raspberry Pi mitzukühlen. Um den Luftstrom entsprechend zu leiten, ist der Gehäuseboden an einer Seite etwas gewölbt. Das Gehäuse habe ich einfach mit Einschubmuttern außen an das Fräsengestell geschraubt.

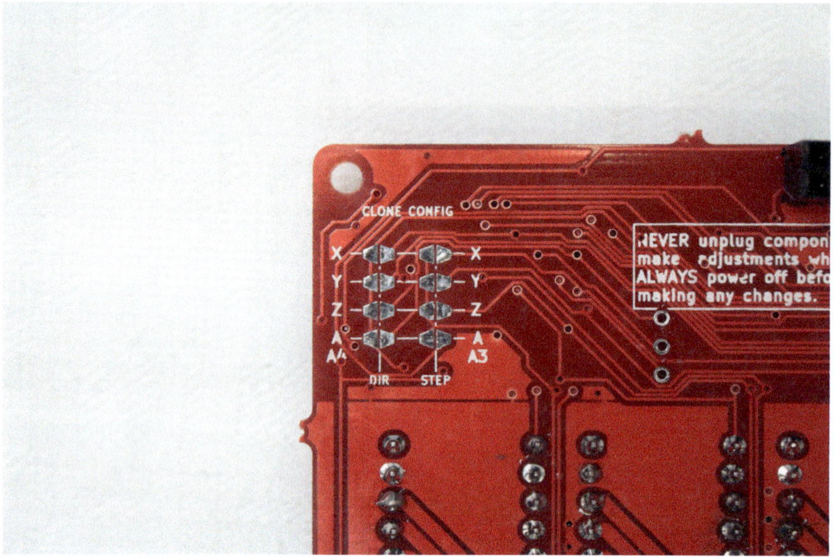

Bild 6.16 Beim Protoneer-Board muss ab Version 2.6 eine Lötbrücke geschlossen werden, um die zu klonende Achse festzulegen.

Nun fehlt noch die Stromversorgung vom Netzteil. Die Bezeichnung der Klemmen ist immer wieder anders, aber es sind üblicherweise drei Anschlüsse für 220 V vorhanden, die mit L, N und FG oder dem Erde-Symbol gekennzeichnet sind. Hier wird das Netzkabel beziehungsweise das Anschlusspanel angeschlossen. Die anderen Klemmen sind mit V+/V– oder V+/COM bezeichnet. Hier schließt du eine zweiadrige Leitung zur Steuerung beziehungsweise über den Not-Aus-Schalter zur Steuerung an. Eine weitere Leitung läuft je nach Aufbau zur Spindel beziehungsweise zu deren Steuergerät.

Nun sollte die Fräse komplett verkabelt sein und wir können im Prinzip die ersten Tests durchführen, doch es fehlen noch der Steuerrechner und dessen Software.

6.3 Das Gehirn der Fräse: Der Steuerrechner

Der Arduino auf der Steuerungsplatine setzt G-Code-Befehle in Motorbewegungen um und schaltet die Spindel an und aus. Die Software beziehungsweise Firmware auf dem Arduino nennt sich GRBL und ist mittlerweile bei Version 1.1 angelangt. GRBL ist Open-Source-Software und auf Github unter *https://github.com/gnea/grbl* verfügbar. Auf dem Arduino des Protoneer-Boards ist GRBL bereits installiert. Zum GRBL-Nano-Board kaufst du den Nano extra hinzu. Er ist folglicherweise noch nicht mit der Firmware geflasht. Zum ersten Aufspielen von GRBL oder wenn du eine neue Version aufspielen willst, benötigst du einen PC mit der Programmierumgebung des Arduino sowie die Arduino IDE, die den Code kompiliert und über USB auf den Arduino lädt. Unter Windows und Linux müssen dazu Treiber installiert werden. Das erledigt die jeweilige Installationsroutine der IDE normalerweise mit.

Ab Version 2.58 des Protoneer-Boards ist es möglich, den eingebauten Arduino direkt vom Raspberry aus zu flashen (Bild 6.17). Mehr Infos dazu findest du im Protoneer-Wiki unter *https://wiki.protoneer.co.nz*.

Bild 6.17 Der Arduino ist beim Protoneer-Board ab Version 2.58 fest aufgelötet und kann direkt vom Raspberry aus geflasht werden.

Wie füttern wir nun den Arduino mit G-Codes? Im einfachsten Fall mit der Arduino IDE. Du kannst dich in dieser mit dem Arduino verbinden und von Hand einzelne G-Codes senden. Das ist allerdings nicht praktikabel. Wir benötigen eine Software, einen sogenannten G-Coder-Sender. Zudem sollte diese Software weitere Funktionen bereitstellen, beispielsweise um die Achsen zu bewegen, den Referenzzyklus zu starten und so weiter. Im GRBL-Wiki findest du eine ganze Reihe von Programmen, die mit GRBL zusammenarbeiten. Ich bevorzuge bCNC, das unter anderem im Raspberry Pi-Image von Protoneer enthalten ist. Es ist sehr schnell, läuft als Python-Anwendung auf nahezu jeder Hardware, unter anderem auch auf dem Pi, und beinhaltet viele Funktionen wie einen G-Code-Editor oder die Visualisierung des G-Codes. bCNC kann zudem die GRBL-Parameter direkt editieren und aus DXFs G-Code erzeugen. Es handelt sich also um eine wahre Komplettlösung, die einen Hauch von „echter“ Maschinensteuerung verbreitet – und das mit deutscher Oberfläche! (Bild 6.18)

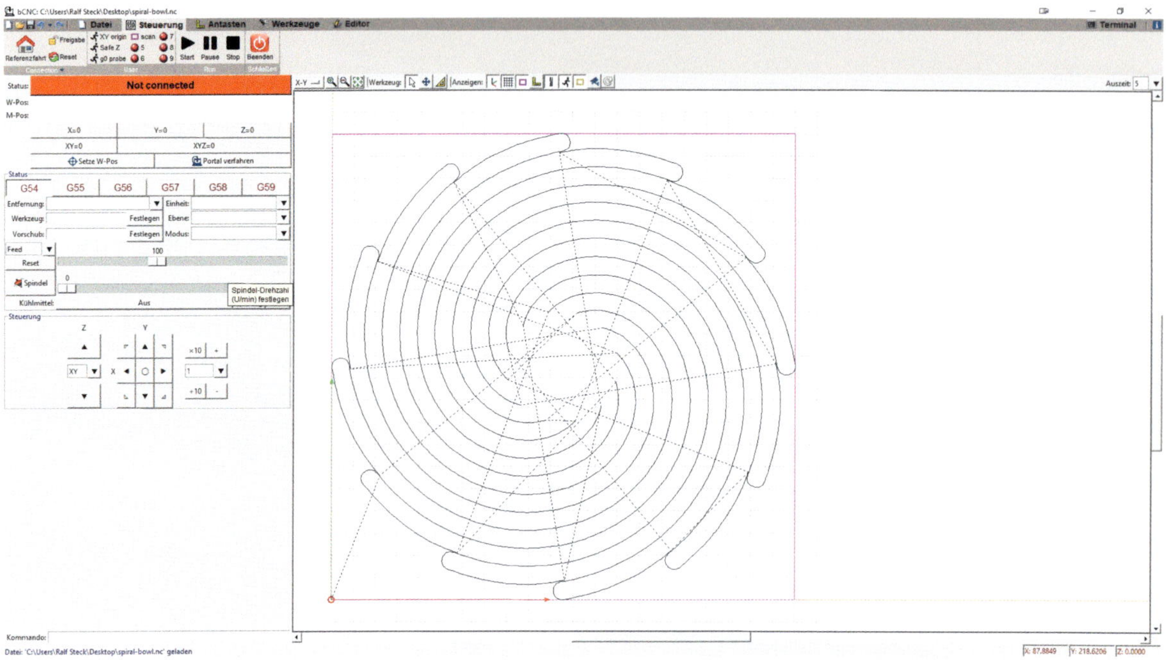

Bild 6.18 bCNC verbreitet einen Hauch von „echter“ Maschinensteuerung.

Wenn du die Protoneer-Steuerung nutzt, lädst du das Protoneer-SD-Card-Image herunter, speicherst es auf eine SD-Karte und startest damit den Raspberry Pi. Der Vorteil dieser Lösung ist, dass hier nicht nur die zusätzliche Software wie bCNC installiert ist, sondern auch weitere wichtige Parameter schon richtig gesetzt sind. Detailliertere Infos findest du im Quickstart-Guide unter *https://wiki.protoneer.co.nz/Raspberry_Pi_CNC_-_Quick_Start_Guide*. Dort ist auch beschrieben, wie das Protoneer Pi CNC Board auf dem Raspberry montiert wird.

Auch das GRBL-Nano-Board lässt sich mit einem Raspberry Pi betreiben. Dann läuft die Datenkommunikation über USB. Dazu kannst du sogar das Protoneer-Image verwenden. Ich habe mich aber entschlossen, einen alten Rechner zu recyceln, und zwar ein Acer Aspire One D250 (Bild 6.19). Das ist ein Mini-Notebook beziehungsweise Netbook mit Atom-CPU und 10,1-Zoll-Bildschirm, doch für unseren Zweck ausreichend. Im Prinzip reicht jeder Rechner, auf dem Linux läuft und der einen USB-Port besitzt.

Bild 6.19 Ein altes Netbook wie dieser Acer Aspire One reicht als CNC-Steuerrechner völlig aus.

Ursprünglich lief das Netbook mit Windows XP. Neue Versionen von Windows laufen auf der Spar-Hardware nicht, da sie nur noch in 64 Bit verfügbar sind. Der Ausweg heißt Linux. Ich habe mich für Lubuntu in der Alternate-x86-Version entschieden, von dem das Aspire One gut unterstützt wird. Ich werde hier keinen Linux-Kurs einbauen, deshalb zeige ich dir nur den groben Weg zum Recycling-Steuerrechner.

TIPP: Ich nutze für mein Netbook Lubuntu Alternate. Dieses Image ist noch etwas platzsparender und besser für leistungsschwache Rechner geeignet als das komplette Lubuntu. „x86“ bezeichnet die 32-Bit-Version.

Lade dir das Lubuntu Alternate-Image herunter und kopiere es mithilfe der Software Rufus auf einen USB-Stick mit mindestens 4 GByte Speicherplatz. Damit bootest du den Rechner und installierst das Betriebssystem. Nach der Installation sollte der Desktop LightDM auf dem Bildschirm eine Windows-ähnliche Oberfläche präsentieren.

Der nächste Schritt ist die Installation der Arduino-IDE, um die passenden Treiber an Bord zu bekommen. Benutze bitte nicht die Version aus den Lubuntu-Paketquellen, sondern lade die aktuelle 32-Bit-Linux-Version der IDE unter *www.arduino.cc* herunter (aktuell die Version 1.8.8). Bevor du Verbindung mit dem Arduino aufnehmen kannst, musst du dir noch Rechte auf dem entsprechenden USB-Device anfordern. Dazu musst du dir die richtige Linux-Benutzergruppe zuweisen. Schließe den Arduino mit einem Mini-USB-Kabel an den Steuer-PC an und warte einen Moment, bis Linux die Hardware erkannt und die USB-Schnittstelle etabliert hat. Die Gruppeninformation holst du dir über folgenden Befehl:

```
ls -l /dev/ttyUSB*
```

Die Ausgabe sollte eine oder mehrere USB-Schnittstellen erzeugen, die durchnummeriert sind. Die erste heißt `/dev/ttyUSB0`. Der Name kann je nach Distribution auch anders sein. Beim Raspberry ist es `/dev/ttyACM0`. Der `ls`-Befehl verrät uns den Inhaber und die Gruppe (wahrscheinlich `root:dialout` oder `roo:uucp`). Mit

```
usermod -aG dialout USERNAME
```

fügst du der Gruppe `dialout` deinen Username hinzu. Dann solltest du Zugriff auf den Arduino haben. Mit dem Befehl `groups` kannst du überprüfen, ob der Eintritt in die Gruppe geklappt hat.

GRBL ist kein Standard-Arduino-Sketch, sondern hochkomprimierter C-Code. Die IDE wird nur wegen des einfachen Hochladens genutzt. Gehe auf *https://github.com/gnea/grbl*, klicke auf CLONE OR DOWNLOAD und dann auf DOWNLOAD AS ZIP. Entpacke die heruntergeladene Datei in ein Verzeichnis auf dem Desktop und starte dann die Arduino IDE. Im Menü *Sketch* findest du den Punkt *Bibliothek einbinden* und dann *ZIP-Bibliothek hinzufügen*. Wähle den Ordner *grbl* innerhalb des extrahierten Verzeichnisses auf dem Desktop. Zur Überprüfung kannst du nochmals auf *Bibliothek hinzufügen* gehen und die Liste herunterscrollen. Ganz am Ende sollte *grbl* sichtbar sein.

Bild 6.20 Der Arduino Nano auf dem GRBL-Nano-Board kann über die Arduino IDE und ein USB-Kabel mit GRBL geflasht werden.

Nun verbindest du den Arduino Nano mit dem Rechner.

HINWEIS: Bei einem neuen, unbenutzten Arduino Nano beginnt die LED „L" zu blinken. Das ist in Ordnung, denn alle Nanos werden testweise mit dem Beispielsketch „Blink" geflasht. Die Power-LED leuchtet dauerhaft.

Im Menü *Werkzeuge* musst du nun die Punkte *Board* (Nano), *Prozessor* (ATmega328P) und *Port* (dev/ttyUSBx o.Ä. unter Linux, COMx unter Windows) richtig einstellen. Dann öffnest du den Sketch „GrblUpload" im *grbl/examples*-Unterverzeichnis des entpackten Verzeichnisses auf dem Desktop. Danach klickst du einfach auf HOCHLADEN. Der Sketch wird kompiliert und hochgeladen, was sich in hektischem Blinken und Leuchten der beiden LEDs RX und TX äußert.

HINWEIS: Wahrscheinlich klappt das nicht im ersten Anlauf. Bei den Nanos wurde der Bootloader gewechselt. Trotzdem wird bei den meisten aktuell verkauften Nanos noch der alte Bootloader verwendet. Bekommst du Fehler angezeigt, probiere es mit dem Prozessortyp „ATmega328P (Old Bootloader)".

Nun geht es an die Installation von bCNC. Die Software findest du auf Github unter *https://github.com/vlachoudis/bCNC*. Auch hier existiert ein Wiki, das weitere Infos bietet, unter anderem auch zur Installation und zur Konfiguration. Bei der Installation ist zu beachten, dass bCNC noch auf Python 2 basiert, während in Lubuntu schon das neuere Python 3 installiert ist. Installiere deshalb mithilfe der Synaptic-Paketverwaltung, die du im Startmenü unter *Systemwerkzeuge* findest, Python 2 mit tkinter-Unterstützung. Die entsprechenden Pakete heißen *python27* und *python-tk*. Überprüfe auch, ob die Pakete *python-pip* und *git* installiert sind. In der Kommandozeile heißt das wie folgt:

```
sudo apt-get install git python python-tk python-pip
```

Die Installation startest du auf der Konsole mit folgendem Kommando:

```
sudo pip2 install --upgrade bCNC
```

Mit dem Kommando `python2 -m bCNC` startest du bCNC das erste Mal.

Nun wollen wir es noch etwas komfortabel haben. Ich möchte dir drei Tipps geben. Sie betreffen das Erstellen eines Desktop-Icons, das automatische Starten von bCNC beim Hochfahren und das automatische Einloggen beim Hochfahren. Ich gehe davon aus, dass der genutzte Rechner rein als CNC-Steuerrechner genutzt wird und dass er relativ alt ist. Das Booten dauert also relativ lange. Zudem werden außer bCNC kaum andere Programme genutzt, höchstens einmal der Browser, um etwas nachzusehen, oder der Dateimanager für das Kopieren von NC-Programmen. Ich schalte mein Netbook, wenn ich mit der Fräse arbeiten möchte, deshalb gleich am Anfang ein, denn ich möchte, dass der Rechnerstart bis zum bCNC-Start automatisch durchläuft. So kann ich in der Zwischenzeit etwas anderes tun.

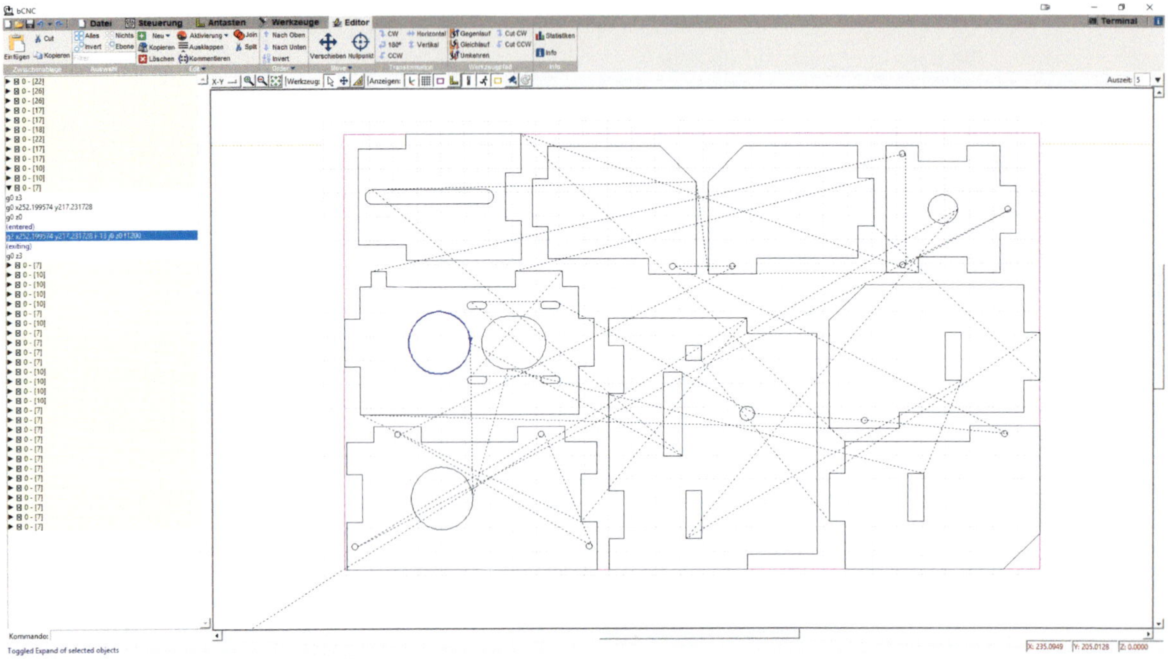

Bild 6.21 bCNC kann selbst G-Code erzeugen und bietet einen Editor zum Ändern von Programmen.

Das Desktop-Icon erzeugst du, indem du im Desktopverzeichnis unter *~/Desktop* eine Textdatei mit dem Namen *bCNC.desktop* erzeugst. Der Inhalt der Datei lautet wie folgt:

```
[Desktop Entry]
Version=1.0
Type=Application
Name=bCNC
Comment=bCNC Controller
Exec=python2 -m bCNC
Icon=/usr/local/lib/python2.7/dist-packages/bCNC/bCNC.png
Path=
Terminal=true
StartupNotify=false
Name[en_US]=bCNC
X-Keep Terminal=false
```

Die Datei braucht nur 644-Rechte. Die genannten Pfade können je nach Distribution abweichen.

Um bCNC automatisch zu starten, kopierst du diese Desktop-Datei auch noch in das Verzeichnis *~/.config/autostart*. Achtung! Je nach Einstellungen deines Dateimanagers ist das Verzeichnis *.config* versteckt. Dann musst du die Anzeige versteckter Dateien einschalten.

Das automatische Einloggen war eine relativ komplexe Sache, da die Vorgehensweise sich anscheinend öfter geändert hat und Lubuntu zudem 2013 den Display-Manager gewechselt hat. Viele Anleitungen im Internet beziehen sich noch auf LXDE. Inzwischen nutzt Lubuntu LightDM. Alle Versuche, den Autostart über Konfigurationsprogramme einzustellen, endeten mit einem Anmeldefenster, das immerhin keine Passworteingabe mehr erforderte, sondern nur einen Mausklick. Am Ende erreichte ich das gewünschte Verhalten durch Anlegen einer Datei im Verzeichnis */etc/lightdm/lightdm.conf.d/* mit dem Namen *60-autologin.conf* und folgendem Inhalt:

```
[SeatDefaults]
autologin-user=Benutzername
autologin-user-timeout=0
```

Nun startete der Rechner endlich ohne Benutzereingriffe bis in die bCNC-Oberfläche.

Ich habe den CNC-Rechner ins WLAN integriert und kann vom CNC-Rechner aus auf ein Verzeichnis meines „normalen“ Rechners zugreifen. So kann ich die NC-Programme bequem in einer CAM-Software erstellen und dann vom CNC-Laptop aus herüberkopieren.

6.4 Erstkontakt: Verbinden von bCNC mit GRBL

Nun sind wir fast am Ende und die Fräse könnte schon die ersten „Zuckungen“ von sich geben. Versuche einmal, dich im Bereich *Datei* in bCNC mit der Steuerung zu verbinden. Dazu gibst du den Port, auf dem du den Arduino angebunden hast (wahrscheinlich wieder */dev/ttyUSB0*), die Baudrate 115200 und unter *Controller* GRBL1 an und drückst auf ÖFFNEN. Schaltet der rote Balken *Not Connected* auf Gelb und *Idle [XYZ]*? Dann bist du schon fast am Ziel. Die Steuerung ist online und die Endschalter auf X, Y und Z haben ausgelöst – zumindest, wenn du sie NC angeschlossen hast.

Klappt's nicht? Dann klicke auf NOT CONNECTED, um mehr Details zu sehen. Steht dort, dass der Arduino verbunden ist, hängt es nur an der Rückmeldung vom Arduino und es scheint ein Problem mit der Verbindung zu geben. Ansonsten unterstützen dich Fehlermeldungen bei der weiteren Fehlersuche. Oft geht es um die richtigen Berechtigungen für die USB-Schnittstelle.

Klappt die Verbindung? Dann können wir die Fräsmaschine nun in Betrieb nehmen (Kapitel 7).

Bild 6.22 Dreamteam – die Arduino-Steuerung (hier auf einem älteren Protoneer-Board) mit Raspberry Pi als Steuerrechner: Das Gehäuse lenkt den Kühlstrom auf beide Platinen und stammt aus dem 3D-Drucker. Ein Kabelkanal am unteren Rand der Fräse verdeckt den Kabelsalat.

STL-Daten zum 3D-Drucken der in diesem Kapitel erwähnten Gehäuse findest du unter *plus.hanser-fachbuch.de*.

7 Jetzt wird es ernst! Die Inbetriebnahme der Fräse

Der Aufbau der Fräse ist erfolgt und die Maschine hat bereits erste Bewegungen gemacht. In diesem Kapitel werden nun auch die ersten Späne fallen. Im Prinzip läuft die Fräse schon, doch es ist noch einiges zu tun, damit sie die Befehle so umsetzt, wie du dir das vorstellst. Im Folgenden geht es deshalb vor allem um die Einstellung von GRBL und die ersten Schritte mit bCNC und G-Code.

7.1 Richtungsweisend: GRBL richtig einstellen

Wenn du die Endschalter auf NC verkabelt und schon einmal betätigt hast, wird dir aufgefallen sein, dass in der Anzeige *Idle [XYZ]* während des Drückens des Schalters die entsprechende Achse verschwunden ist. Das kommt daher, dass *[XYZ]* anzeigt, dass an allen Achsen die Endschalter ausgelöst sind. Das wiederum zeigt, dass die Endschalter „falsch herum“ laufen. Das ist in diesem Fall auch richtig, denn GRBL erwartet in der Grundeinstellung NO-Taster und nimmt nun folgerichtig an, dass alle Taster gedrückt sind. Wir müssen also die Parameter in GRBL richtig einstellen.

Mit dem Arduino kommunizieren wir am einfachsten über bCNC. Dazu startest du die Software auf dem Steuerrechner und klickst auf WERKZEUGE oder TOOLS. Wenn bei dir noch die englische Benutzeroberfläche eingestellt ist, kannst du rechts im Ribbon auf Deutsch umstellen und die Software neu starten. Im Menü *Datei* findet sich ein BEENDEN-Button.

Unterhalb des Sprachwählers findest du die Einstellungen. Uns interessiert zunächst einmal der Menüpunkt *Controller*. Dieser zeigt die aktuellen Parameter, deren Namen und die aktuellen Werte. Die Werte sind in der Benutzeroberfläche auch änderbar, bei mir werden die Änderungen aber nicht zuverlässig gespeichert (Bild 7.1).

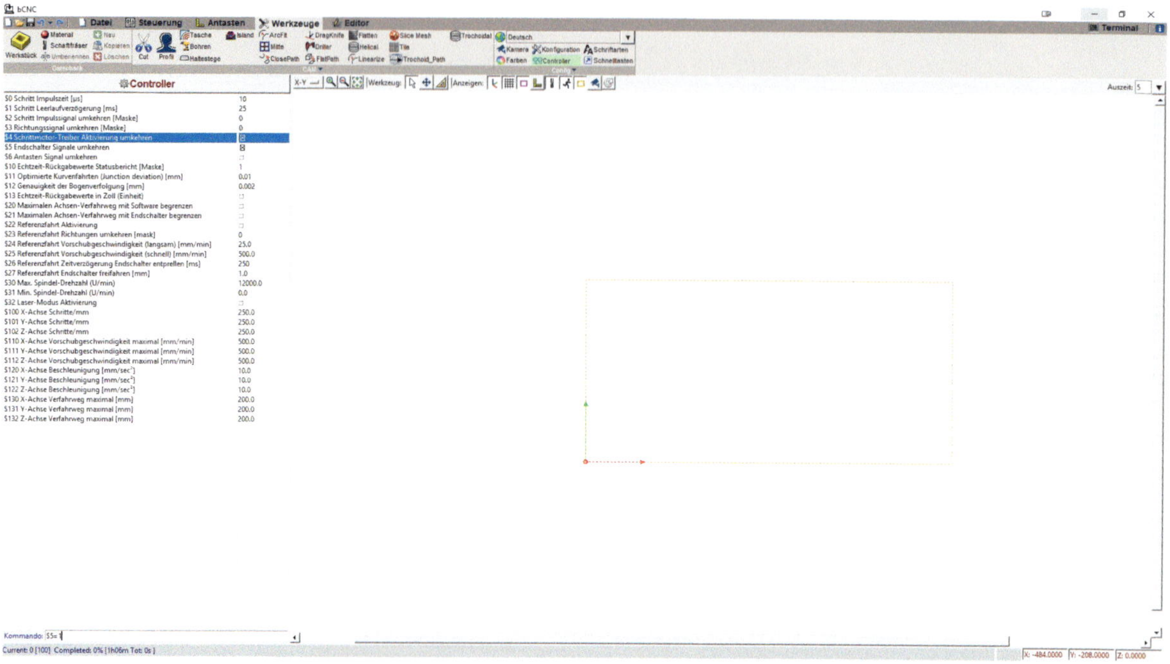

Bild 7.1 bCNC bietet eine Funktion zum Einstellen der GRBL-Parameter. Unten links findest du die Kommandozeile.

Besser ist es, die Werte direkt an den Arduino zu senden. Das geht am einfachsten mit der Kommandozeile unter der Auflistung der Parameter (Bild 7.1). Freundlicherweise sind die GRBL-Parameter in bCNC auch noch benannt, deshalb findest du den Parameter für das Invertieren der Endschalter schnell: Es ist `$5`. Gib `$5=1` in die Kommandozeile ein und klicke kurz in ein anderes Feld, beispielsweise *Konfiguration* und zurück auf *Controller*. Dadurch werden die Parameter neu vom Arduino gelesen. Es sollte jetzt bei `$5` ein aktiviertes Kästchen auftauchen.

TIPP: Wenn du rechts oben auf den Menüpunkt *Terminal* klickst, siehst du die Kommunikation mit dem Arduino. Das ist für die Fehlersuche oft sehr hilfreich.

Lass uns die Parameter einmal nacheinander durchgehen. Bitte überprüfe alle Werte, denn die Belegung kann durch das Flashen von GRBL durcheinandergekommen sein. Dazu noch ein Hinweis: An verschiedenen Stellen erwartet GRBL einen Zahlenwert, der für eine bestimmte Bitmaske und damit auch für eine bestimmte Kombination von Definitionen steht. Meist sind dabei die drei Achsen gemeint. Wenn also beispielsweise beim Parameter `$3` nur die Z-Achsenrichtung invertiert werden soll, muss „1" gewählt werden. Diese Übersetzungstabelle ist für alle entsprechenden GRBL-Parameter gleich (Tabelle 7.1).

Tabelle 7.1 Die Zahlenwerte dienen dazu, Werte pro Achse zu invertieren.

Zahlenwert	Bitmaske	Invertiere X-Achse	Invertiere Y-Achse	Invertiere Z-Achse
0	00000000	N	N	N
1	00000001	Y	N	N
2	00000010	N	Y	N
3	00000011	Y	Y	N
4	00000100	N	N	Y
5	00000101	Y	N	Y
6	00000110	N	Y	Y
7	00000111	Y	Y	Y

Bei den folgenden Werten habe ich die Einheit in Klammern gesetzt. Maske bedeutet, dass der richtige Wert in Tabelle 7.1 gefunden werden kann. Beim Eintrag *bool* bedeutet „0" Aus oder Nein, „1" bedeutet Ein oder Ja. Sind mehrere Werte zusammengefasst, gilt immer die alphabetische Reihenfolge X, Y, Z.

$0 – Schritt Impulszeit (Mikrosekunden): Das ist die minimale Länge eines Pulses, den die Steuerung an den Steppermotor sendet. Dieser Wert sollte eigentlich im Datenblatt des Steppermotors zu finden sein, ich habe für meine Motoren allerdings keine Angaben gefunden. Der Vorgabewert von 10 Mikrosekunden ist für die meisten Motoren passend.

$1 – Schritt Leerlaufverzögerung (Millisekunden): Das ist die Zeitdauer, die der Controller nach dem Beenden einer Bewegung aktiv hält. Dies blockiert die Motoren, was im Prinzip sehr praktisch ist, da du die Achsen dann nicht aus Versehen manuell bewegen kannst. Mit `$1=255` sind die Achsen immer blockiert. Dabei werden allerdings die meisten Steppertreiber sehr heiß, was ebenfalls nicht gewünscht ist. Ich lasse die Einstellung auf dem Defaultwert von 25 Millisekunden stehen.

$2 – Schrittimpulssignal umkehren (Maske): Manche Steppertreiber benötigen ein invertiertes Signal (bitte für unsere Steuerungen auf „0" stehen lassen).

$3 – Richtungssignal umkehren (Maske): Das ist der erste wichtige Wert. Hier kannst du die positive Richtung der Achsen bestimmen. Falls also eine oder mehrere Achsen beim manuellen Verfahren in die falsche Richtung laufen, kannst du hier einen entsprechenden Wert angeben. Um X und Y umzukehren, wäre nach Tabelle 7.1 der Wert „3" zu wählen.

$4 – Schrittmotoraktivierungssignal umkehren (bool): GRBL gibt standardmäßig auf die Enable-Leitungen ein „High"-Signal. Bei Aktivierung wird der Pin deaktiviert. Also musst du `$4=0` eingeben, wenn der Punkt aktiviert ist.

$5 – Endschaltersignal invertieren (bool): GRBL rechnet mit NO-Endschaltern, die beim Betätigen ein Signal abgeben (Bild 7.2). Wenn du NC-Schalter verbaut hast, sollte dies mit `$5=1` umgestellt werden.

Bild 7.2 Endschalter sind nicht nur ein Sicherheitsfeature, sondern helfen der Maschine bei der Orientierung.

$6 – Antastsignal invertieren (bool): Das ist dieselbe Einstellung, diesmal aber für den Werkzeuglängensensor. Ein NO-Taster benötigt eine „0", ein NC-Schalter eine „1".

$10 – Statusreport (Maske): Hier wird die Rückmeldung von GRBL an der USB-Schnittstelle definiert. Für bCNC benötigen wir den Wert „1". Die Erläuterung der anderen Werte findest du im GRBL-Wiki.

$11 – Optimierte Kurvenfahrten (mm): Das ist ein eher komplex zu verstehender Wert, der angibt, wie stark die Maschine vor dem Ende eines Liniensegments und dem Übergang zu einem anderen Segment herunterbremsen muss, damit keine Schritte verloren gehen. Ich habe diesen Wert immer auf 0,01 mm stehen lassen.

$12 – Genauigkeit der Bogenfahrt (mm): GRBL wandelt Kurvenfahrten mit den G-Code-Befehlen `G2` und `G3` in winzige Geraden um. `$12` definiert, wie viele Liniensegmente die Kurve bilden (beziehungsweise die Sehnenlänge der Linienelemente). 0,002 mm als Defaultwert ist weit über der Auflösung unserer Maschine. Lass ihn so stehen.

$13 – Rückmeldung in Zoll (bool): Um die Positionsrückmeldungen in Zoll statt Millimeter zu erhalten, kann man es auf „1" stellen. Wir belassen den Wert natürlich auf „0".

$20 – Software-Endstops (bool): Wenn du dich entschieden hast, keine Endschalter zu verbauen, kann die Maschine diese emulieren. Die Software-Endstopps sorgen dafür, dass die Spindel nie unter 0-Koordinaten und nie über die maximalen Verfahrwege hinausfährt, die du über die Parameter `$130/$131/$132` definierst. Das Feature benötigt einen Referenzzyklus, um zu wissen, wo die Spindel steht. Beim Überschreiten der Werte stoppen alle Motoren sowie Spindel und Kühlung. Die Maschine geht auf Alarm. Die Maschinenposition bleibt, anders als bei Hardware-Endstopps, erhalten.

$20 – Hardware-Endstops (bool): Dieser Eintrag aktiviert die Nutzung von Hardware-Endschaltern. Wird einer davon ausgelöst, schalten alle Motoren sowie Spindel und Kühlung ab. Die Maschine muss einen neuen Referenzzyklus fahren, die Steuerung resettet. Wenn die Endschalter auslösen, sind Schrittverluste und damit eine falsche Positionierung sehr wahrscheinlich.

$22 – Aktivierung der Referenzfahrt (bool): Die Bedeutung der Referenzfahrt habe ich in Abschnitt 6.1 beschrieben (Bild 7.3). Der Ablauf ist wie folgt: Die Maschine fährt an die in `$23` definierte Referenzposition, das ist üblicherweise an jeder Achse der +-Endschalter. Wie weit sie maximal fährt, hängt von den in `$130–$132` definierten maximalen Achslängen ab. Zunächst verfährt die Z-Achse nach oben an den Z+-Endschalter, um von Hindernissen freizukommen. Dann fährt die Maschine mit X- in Y-Achse gleichzeitig in die Endschalter dieser Achsen.

Zunächst fährt die Maschine relativ schnell mit der in `$25` angegebenen Geschwindigkeit, bis der Schalter ausgelöst wird. Dann fährt sie etwas zurück und noch einmal langsam mit der Geschwindigkeit aus `$24` auf den Taster, was eine präzisere Messung erlaubt. Dann stellt sie die Maschinenposition (`MPos`) auf 0 und fährt die in `$27` definierte Strecke aus den Endschaltern heraus, damit diese nicht mehr ausgelöst sind, was ja wiederum einen Alarm auslösen würde. Letzteres ist natürlich bei getrennten Referenz- und Endschaltern nicht notwendig.

Die Steuerung nimmt bei aktivierter Referenzfahrt vor Abschluss der Fahrt keine G-Codes entgegen, um Positionierungsfehler zu verhindern.

$23 – Invertieren der Richtungen der Referenzfahrt (Maske): Hier lässt sich definieren, wo die Referenzschalter der Maschine liegen. Invertieren einer Achse bedeutet, dass statt des +-Endschalters derjenige am negativen Ende der Achse angefahren werden soll. Referenz auf + bedeutet, dass die Maschine in die obere rechte hintere Ecke des Arbeitsraums fährt. Möchte man die Maschine beim „Nullen“ oben links hinten haben, muss man die X-Achse invertieren. Der richtige Wert dafür wäre nach Tabelle 7.1 die „1“.

HINWEIS: Der Maschinennullpunkt liegt bei GRBL immer „links hinten oben“. Wenn du beispielsweise „rechts hinten oben“ referenzierst, stehen die Maschinenkoordinaten (sofern in $131 300 mm Y-Achsenlänge und in $27 2 mm freifahren definiert sind) danach auf -2, -298, -2, weil du dann auf Y- referenziert hast.

Bild 7.3 Hinten links oben: Hier ist bei GRBL der Maschinennullpunkt definiert und hierhin sollte die Referenzfahrt gehen.

$24 – Referenzfahrtgeschwindigkeit, langsam (mm/min): Das ist die Geschwindigkeit, mit der das zweite, präzise Antasten des Referenzschalters durchgeführt wird. Defaultwert ist 25.

$25 – Referenzfahrtgeschwindigkeit, schnell (mm/min): Mit dieser Geschwindigkeit fährt die Maschine zum ersten Antasten der Referenzschalter. Der Defaultwert ist 500. Bei meiner Shapeoko-X habe ich 800 eingestellt; je schneller, desto kürzer dauert der Referenzzyklus.

$26 – Referenzfahrt Schalter entprellen (Millisekunden): Manche, vor allem mechanische Schalter „prellen", das bedeutet, dass sie kein sauberes Signal liefern, sondern die Kontakte etwas wippen, bevor sie sauber schließen. Mit einem Wert von 25 Millisekunden wartet GRBL diese Zeitspanne ab, bevor das Endschaltersignal als „gültig" erkannt wird. GRBL empfiehlt Werte zwischen 5 und 25 Millisekunden.

$27 – Referenzfahrt Endschalter freifahren (mm): Wenn Endschalter als Referenzschalter benutzt werden, müssen die Achsen diese Schalter nach dem Feststellen der Position wieder freigeben (Bild 7.4). Dieser Wert definiert, wie weit die Maschine vom Nullpunkt wegfährt. Bei Mikroschaltern reicht normalerweise 1 Millimeter.

Bild 7.4 Der Endschalter muss nach der Referenzfahrt wieder freigefahren werden, damit er nicht ausgelöst ist.

$30 – Maximale Spindeldrehzahl (U/min): Dies setzt den U/min-Wert für den maximalen PWM-Output des Spindelausgangs. GRBL verteilt seinen Spindelsteuerbereich linear zwischen $30 und dem Minimalwert $31. Im G-Code wird eine Drehzahl angegeben. Diese rechnet GRBL in einen entsprechenden PWM-Wert um und legt diesen auf den Spindelanschluss. Bei meiner Spindel ist die maximale Drehzahl 12 000, deshalb habe ich den entsprechenden Wert eingetragen.

$31 – Minimale Spindeldrehzahl (U/min): siehe $30

$32 – Lasermodus (bool): Für unsere Zwecke irrelevant, bitte auf „0“ stehen lassen (mehr Infos im GRBL-Wiki)

$100, $101, $102 – Schritte pro Millimeter: Die drei Werte definieren für jede Achse getrennt, wie viele Schrittsprünge des Schrittmotors die Achse einen Millimeter weit verfahren. Dies ist eine sehr wichtige Einstellung. Wenn hier etwas nicht stimmt, fräst die Maschine später zu klein oder zu groß. Um diese Werte zu berechnen, musst du wissen, wie viele Umdrehungen der Steppermotor für einen Millimeter Weg machen muss, wie viele Vollschritte eine Umdrehung ergeben und wie viele Mikroschritte der Motor macht beziehungsweise welcher Schrittteiler gejumpert ist.

Die Formel für die Berechnung ist wie folgt:

Schritte/mm = (Motorschritte je Umdrehung × Anzahl der Mikroschritte pro Schritt) / (mm je 360°-Umdrehung der Motorachse)

Bei der Z-Achse ist das ganz einfach: Die Steigung der M8-Gewindestange ist 1,25 mm, also lautet der richtige Wert bei einem Motor mit 200 Schritten pro Umdrehung und Halbschrittteiler wie folgt:

Schritte/mm = (200 × 2) / 1,25 = 320

Die Shapeoko-X hat auf X und Y Riementriebe mit einem Zahnabstand von 3 Millimetern und HDT-3M-Pulleys mit 16 Zähnen. Das bedeutet, dass bei einer Umdrehung des Schrittmotors die Achse 16 × 3 = 48 Millimeter weit fährt. Mit Achtelschrittteiler sieht die Rechnung für X und Y dann so aus:

Schritte/mm = (200 × 8) / 48 = 33,33

Die Shapeoko-T besitzt Trapezgewindestangen TR12x3, das bedeutet eine Steigung von 3 mm pro Umdrehung. Wieder die gleiche Rechnung ergibt:

Schritte/mm = (200 × 8) / 3 = 533,33

Trage die entsprechenden Werte ein (Bild 7.5).

$110, $110, $112 – Maximale Verfahrgeschwindigkeit (mm/min): Hierbei handelt es sich um die maximale Verfahrgeschwindigkeit pro Achse. Enthält dein G-Code höhere Geschwindigkeiten, regelt GRBL die Bewegung auf die hier eingegebenen Werte herunter. Diesen Wert solltest du durch Testen an deiner Fräse individuell erarbeiten, indem du (am besten im Steuerung-Menü) die Spindel so positionierst, dass du Platz nach allen Seiten hast und mit G-Code-Befehlen die Achsen bewegst. So bewegt `G1 X50 F1000` die X-Achse mit 1000 mm/min um 50 Millimeter in die X-positive Richtung. Teste das mit unterschiedlichen Feedraten und nicht zu kurzen Bewegungen. Beginne beispielsweise mit 200 mm/min sowie bei der Z-Achse mit 50 mm/min und steigere die Geschwindigkeit, bis die Steppermotoren nicht mehr mitkommen. Die Schrittverluste hört man ganz gut. Die optimale Geschwindigkeit liegt etwa 10 bis 20 Prozent unter der Geschwindigkeit, bei der die Motoren Schrittverluste produzieren. Vergiss nicht, in bCNC im Steuerungsdialog von *Absolut* auf *Inkrementell* umzustellen, sonst führt der obige Befehl nicht 50 Millimeter nach rechts, sondern auf die X-Koordinate 50.

HINWEIS: Die maximale Geschwindigkeit wird nur bei Eilgangbewegungen, nicht beim Fräsen, mit G0-Befehlen erreicht. Da würden schon viel früher Schrittverluste entstehen.

Die Shapeoko-X habe ich allerdings nicht an die Grenze bekommen, da die Endgeschwindigkeit irgendwann nicht mehr vor dem Ende des möglichen Verfahrwegs erreicht war. Ich habe bis zu 6000 mm/min getestet. Sinnvoll finde ich auf relativ kleinen Fräsen Maximalgeschwindigkeiten um die 1000 mm/min. Bei der Z-Achse reichen 500 mm/min völlig aus.

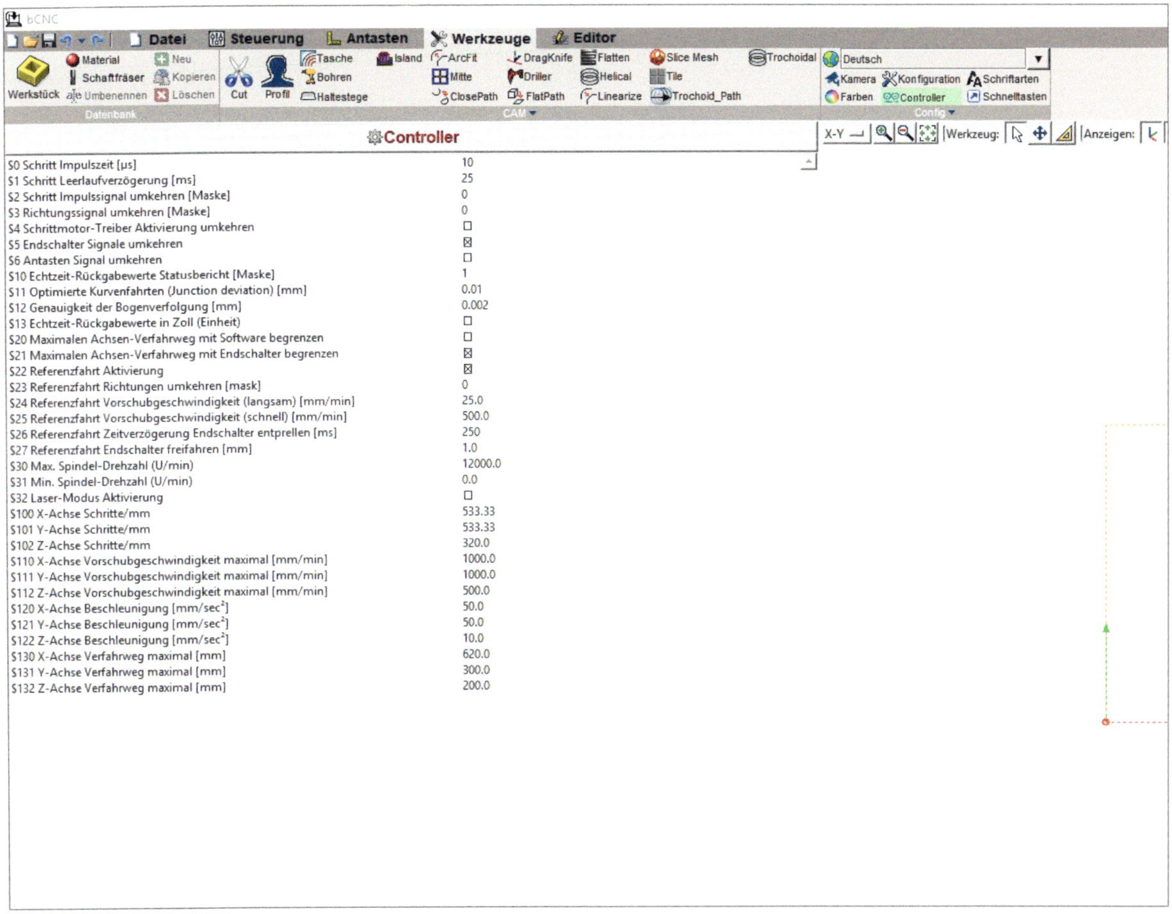

Bild 7.5 Nach dem Einstellen der GRBL-Parameter sollte sich die Fräse so verhalten, wie man sich das wünscht.

$120, $121, $122 – Maximale Beschleunigung (mm/s²): Die maximale Beschleunigung wird ebenso ermittelt wie die maximale Geschwindigkeit, wobei es hier keinen G-Code-Parameter gibt, sondern du mithilfe der Kommandozeile die entsprechenden Werte eingeben musst. Ich habe bei der Shapeoko-X 50 auf X/Y und 10 auf der Z-Achse.

$130, $131, $132 – Maximaler Verfahrweg (mm): Das sind die maximalen Verfahrwege beziehungsweise die Größe des Arbeitsraums in allen drei Achsen. Die Werte sind die Basis für die Maschinenkoordinatenberechnung beim Referenzieren auf Negativ-Endschalter, für die Position von Software-Endschaltern und den Suchweg bei der Referenzfahrt. Gib hier die Abmessungen deiner Fräse ein.

So, das war etwas mühsam, aber jetzt sollten alle Parameter stimmen und die Fräse sich so verhalten, wie wir es erwarten.

7.2 Oberflächlich: Erste Schritte in bCNC

Nun kannst du, immer mit einer Hand auf dem Not-Aus-Schalter, eine Referenzfahrt starten, entweder durch Eingeben von `$H` in die Kommandozeile oder bequemer mit dem Referenzfahrt-Button im Steuerung-Menü. Klappt es? Werden die richtigen Endschalter angefahren? Erst schnell, dann langsam? Und fährt die Fräse so aus den Schaltern heraus wie definiert? Die Position siehst du im *Steuerung*-Menü unterhalb des Statusfensters, das während der Referenzfahrt grün war und jetzt hoffentlich wieder gelb leuchtet. Die oberen drei Zahlen, die wahrscheinlich wirre Zahlen zeigen, sind die Werkzeugkoordinaten (`W-Pos`), die unteren drei die Maschinenkoordinaten (`M-Pos`). Diese sollten auf den richtigen Werten stehen (siehe den Hinweis bei `$23`).

HINWEIS: Ab jetzt ist das Verschieben der Achsen von Hand verboten, denn das würde die Referenzfahrt ungültig machen.

Nun wollen wir das Anfahren eines Werkstücknullpunkts simulieren. Mithilfe der Steuerpfeile unten links im Fenster kannst du die Achsen nun dorthin bewegen, wo du die Fräse haben möchtest. Man nennt das Jogging (Bild 7.6). Ziel ist es, mit der Spitze eines eingespannten Fräsers genau auf dem Nullpunkt des Werkstücks beziehungsweise des Programms zum Stehen zu kommen. Rechts neben dem X/Y-Steuerkreuz kannst du die Strecke pro Klick einstellen. Von großen Schritten gehst du zu immer kleineren Schritten, um den gewünschten Punkt in allen Achsen möglichst genau zu treffen.

TIPP: Das Einstellen der genauen Z-Höhe ist immer etwas schwierig. Da hilft ein Trick: Leg einen Notizzettel auf das Werkstück und fahre so lange abwärts, bis du das Papier gerade noch zwischen Fräser und Werkstück durchziehen kannst. Ziehe dann das Papier heraus und fahre von 0,1 Millimeter (die Papierdicke) tiefer.

Dazu ist ein sogenanntes Handrad nützlich, das dir echte Druckknöpfe und Drehinstrumente bietet und das du um die Maschine herum mitnehmen kannst, damit du möglichst nah an die Spindel herankommst. Die einfachste Möglichkeit ist die Tastatur des Steuerrechners. Schalte NUM LOCK aus, dann kannst du mit dem Ziffernblock, wenn es einen solchen gibt, joggen oder auch mit den Pfeil- und Funktionstasten. Die Tastenbelegung ist in Tabelle 7.2 dargestellt.

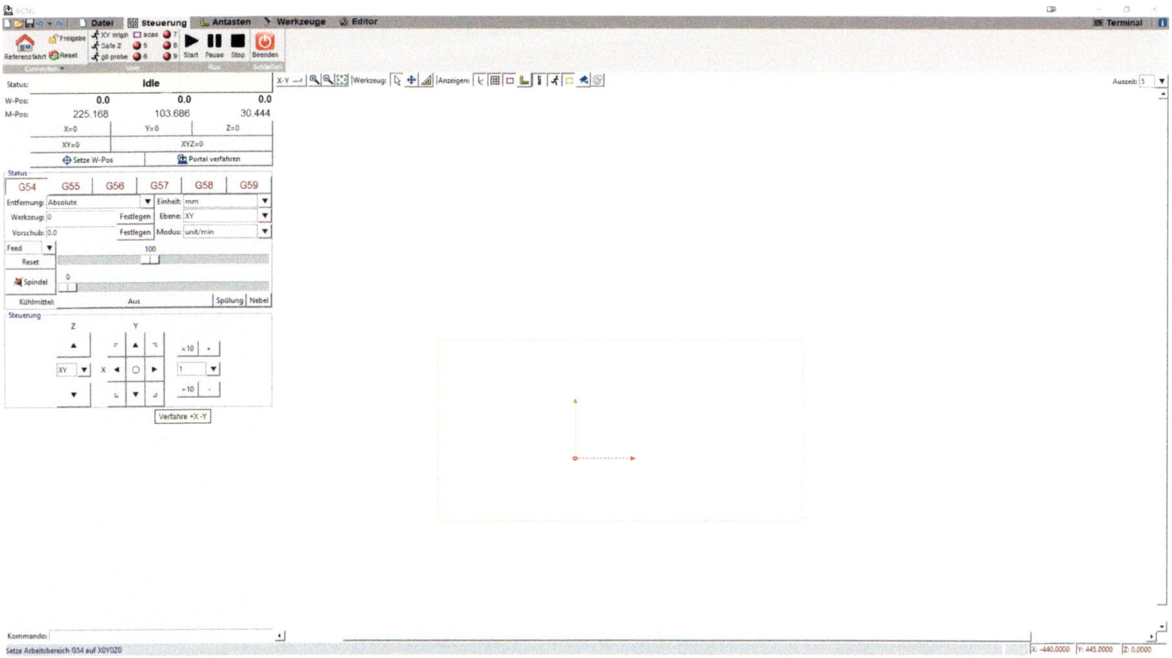

Bild 7.6 Mit den Pfeiltasten auf dem Bildschirm oder auf der Tastatur werden die Achsen nun verfahren.

Tabelle 7.2 Die Bedeutung der Tasten beim Joggen in bCNC

Taste	Bedeutung in bCNC
Pfeil rechts	Richtung +X fahren
Pfeil links	Richtung –X fahren
Pfeil nach oben	Richtung +Y fahren
Pfeil nach unten	Richtung –Y fahren
Bild hoch/Pg Up	Richtung +Z fahren
Bild ab/Pg Dn	Richtung –Z fahren
+	Schrittweite eine Einheit vergrößern
–	Schrittweite eine Einheit verringern
*	Schrittweite mit 10 multiplizieren (z. B. von 50 auf 500 springen)
/	Schrittweite durch 10 dividieren (z. B. von 500 auf 50 springen)

„Einheit“ in der Tabelle bedeutet „eine Zahl in der aktuellen Zehnerperiode“. Beim Erhöhen von 5 mm springt man auf 6, von 50 auf 60 und von 500 auf 600.

Zum einen bietet sich ein USB- oder drahtloses Ziffernfeld an, wie es sie schon um die 10 Euro zu kaufen gibt. Das schließt du an den Steuerrechner an und kannst nun mithilfe der Tasten die Achsen verfahren und die Schrittweite einstellen. Dazu muss NUM LOCK ausgeschaltet sein.

Du kannst die Tasten mit Aufklebern beschriften oder bemalen, damit die neue Tastenbelegung immer sichtbar ist (Bild 7.7). Hier ist die Tastenbelegung etwas anders angeordnet, um die Positionierung der Tasten zu reflektieren (Tabelle 7.3).

Bild 7.7 Ein Keypad für 10 Euro und Beschriftungen auf den Tasten helfen beim Suchen des Werkstücknullpunkts.

Tabelle 7.3 Tastenbelegung des Keypad in bCNC

Taste	Bedeutung in bCNC
4	Richtung +X fahren
6	Richtung -X fahren
2	Richtung +Y fahren
8	Richtung -Y fahren
9	Richtung +Z fahren
3	Richtung -Z fahren
+	Schrittweite eine Einheit vergrößern
-	Schrittweite eine Einheit verringern
*	Schrittweite mit 10 multiplizieren (z. B. von 50 auf 500 springen)
/	Schrittweite durch 10 dividieren (z. B. von 500 auf 50 springen)
1	Referenzfahrt

Eine elegante Möglichkeit ist das Joggen mit dem Smartphone. Dazu startet bCNC einen Webserver, der sich über Port 8080 ansprechen lässt. Du öffnest also auf dem Smartphone den Webbrowser und tippst als Adresse *http://STEUERRECHNER_IP:8080* ein. STEUERRECHNER_IP ist dabei die IP-Adresse des Steuerrechners. Dabei müssen beide Geräte im selben Netzwerk, also beispielsweise im WLAN, sein. Zum Test kannst du das Web-Handrad auf dem Steuerrechner mit *http://localhost:8080* starten. Falls du keine Verbindung bekommst, schau im Datei-Dialog, dort kannst du mit START und STOP den Webserver starten und stoppen (Bild 7.8).

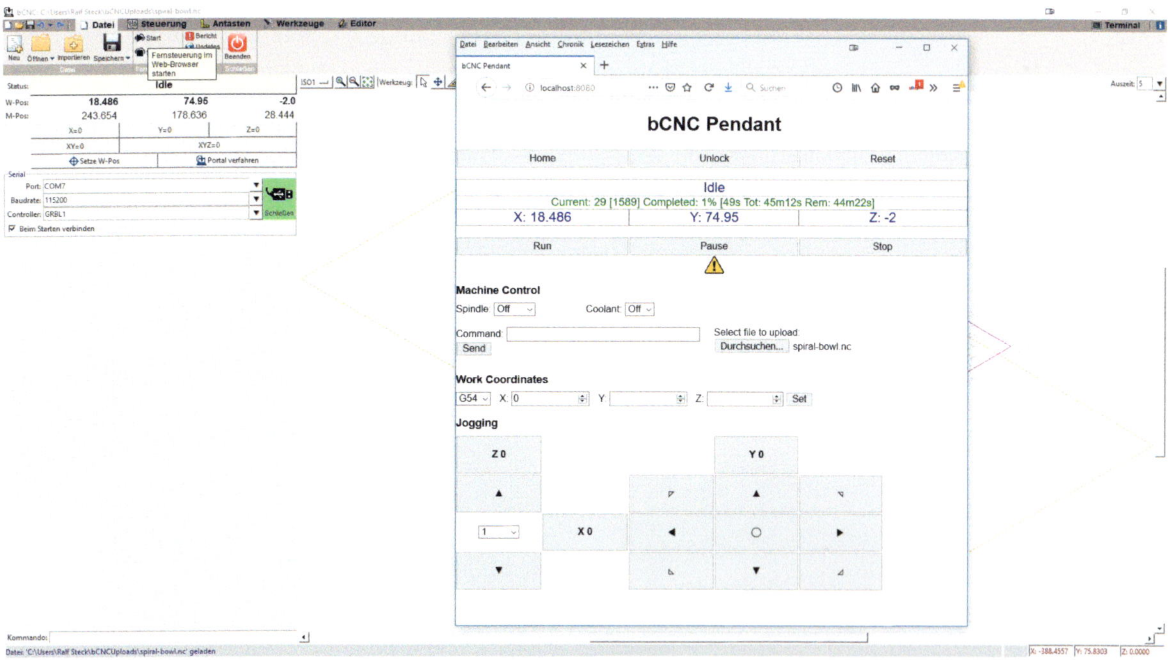

Bild 7.8 Das Web-Handrad ermöglicht die Fernbedienung der Fräse über ein Smartphone oder ein Tablet.

Nun ist es an der Zeit, bCNC einzustellen. Das geschieht in dem Menü *Konfiguration* oberhalb des CONTROLLER-Buttons, mit dem wir GRBL konfiguriert haben. Hier sollten vor allem die drei Werte für die Verfahrwege stimmen. Sie reflektieren wie in `$130–$132` die Größe des Arbeitsbereichs. Wenn du den entsprechenden Button oberhalb des rechten Fensters aktiviert hast, siehst du die Grenze des Arbeitsraums im großen Fenster. Die Position des roten 3D-Pfeils im Fenster reflektiert nach der Referenzfahrt die tatsächliche Position der Werkzeugspitze. Die Werte beziehen sich immer auf einen Nullpunkt „hinten rechts oben" und müssen deshalb mit negativem Vorzeichen eingegeben werden.

7.3 Späne fliegen: Das erste Fräsprojekt

Ich habe mich für ganz einfache Formen entschieden. Es soll darum gehen, sehr schnell ein erstes Ergebnis zu erzielen, um zu sehen, ob unsere Fräse richtig funktioniert. Ich habe auf *https://www.zenziwerken.de* unter „Haushaltsgegenstände" dekorative Anhänger gefunden, die wir nun anfertigen werden. Du kannst aber auch eine andere DXF-Datei auswählen. Wir werden jedenfalls in bCNC das Fräsprogramm erstellen. Daniel Groß, der hinter ZenziWerken steckt, versorgt uns auf der Seite netterweise mit Schnittwerten: 1,2 mm spiralverzahnter Fräser, 2,2 Millimeter Zustellung, 1200 mm/min Vorschub bei 25 000 U/min an der Spindel. Da meine Fräse nur ein Viertel der U/min schafft, viertele ich auch die Vorschubgeschwindigkeit. So bleibt die Zahngeschwindigkeit in etwa gleich. Als Material nutzt Daniel Pappelsperrholz mit 4 Millimeter Dicke.

Nun erstellen wir unser erstes NC-Programm – und das direkt in bCNC. Das ist eher eine Notlösung. Später arbeiten wir mit „richtigen" CAM-Programmen. Doch für das erste Mal und einfache Profile reicht bCNC aus. Man sieht in bCNC schön, was passiert, bis ein NC-Programm fertig ist.

Bild 7.9 Ostern kann kommen! Unser erstes NC-Programm erzeugt Anhänger für den Osterstrauß.

Lade die DXF-Datei von Thingiverse herunter oder lege dir die DXF-Datei, die du fräsen möchtest, auf dem Steuerrechner bereit und starte bCNC. Im Dateimenü öffnest du das DXF. Wenn das Bild nun im großen Fenster sichtbar wird, siehst du schnell, dass hier noch einiges getan werden muss, beispielsweise soll ja der Flügel der Henne aufgeklebt werden und muss daher außerhalb der Huhn-Kontur liegen. Außerdem brauchen wir zwei Flügel pro Huhn (Bild 7.10).

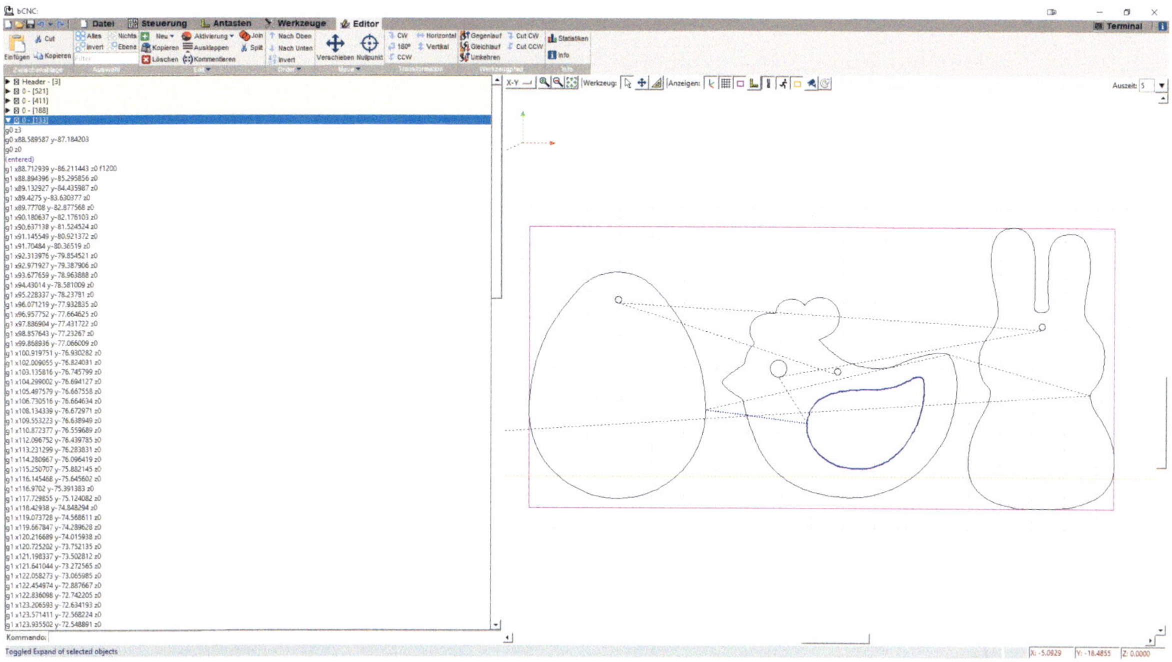

Bild 7.10 Dein erstes NC-Programm: Allerdings ist noch einiges zu tun, bis wir fräsen können.

Doch du hast nun dein erstes NC-Programm erstellt: bCNC hat beim Laden gleich eines erzeugt. Schalte auf Editor um. Hier findest du im linken Fenster die Unterprogramme der verschiedenen Linienzüge und rechts im Fenster die Linien selbst. In der Zeile über dem rechten Fenster schaltest du am besten auf X-Y. In diesem Drop-down-Menü kannst du die Anzeige in bestimmte Ebenen drehen, beispielsweise auf die Ansicht von oben, eben X-Y. Beim Klicken auf ein Unterprogramm wird der entsprechende Linienzug blau eingefärbt. Wenn du auf die schwarzen Pfeile rechts von jedem Unterprogramm klickst, klappt das gesamte NC-Programm auf.

Die gestrichelten Linien stellen die Eilgangfahrten zwischen den Linienzügen dar. Sie sind ziemlich wirr, da bCNC zunächst keinerlei automatische Optimierungen macht, sondern die Linienzüge einfach so abarbeitet, wie sie im DXF gespeichert sind. Zum Glück bietet bCNC eine Menge Möglichkeiten, den NC-Code noch anzupassen, und das visuell, nicht durch direktes Ändern im Code. Am einfachsten benennen wir einmal die Linienzüge, sodass wir sie im Code schneller wiederfinden.

Klicke das erste Unterprogramm nach dem Header an. Bei mir ist das der Umriss des Häschens. Aktuell heißt das Programm, wie alle anderen Unterprogramme, „0“. Die Zahl in eckigen Klammern zeigt die Zeilenanzahl des Unterprogramms. Klicke auf die „0“. Es öffnet sich eine Zeile, in die du einen Namen eintragen kannst. In meinem Fall ist es „Hase“. Mit einem Klick auf das Kästchen vor dem Namen lassen sich Linienzüge übrigens ausblenden (Bild 7.11).

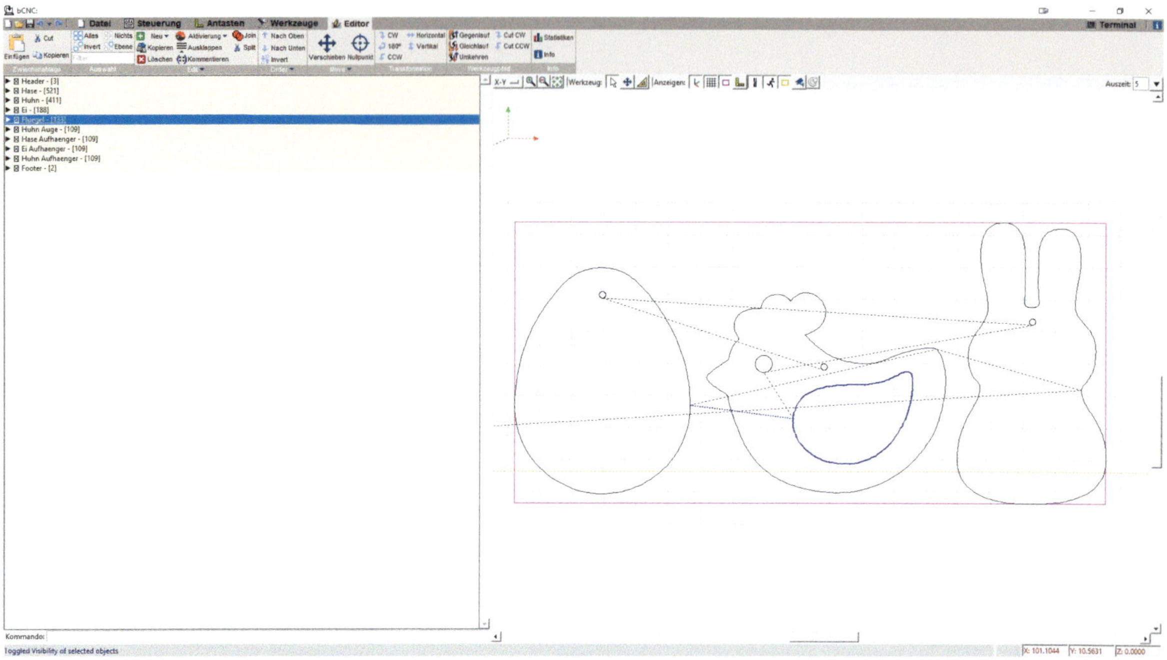

Bild 7.11 Die Linienzüge sind benannt und einfacher zu unterscheiden. Das erleichtert das Umsortieren.

Beim Fräsen ist wichtig, immer „von innen nach außen“ zu arbeiten, also zuerst die Inseln und Innenkonturen zu erstellen, bevor das Teil außen herum freigefräst wird und sich im schlimmsten Fall löst und herumfliegt. Zudem liegt der Fräspfad aktuell genau auf den Linienzügen, das heißt ein 2-mm-Fräser würde einen Millimeter zu viel wegfräsen. Darum müssen die Pfade verlegt werden, bei den Inseln nach innen, bei den Außenkonturen nach außen. Und nicht zuletzt sind vier Millimeter Sperrholz auf einmal etwas zu viel für den 1,2-mm-Fräser. In Abschnitt 3.2 haben wir die Faustregel gelernt, nie mehr als die doppelte Werkzeugdicke in Z zuzustellen. Das wären 2,4 Millimeter. Es bieten sich also zwei Durchläufe (jeweils 2 Millimeter tief 9 an.

Die Reihenfolge der Unterprogramme gibt die Bearbeitungsreihenfolge an. Sortieren wir also die Löcher zunächst einmal nach oben. Klicke die vier „Löcher“-Unterprogramme an, sodass sie blau werden. Dann kannst du mit dem „Nach oben“-Befehl alle vier gleichzeitig nach oben verschieben.

bCNC positioniert das gesamte DXF relativ planlos im Arbeitsbereich (Bild 7.12). Zudem gefällt uns die Position der Linienzüge zueinander nicht. Du kannst die Linienzüge mit dem entsprechenden Befehl im Ribbon oben verschieben. Achte dabei jedoch darauf, dass du immer die zusammengehörenden Linienzüge gleichzeitig verschiebst, also Huhn, Auge und Huhn-Aufhänger. Es gibt zwar auch eine Funktion, die Unterprogramme zusammenfasst, wir brauchen sie später aber noch einzeln, um Innen- und Außenkonturen getrennt zu behandeln. Den Flügel kannst du durch Markieren und Klicken auf KOPIEREN verdoppeln. Die beiden Flügel liegen zunächst übereinander. Markiere einen davon und verschiebe ihn an eine andere Stelle. Dann taucht der erste Flügel darunter wieder auf.

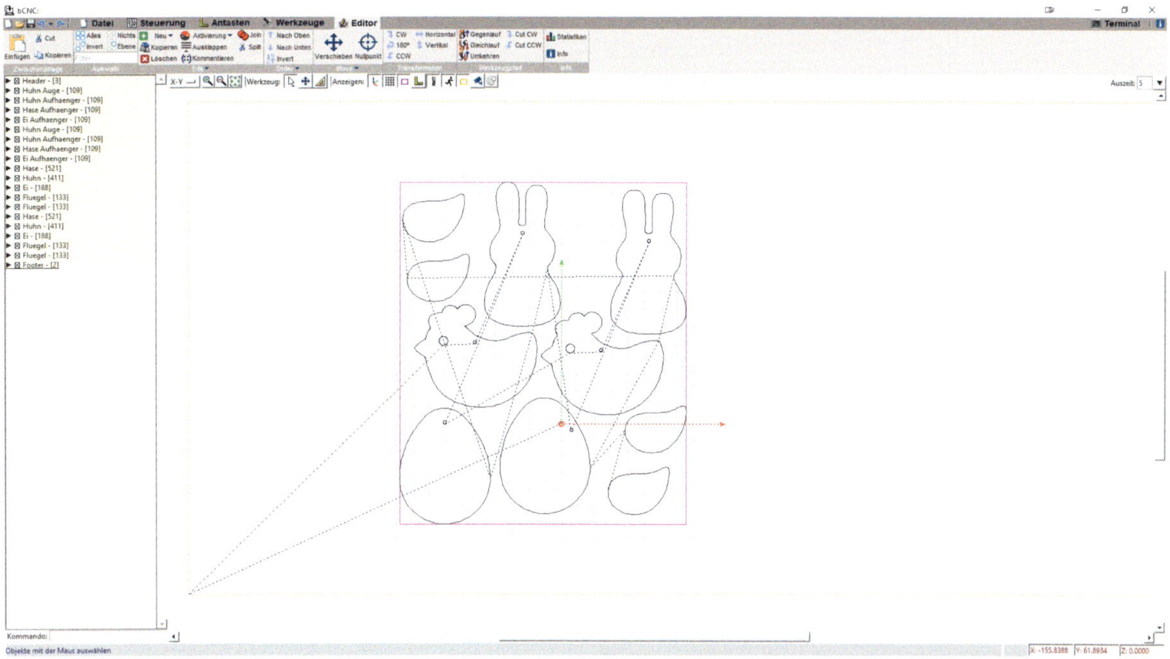

Bild 7.12 Zwei Sätze Anhänger, schön eng geschachtelt: Die Fräsreihenfolge ist jedoch noch sehr ineffizient.

Wichtig für das Aufspannen ist der richtige Programmnullpunkt. Aktuell ist dieser am Nullpunkt der Maschine. Klicke in den kleinen Streifen MOVE im Ribbon. Dann kannst du den Nullpunkt in eine beliebige Ecke oder an eine Seite beziehungsweise in die Mitte des Werkstücks legen.

Wenn du dir nun die Eilfahrten ansiehst, ist das ein wildes Springen von einem Teil an eine ganz andere Ecke des Werkstücks. Indem du die Reihenfolge der Unterprogramme änderst, kannst du die Anzahl der Eilfahrten und damit auch die Programmlaufzeit massiv verkürzen. bCNC hat hier tatsächlich auch eine Optimierungsfunktion. Sie verbirgt sich im Ordner-Bereich im unteren Streifen. Markiere erst die Löcher und optimiere dann erst die anderen Konturen. Das getrennte Optimieren sorgt dafür, dass die Löcher zuerst bearbeitet werden.

Nach wie vor fräsen wir noch auf der Kontur und in einer Ebene. Das ändern wir nun als Nächstes. Wechsle in den *Werkzeuge*-Reiter. Ganz links findest du die Punkte *Werkstück*,

Material und *Schaftfräser*. Wir beginnen mit dem Fräser und klicken auf NEU. Benenne den Fräser, zum Beispiel *2-mm-Schaftfräser*. Die anderen Angaben sind weniger wichtig, außer dem Durchmesser.

HINWEIS: Beachte, dass die Software intern englisch spricht und statt eines Dezimalkommas einen Punkt erwartet.

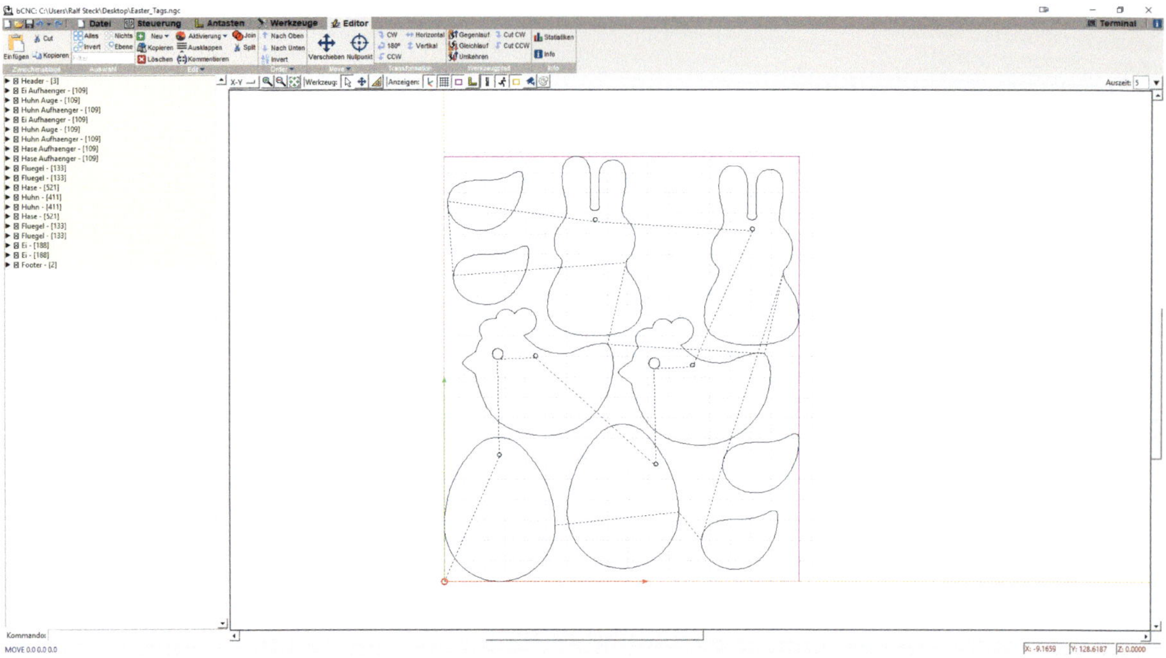

Bild 7.13 Nach etwas Umstellen sieht der Programmablauf, erkennbar an den Eilganglinien, viel besser aus.

Auch ein neues Material definieren wir. Hier kannst du die Vorschubgeschwindigkeit, die Zustellgeschwindigkeit, also das Eintauchen in Z, und die Zustelltiefe definieren. Ich wähle mal konservativ 150, 20 und 2. Schließlich definieren wir das Werkstück, wählen Pappelsperrholz, eine sichere Z-Höhe von 15 Millimetern und die Dicke des Sperrholzes von 4 Millimetern.

Nun geht es weiter mit der Schnittdefinition. Gehe in den Editor und markiere alle Löcher. Klicke im *Werkzeuge*-Reiter auf PROFIL. Wähle den definierten Schaftfräser und *inside* aus. Die Punkte *Overcut* und *Tasche* demarkierst du. Klicke nun oberhalb der Optionen auf den Button PROFILE, dann wird der richtige Pfad berechnet. Ändere die Ansicht auf *ISO1* und zoome hinein, dann siehst du, dass der blaue Pfad mit 15 Millimetern Sicherheitsabstand zu den Löchern hin fährt und die blauen Schnittlinien innerhalb der grauen Kontur liegen. Wiederhole das Ganze mit den Außenkonturen und *outside* (Bild 7.14).

Im Editor sieht man nun noch etwas anderes: Die ursprünglichen Linienzüge sind ausgegraut und je ein neuer Linienzug wurde generiert. Hinter dem Namen liest man *in* oder *out* für inner- oder außerhalb der Kontur schneiden und *cw/ccw* für clockwise/counter clockwise (im/gegen den Uhrzeigersinn). Die Richtung lässt sich im *Editor*-Ribbon ändern.

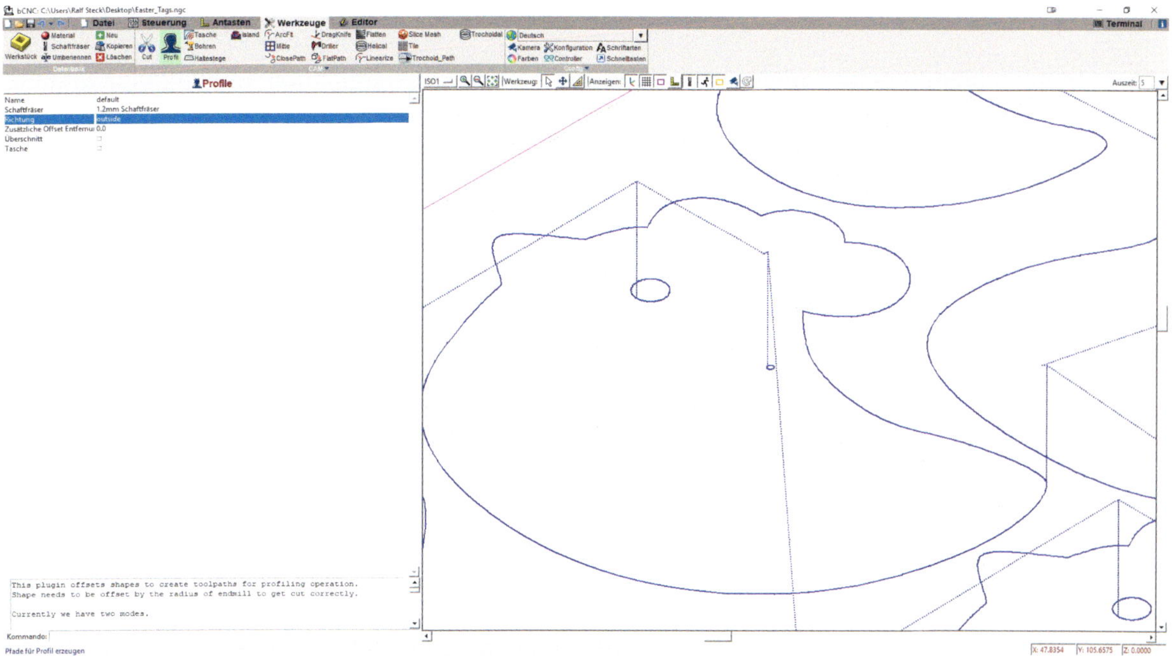

Bild 7.14 Nun sitzen die Pfade schon einmal richtig (inner- und außerhalb der Kontur).

Markiere alle aktiven Linienzüge, wechsle zurück in den *Werkzeuge*-Reiter und klicke auf CUT. Hier kannst du alle Optionen deselektieren. Interessant ist hier die Frässtrategie beziehungsweise Cutting Strategy. *Flat* bedeutet, dass stur eine Ebene nach der anderen abgearbeitet wird, *helical + bottom* ergibt einen spiralförmigen Schnitt nach unten und einen anschließenden Lauf ganz unten. Unschön bei *Flat* ist, dass der Fräser senkrecht eintaucht. Die Strategie *Ramp* sorgt für ein sanftes Abtauchen entlang einer Rampe. Deren Steilheit definierst du mit dem *Ramp*-Wert, der ein Vielfaches des Fräserdurchmessers darstellt. Unser 1,2-mm-Fräser erzeugt bei Ramp = 2 eine 2,4 Millimeter lange Rampe (Bild 7.15).

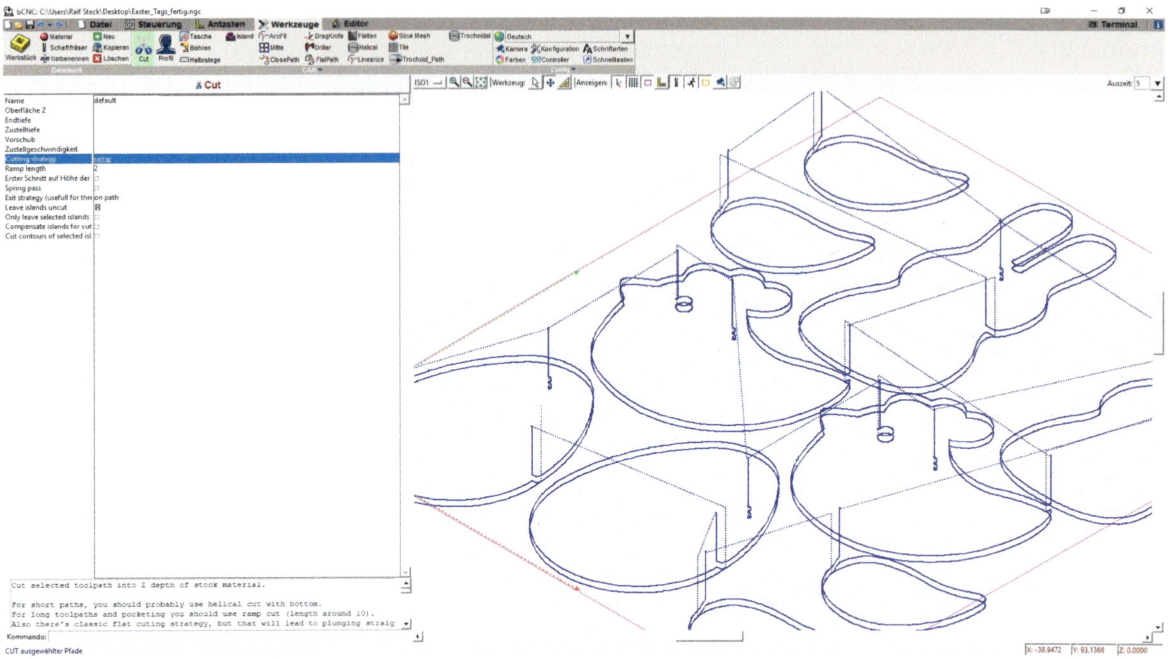

Bild 7.15 Jede Kontur wird in zwei Tiefen geschnitten. Das Eintauchen läuft über eine Rampe. Optimal!

7.4 Fixiert: Haltestege einplanen hilft gegen Projektile

Im Prinzip könnten wie nun loslegen, aber es gibt noch etwas, was ich dir zeigen möchte – und zwar Haltestege. Sobald ein Teil, sei es die Mitte eines Lochs oder ein echtes Teil, komplett losgefräst ist, wird es zum potenziellen Sicherheitsrisiko. Echte Teile können auch kaputtgehen. Zudem verschlechtert es die Qualität, wenn ein Teil fast ganz lose ist und beginnt, sich zu bewegen; oder wenn sich filigrane Bereiche wegbiegen. Die Lösung sind sogenannte Haltestege. Das sind Bereiche, an denen wir bewusst nicht ganz fertig fräsen (Bild 7.16). Dann bleiben alle Teile an Ort und Stelle und können nach dem Fräsen ausgeschnitten oder -gesägt werden.

HINWEIS: Bei mir waren die Hilfslinien zur Erzeugung der Stege aktiviert, als ich das Programm startete. Bitte kontrolliere nach dem Erzeugen der Stege im Editor, dass die mit *islands* bezeichneten Unterprogramme ausgegraut sind!

Dazu markierst du alle Außenkonturen und klickst im *Werkzeuge*-Reiter auf HALTESTEGE. Hier markierst du *circular tabs* (das ist die rechnerische Form der Stege) und wählst eine Anzahl und die Tiefe der Tabs. Hier zählt bCNC von der Z-Oberfläche. 2 bedeutet also, dass die Haltestege von oben 2 Millimeter abgeflacht werden. *Dx* und *Dy* gibt die Ausmaße der Tabs in X- und Y-Richtung an. Hier sollten 5 Millimeter ausreichen. Klicke wieder auf den großen Button, dann werden die Tabs gelb angezeigt. Den Fräspfad passt du an, indem du auf CUT gehst und den großen Button drückst. Achte darauf, dass *Leave islands uncut* aktiviert ist. Bei mir waren sie am Ende doch aktiviert. Kontrolliere das Programm also lieber zweimal.

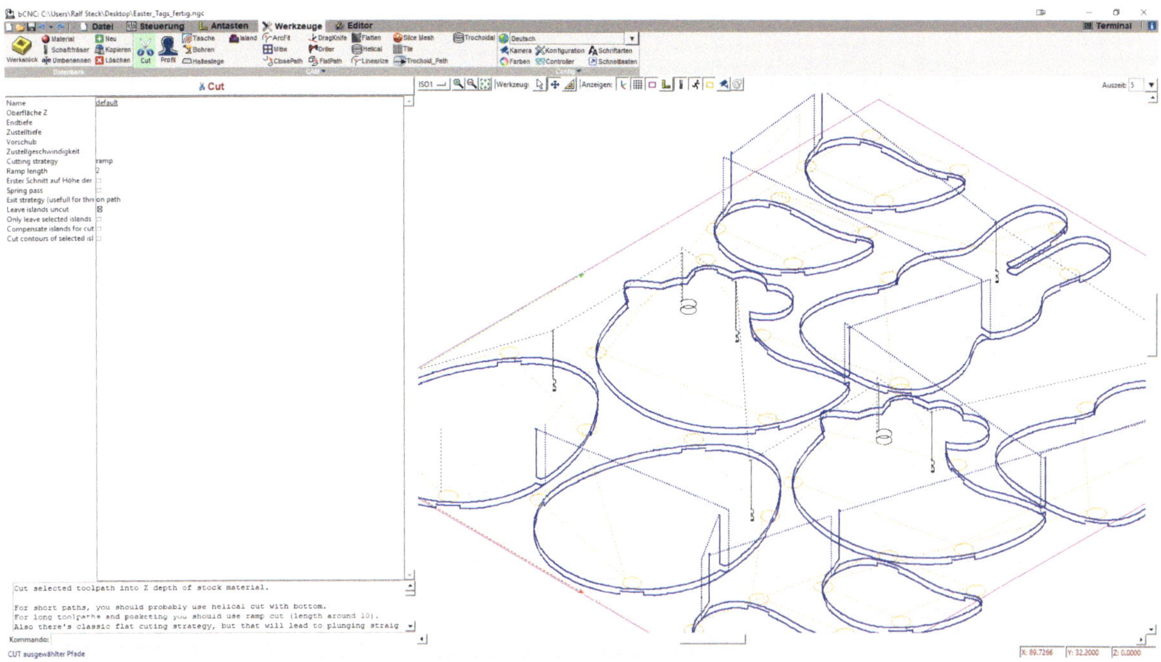

Bild 7.16 Haltestege verhindern, dass Teile herausbrechen und wegfliegen.

Nun haben wir unser erstes Fräsprogramm erstellt und können unser erstes Projekt fräsen. Spanne ein Stück Sperrholz ein – ich nutze dazu gerne doppelseitiges Klebeband –, fahre die Nullposition an und starte das Programm mit dem START-Button im *Steuerung*-Reiter. Du kannst auf dem Bildschirm beobachten, wie die Befehle abgearbeitet werden. Unten im Fenster wird angezeigt, wie lange die Bearbeitung noch dauert.

Grundsätzlich bist du nun so weit, fräsen zu können. Doch diese Art, NC-Programme zu erstellen, ist eher mühsam. In Kapitel 8 arbeiten wir mit „echten" CAM-Systemen. In bCNC konnte ich jedoch schön zeigen, wie der grundsätzliche Ablauf ist.

Doch bevor du nun auf die Maschine gehst, folgen noch ein paar Sicherheitshinweise.

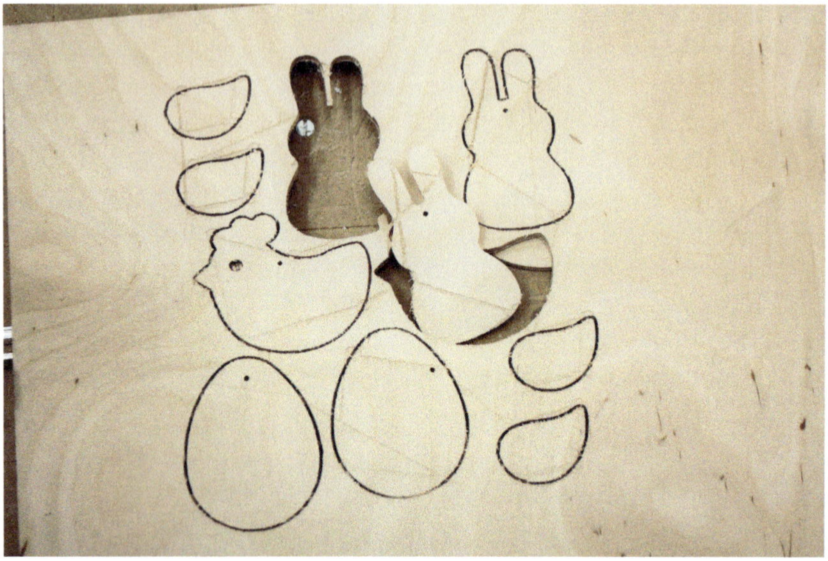

Bild 7.17 Seltsamerweise hat bCNC die Hilfslinien der Haltestege aktiviert, sodass sie am Ende doch gefräst wurden. Ansonsten kann sich das Ergebnis sehen lassen.

7.5 Sicher ist sicher: Sicherheit an der Maschine

Du musst dir über eins im Klaren sein: Eine selbst gebaute Hobbyfräse mit offen liegenden Achsen und Antrieben, ohne Einhausung und Absaugung widerspricht praktisch jeder Sicherheitsvorschrift. Deshalb gelten die Sicherheitshinweise, die für kommerzielle Anlagen gelten, bei unserer Maschine umso mehr.

Dies sind die wichtigsten Gefahren:

- An den rotierenden und oft sehr heißen Werkzeugen in der Spindel kann man sich verletzen oder verbrennen.
- Schlecht befestigte Werkstücke können sich lösen und herumfliegen.
- Späne, Teile oder abgebrochene Fräswerkzeuge können herumfliegen und Menschen verletzen (Bild 7.18).
- Die von der Steuerung bewegten Achsen und offen liegende Antriebe können Finger oder andere Körperteile einklemmen.
- Kleider, Haare oder Schmuck können sich in der Spindel oder in den Achsen verfangen und hineingezogen werden.
- Elektrische Leitungen können defekt sein und Stromschläge oder Brände verursachen.
- Die Maschine kann in Brand geraten, Stäube können explodieren oder sich entzünden.

Bild 7.18 Nicht nur die rotierende Spindel kann zur Gefahr werden, sondern auch lose Teile wie das Innere dieses Sternchens.

Dies sind folglich die wichtigsten Vorsichtsmaßnahmen:

- Achte auf die Bewegungen der Maschine.
- Finger weg von der Maschine, solange Programme ablaufen. Halte Abstand, trage keinen Schmuck und binde lange Haare zurück.
- Sorge dafür, dass Ausschalter und Not-Aus-Taster immer frei erreichbar sind.
- Achte auf gute Befestigung von Teilen und Werkzeugen.
- Trage eine Schutzbrille.
- Trage **niemals** Handschuhe. Sie können sich in der Maschine verfangen und deine Hand hineinziehen.
- Versichere dich, dass alle elektrischen Anschlüsse, vor allem auf der 220-Volt-Seite, jederzeit in Ordnung und vor Feuchtigkeit und Berührung geschützt sind.
- Lasse die Maschine nie unbeaufsichtigt laufen.
- Sorge für Brandschutz und halte Löschmittel (Feuerlöscher, Löschdecke) in der Nähe bereit.
- Halte die Maschine immer sauber, damit sich Staubansammlungen nicht entzünden können.
- Erde Maschine, Maschinenteile und Absaugung, damit keine statische Aufladung entsteht, die Funken erzeugen und Staub entzünden kann.
- Versichere dich vor jedem Programmstart, dass der Fahrbereich der Achsen sowie die Arbeitsfläche frei von Hindernissen sind und dass du gefahrlos arbeiten kannst.

Mit etwas Sorgfalt und überlegtem Handeln wird dir nichts passieren. Du musst also keine Angst vor der Maschine haben, aber gesunden Respekt.

8 Von der Vision zur Realität: Der CAD-CAM-NC-Workflow

Um etwas fräsen zu können, benötigen wir zunächst digitale Daten des Gegenstands, den wir herstellen möchten. Diese Daten können wir entweder von diversen Content-Plattformen herunterladen oder selbst erstellen. In diesem Kapitel möchte ich mehrere Möglichkeiten in der Praxis durchspielen. Wir werden zunächst mit Estlcam arbeiten, einem einfach zu bedienenden, aber sehr leistungsfähigen CAM-System. Danach wechseln wir zu Fusion 360, einem Profi-CAD/CAM-Paket, das für Privatanwender und Startups kostenlos ist.

Bevor wir ins Thema einsteigen, möchte ich zunächst einige grundlegende Begriffe erklären:

CAD steht für Computer-Aided Design, also computerunterstützte Konstruktion. Man versteht darunter Programme, mit denen sich technische (nicht künstlerische) Geometrien digital erstellen lassen. Das können 2D-Zeichnungen oder 3D-Modelle sein. Die Geometrie liegt in Form von Vektoren vor, also als Linien, Kurven und Punkte, nicht als Pixel wie in einer JPG- oder GIF-Datei.

CAM steht für Computer-Aided Manufacturing, also computerunterstützte Fertigung. CAM-Programme nehmen Zeichnungen oder Modelle aus CAD-Systemen entgegen und ermöglichen das Erstellen von NC-Programmen.

CNC ist die Abkürzung von Computerized Numerical Control, einem Spezialgebiet der Numerical Control (NC). NC ist älter, als man denkt. 1808 wurde ein Webstuhl mit Lochkartensteuerung erfunden. Schon davor arbeiteten Musikautomaten mit Lochkarten oder -platten. Seit den 1940er-Jahren wurde die Automatisierung von Werkzeugmaschinen immer weiter vorangetrieben. Mechanische wurden durch elektronische Steuerungen auf Röhren- und später auf Transistorbasis ersetzt. 1972 wurde die erste NC-Steuerung auf Computerbasis vorgestellt und als CNC beschrieben. Heute ist NC ohne Computer undenkbar und die Begriffe NC und CNC werden synonym benutzt. Ich nutze meist den Begriff NC.

Der Workflow ist also wie folgt: Im CAD-System wird eine maschinenlesbare Geometrie erzeugt. Im CAM-System entsteht daraus ein NC-Programm, das dann von der CNC-Maschine ausgeführt wird. Profis arbeiten oft mit CAD/CAM-Systemen, in denen die beiden Bereiche integriert sind. Das hat den Vorteil, dass man eine Schnittstelle einspart, an der immer wieder Probleme auftreten. Es ist nämlich gar nicht so einfach, die Geometrie fehlerfrei zu übertragen.

In der Welt der Hobby-CNC-Maschinen haben sich die Datenformate DXF für 2D-Daten und STL für 3D-Daten durchgesetzt. Künstlerische Daten, beispielsweise Logos zum Gravieren, liegen oft auch im SVG-Format vor, das von Zeichenprogrammen erzeugt wird.

Das Ergebnis der CAM-Programmierung ist schließlich ein NC-Programm, das aus Zeilen von G-Code besteht (wie in Kapitel 2 beschrieben) und das du in bCNC öffnen und starten kannst.

> Für die Einarbeitung in die CAD-Modellierung empfehle ich mein Buch *CAD für Maker* aus dem Carl Hanser Verlag (ISBN 978-3-446-45681-5). Auch dort arbeite ich unter anderem mit Fusion 360.

8.1 Estlcam: CAM/CNC-Software made in Germany

Zur Erzeugung der Fräserbahnen benutzen wir als Erstes die Software Estlcam, die von Christian Knüll entwickelt wird. Estlcam unterstützt 2,5- und 3-Achs-Fräsen und eine ganze Reihe von Strategien. Es ist speziell für preiswertere Fräsen wie unsere programmiert. Profi-CAM-Systeme haben wesentlich mehr Optionen und Möglichkeiten zur Programmierung großer, automatisierter Fräszentren. Das verwirrt in diesem Fall allerdings mehr, als es hilft. Estlcam bietet das, was wir brauchen, nicht mehr. Es kostet 49 Euro, kann aber auch kostenlos genutzt werden, dann macht das Programm aber beim Berechnen des NC-Programms Pausen, die mit der Zeit immer länger werden.

Die Software findest du unter *https://www.estlcam.de*. Dort hat der Entwickler auch eine Reihe von Videos hinterlegt und stellt seine eigene Steuerung vor. Estlcam ist sozusagen ein CAM/CNC-System, das nicht nur NC-Programme erzeugen, sondern auch gleich die Maschine steuern kann. Dazu nutzt die Software einen Arduino, allerdings kein GRBL, sondern eine eigene Steuersoftware. Knüll verkauft eigene Hardware für die Anbindung von Motortreibern an den Arduino.

Einer der großen Vorteile von Estlcam sind die ausführlichen Hilfetexte, die erscheinen, wenn man mit der Maus über ein Feld oder einen Button schwebt (Bild 8.1). In der Werkzeugliste, die üblicherweise oben rechts schwebt, kannst du deine Fräser definieren.

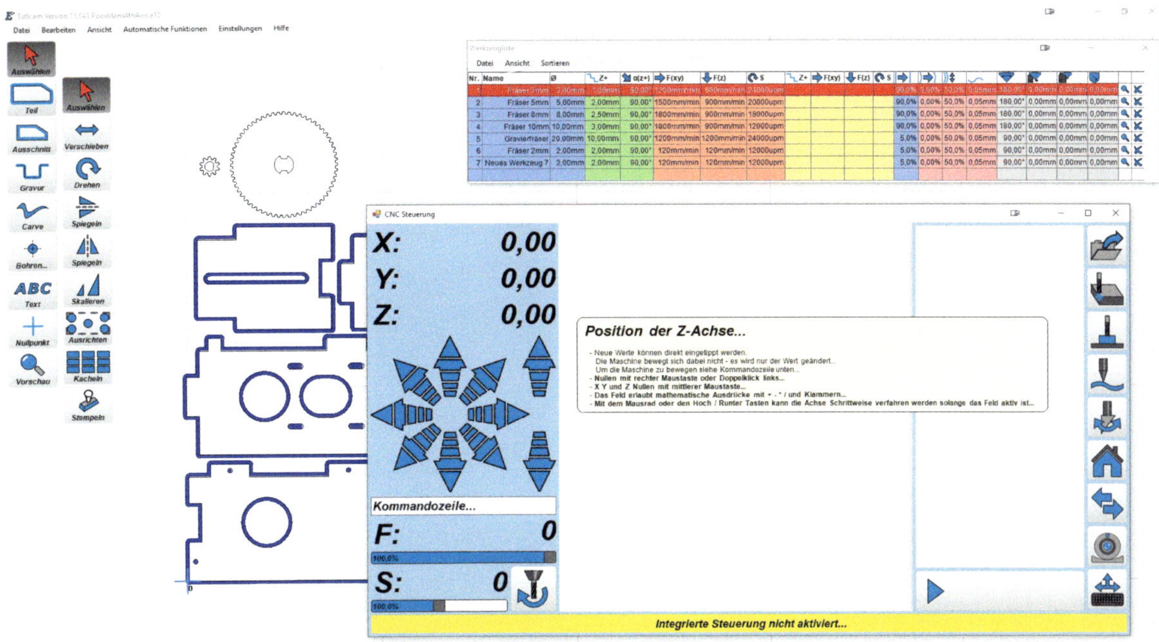

Bild 8.1 Estlcam bietet nicht nur CAM-Funktionen, sondern auch eine Maschinensteuerung und gute Hilfstexte.

HINWEIS: Estlcam zeigt ein etwas verwirrendes Verhalten, das auf den zweiten Blick Sinn macht, denn die Schnittwerte werden hier mit dem Werkzeug gespeichert. Erstelle für jedes Material eine eigene Werkzeugliste, dann kannst du die Schnittwerte pro Material definieren. Achte auf konsequente Benennung deiner Fräser. Beim Wechsel des Materials in einem bestehenden Projekt bleiben Werkzeuge, die einem Material zugeordnet sind, erhalten, die Werte werden aber angepasst. So kannst du schnell zwischen Materialien wechseln. Pass aber auf! Wenn du die Werkzeugliste nicht explizit speicherst, werden Werkzeuge, die nicht zugeordnet sind, beim Wechsel in ein neues Projekt verschwinden – außer, du definierst sie als Standard.

Es lohnt sich, bei Gelegenheit eine passende, zu deinen Vorräten passende Werkzeug-Standardliste beziehungsweise mehrere Listen für deine typischen Werkstoffe aufzubauen.

Links befindet sich die Funktionsleiste. Von oben nach unten findest du dort folgende Funktionen (Bild 8.1):

Auswählen: Hier kannst du Fräspfade auswählen, verschieben, drehen, spiegeln und in anderer Weise manipulieren.

> **HINWEIS:** Wenn du eine Datei geladen hast, sind die Konturen schwarz sichtbar, aber nicht bearbeitbar. Das ist richtig so. Estlcam ist kein CAD-Programm und kann die DXF-Konturen nicht bearbeiten. Es kann sie aber zum Erzeugen von Fräsbahnen nutzen, die du dann bearbeiten kannst. ■

Teil: Diese Funktion ist für das Fräsen von Außenkonturen gedacht. Du nutzt dabei in den meisten Fällen die automatische Konturerkennung, in schwierigen Fällen gibt es eine manuelle Konturerkennung. Diese erkennt unter anderem ebenfalls Konturen und zeigt sie grün an, die direkte Verbindung zwischen Startpunkt und aktueller Position dagegen in Blau. Mit der rechten Maustaste wählst du die erkannte Kontur, mit der linken Taste die blaue Direktverbindung.

Ausschnitt: Mit dieser Funktion erfolgt das Fräsen von Innenkonturen.

Gravur: Diese Funktion erzeugt Fräsbahnen entlang von geschlossenen und offenen Konturen. Mit weiteren Buttons kannst du entscheiden, ob du auf, links oder rechts der Kontur fräsen möchtest.

Carve: Diese Funktion erzeugt Gravuren mit variabler Breite, quasi eine Verbindung zwischen Gravur und Tasche, mit der sich auch Flächen gravieren lassen.

Bohren: Diese Funktion erzeugt Bohrungen, Kreistaschen und Gewinde.

Text und **Nullpunkt** erzeugen genau diese Objekte.

Vorschau erzeugt eine Simulation des Bearbeitungsablaufs und eine Schätzung der Bearbeitungsdauer. Hier kannst du auch die Abfolge der Bearbeitungen umsortieren.

Sobald du eine Funktion ausgewählt hast und eine Kontur anklickst, wird ein Fräspfad erzeugt. In einem Fenster kannst du dieser weitere Werte zuweisen, beispielsweise die Tiefe, ein Schrupp- oder Schlichtwerkzeug, das dieselbe Kontur bearbeiten soll, sowie eine Räumstrategie. Unten im Fenster kannst du Anbindungen definieren, die du in Abschnitt 7.4 als Haltestege kennengelernst hast. Du kannst Startpunkt und Anfahrstrategie definieren. Zudem gibt es die Auswahl *Tasche*, die aus der Konturfräsung eine Tasche macht, sowie *Insel*. Letztere ermöglicht es, Flächen in der Tasche auszunehmen (Bild 8.2). Du kannst beispielsweise erst die Inseln, die stehen bleiben sollen, als Teil definieren, und dann die Taschenkontur als Ausschnitt. Klickst du nun auf *Insel*, bleiben die Inseln unbearbeitet.

Das Erzeugen des NC-Programms startest du im Menü *Datei* mit CNC-PROGRAMM SPEICHERN. Definiere davor unter *Einstellungen* den Postprozessor GRBL. Weitere Funktionen werde ich im Lauf der nächsten beiden Projekte vorstellen. Vieles erklärt sich jedoch auch von selbst und Estlcam bietet wie gesagt ausführliche Hilfetexte in der Oberfläche.

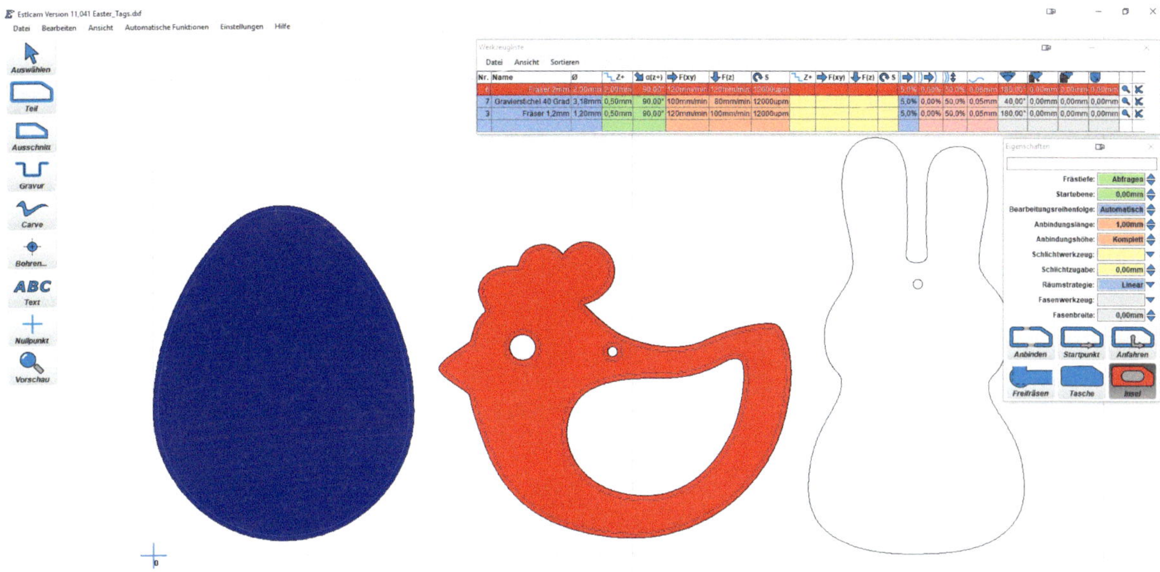

Bild 8.2 Das Ei ist als Tasche definiert, beim Huhn habe ich zunächst die Inseln als Außenkontur definiert und dann Insel gewählt.

Daten der folgenden Projekte findest du unter *plus.hanser-fachbuch.de*.

8.2 Zeichen setzen: Gravieren mit Estlcam

Als Erstes möchte ich dir zeigen, wie du schöne Gravuren erstellst. Dabei wird das Werkstück nicht durch Abtragen von Materialschichten in der Form verändert, sondern lediglich die Oberfläche angeritzt. Zur Bearbeitung werden Gravierstichel genutzt und nur wenige Zehntelmillimeter ins Material hineingefahren. Der Gravierstichel erzeugt eine, je nach Spitzenwinkel und Tiefe schmalere oder breitere, v-förmige Kerbe.

Damit diese Kerben gut sichtbar sind, kann man sie beispielsweise in Holz mit Farbe auffüllen. Gravierst du in Plexiglas und beleuchtest dann das Plexiglas von der Kante her, leuchtet die Gravur hell auf. In Glas hebt sich die Gravur weiß ab. Im Baumarkt findest du sogenannte Allzweckplatten, das sind braunschwarze Kunststoffplatten mit knapp 6 Millimeter Stärke. Diese bekommst du auch in Weiß, wobei die Platte selbst immer noch schwarz ist und nur die Oberfläche weiß. Da diese Platten oft preiswert in der Restekiste zu finden sind, werden wir das erste Projekt aus solch einer Platte anfertigen.

Bild 8.3 Mit der *Carve*-Funktion von Estlcam lassen sich schöne Ergebnisse erzielen.

Zunächst einmal müssen wir das zu gravierende Bild aufbereiten. Als Vorlage kann eine beliebige Bilddatei dienen. Da jedoch die grafischen Möglichkeiten, die wir mit der Fräse haben, sehr beschränkt sind, macht es am Ende nur Sinn, Bilder zu verwenden, die möglichst wenige Farben und möglichst klare Konturen haben. Logos von Firmen, Vereinen oder Institutionen eignen sich dafür optimal, aber auch Strichzeichnungen. Idealerweise existiert dieses Logo als SVG-Datei oder als eine andere Vektordatei. Ansonsten müssen wir Inkscape nutzen, um eine SVG-Datei zu erzeugen.

Ich habe mir von meiner Tochter ein Logo malen lassen und eingescannt (Bild 8.4). Damit habe ich allerdings ein Bitmap erzeugt, also eine Datei, in der die Bildinformationen für jeden Punkt einzeln hinterlegt sind. Zwar kann Estlcam auch Bitmaps einlesen, ich konnte dabei aber kein vernünftiges Ergebnis erzielen.

Bild 8.4 Ein Logo, gezeichnet von der Tochter, ist die Grundlage für das Gravierprojekt.

Deshalb machen wir einen kleinen Umweg über Inkscape. Das ist eine Open-Source-Software zum Erstellen von Vektorgrafiken, die du unter *https://inkscape.org/de* herunterladen kannst. Lade dein JPG-Bild in Inkscape und markiere es mit dem Pfeil-Werkzeug. Im Menü *Pfad* wählst du Bitmap Nachzeichnen ..., woraufhin sich ein Fenster öffnet. Dort kannst du im Prinzip direkt OK drücken oder mit den Schwellwerten spielen, um die Konturen noch zu glätten. Das Fenster geht nicht von selbst zu, wenn du OK drückst. Schließe es mit dem roten Kreuz rechts oben. Dann klickst du im selben Menü *Kontur in Pfad umwandeln*. Schließlich kannst du noch in der Werkzeugleiste unterhalb der Menüleiste die Größe anpassen. Klicke vorher auf das kleine Schloss zwischen den Werten für Höhe und Breite, damit sich beide Werte proportional ändern. Mit Speichern Unter ... erzeugst du eine SVG-Datei und die Vorbereitungen sind abgeschlossen. Uns liegt jetzt eine Vektordatei vor (Bild 8.5).

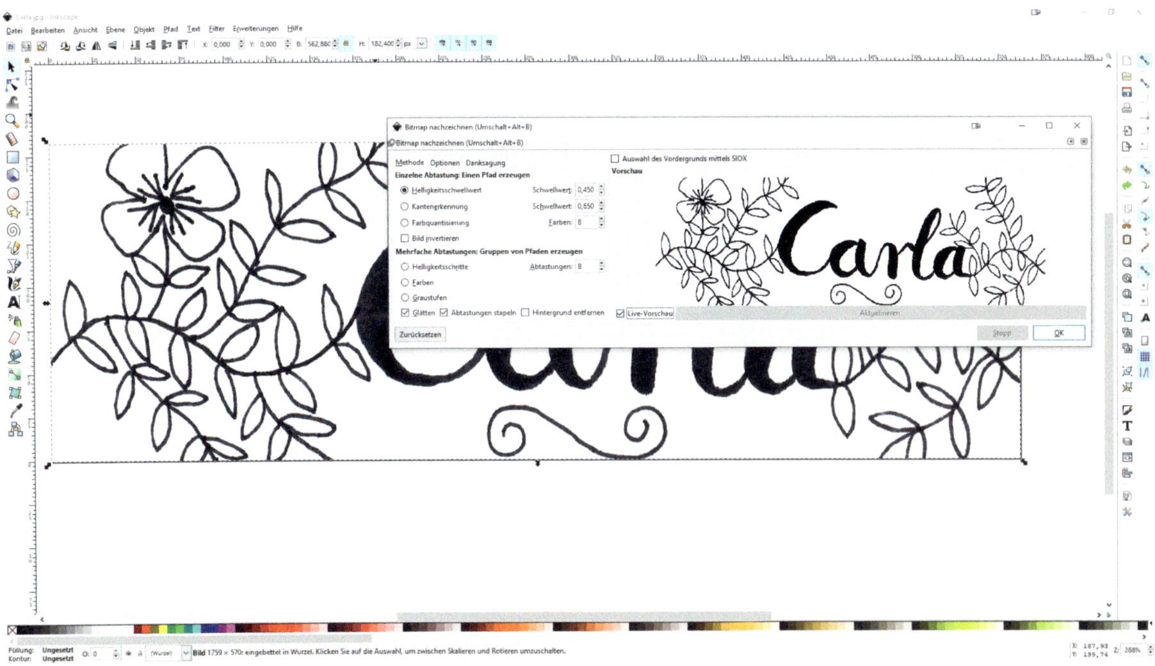

Bild 8.5 In Inkscape erzeugen wir aus einem Bitmap-Bild eine Vektordatei.

Lade nun das SVG in Estlcam. Dabei fragt die Software nach der Einheit der SVG-Datei. Wähle hier *Millimeter*. Die Software zeichnet im Hintergrund ein Raster mit 100 × 100 Millimeter Rastergröße. Hier kannst du kontrollieren, ob die Größe passt. Dann erscheinen die Linienzüge im Hauptfenster. Wir nutzen allerdings nicht die Gravur-Funktion, sondern *Carve*, das es ermöglicht, nicht nur einzelne Kerben zu fräsen, sondern auch Flächen.

Zunächst erstellen wir uns einen Gravierstichel in der Werkzeugliste. Wie gesagt, denk dir eine vernünftige Benennungsphilosophie aus. Ich beschreibe die Werkzeuge richtig. Sie heißen dann „Schaftfräser 2 mm“, „Gravierstichel 40 Grad“ und so weiter. Estlcam bietet viele Parameter, es sind aber nur einige wenige wichtig: der Durchmesser, die Z-Zustellung, die Vorschubgeschwindigkeit in X/Y, die Eintauchgeschwindigkeit in Z sowie die Drehzahl und der Spitzenwinkel. Der ist bei allen Fräsern, die unten flach sind, 180 Grad, bei meinem Gravierstichel sind es 40 Grad. Bei einem Kugelfräser trägst du 180 Grad und ganz hinten unter Kantenradius die Hälfte des Kugeldurchmessers ein.

Bild 8.6 Gravierstichel haben eine einfache Geometrie und unterscheiden sich vor allem im Winkel und in der Breite der Spitze.

Nun geht's ans Definieren der zu gravierenden Kanten. Estlcam erkennt automatisch ganze Linienzüge und färbt sie, wenn du mit der Maus in die Nähe kommst, grün. Ein Klick auf die linke Maustaste wählt den Linienzug. Dann erscheinen am Linienzug grüne Dreiecke, die nach innen, nach außen oder in beide Richtungen zeigen. Damit legst du fest, auf welcher Seite des Schriftzugs die Fräsbahnen zum Liegen kommen können. Bewege die Maus so, dass die Dreiecke in die richtige Richtung zeigen, und klicke nochmals.

Nach einiger Rechenzeit zeigt Estlcam in Rot den frisch berechneten Fräspfad an. In Flächen werden sich überschneidende Kringel angezeigt. Dies zeigt, wo der Stichel Flächen ausräumt. In der Mitte des Schriftzugs ist bei mir noch eine Lücke. Das kommt daher, dass Estlcam die Breite der Fräsbahn beschränkt, sonst könnte die Fräsberechnung ewig dauern, wenn die Berechnung ins „Freie" geht. Im Eigenschaftenfenster findest du den Parameter *maximale Carvebreite*, mit dem du die maximale Flächenbreite einstellen kannst. Stelle die maximale Carvebreite von 2 mm auf 3 mm, dann schließen sich nach der Neuberechnung der Fräserbahnen die Lücken (Bild 8.7).

An anderen Stellen wie dem „a" und an vielen Blättern fehlen noch Linien. Die kannst du nun Stück für Stück markieren und mit Fräsbahnen füllen. Übertreibe es nicht, sonst werden die Fräszeiten zu lang. Versuche, auf einen Streich möglichst viele Linien zu erwischen.

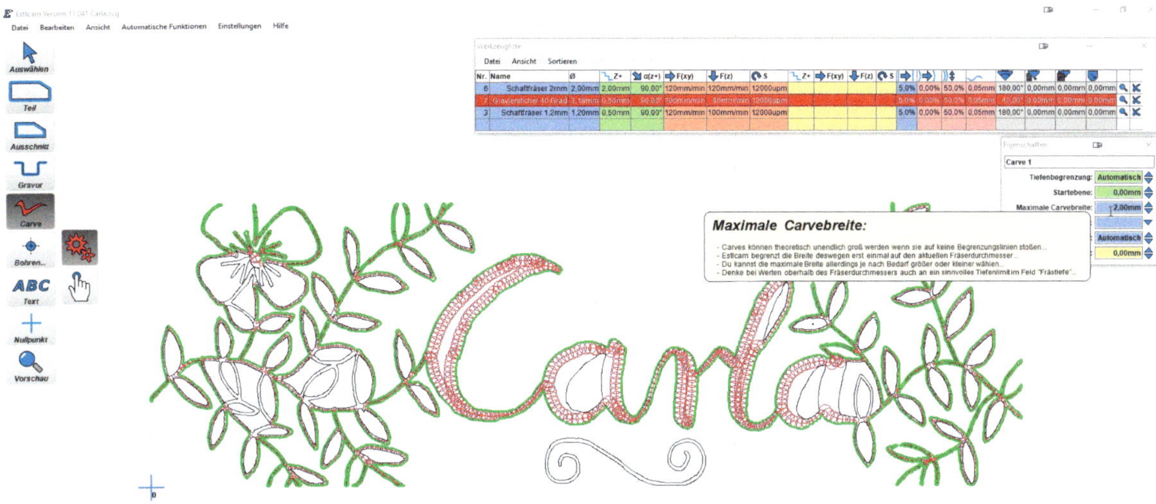

Bild 8.7 Die Carvebreite ist mit 2 mm zu gering, weshalb im „C" noch eine Lücke klafft.

TIPP: Leider hat Estlcam keine RÜCKGÄNGIG-Funktion, deshalb empfiehlt es sich, immer wieder zu speichern, solange die Fräsbahnen stimmen. Dann musst du im Notfall nicht ganz von vorne anfangen.

Du kannst einzelne Carves löschen, indem du auf AUSWÄHLEN schaltest, die Fräsbahn markierst (sie wird dann rot) und die ENTF-Taste drückst. Scrolle mit dem Mausrad in die Zeichnung hinein, um genauer arbeiten zu können. Mit der rechten Maustaste bewegst du dich über das Bild.

HINWEIS: Wenn du über Linienzüge fährst und Estlcam keine Linie erkennt, hast du ziemlich sicher vergessen, wieder auf *Carve* zu schalten.

Am Ende sollte der gesamte Schriftzug mit gelben Fräsbahnen gefüllt sein. Gelb bedeutet, dass die Fräsbahn nicht markiert und keine Tiefe definiert ist. Das ist kein Problem bei Fräsprojekten, bei denen alle Fräsbahnen gleich tief gehen. Estlcam fragt dann, wenn du das CNC-Programm speichern möchtest, nach der Tiefe (Bild 8.8).

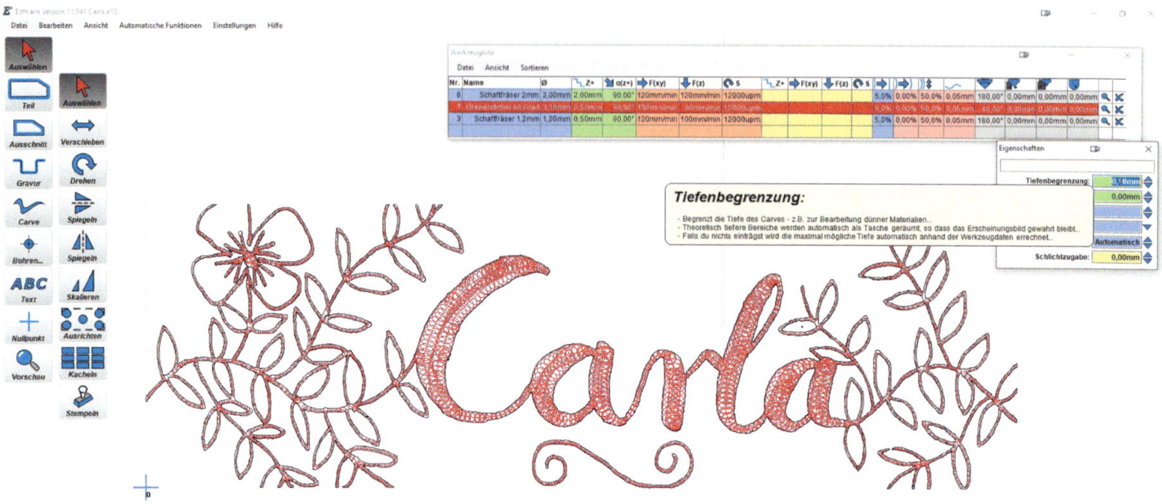

Bild 8.8 Im Eigenschaften-Fenster kannst du den Fräsbahnen eine Tiefe zuweisen.

Klicke auf VORSCHAU, sobald du mit dem Definieren der Fräsbahnen fertig bist. Es dauert in diesem Fall eine ganze Weile, bis die Vorschau berechnet ist, denn wie du nun in der Darstellung siehst, hat Estlcam die Fräskreise in den Flächen in Taschenoperationen umgewandelt, bei denen der Gravierstichel die Oberfläche in unzähligen waagerechten Bahnen bearbeitet.

Zusätzlich öffnet sich ein neues Fenster, in dessen Titelzeile du die geschätzte Bearbeitungszeit, in meinem Fall ca. knapp über drei Stunden, siehst. Darunter sind die Programmschritte, die den Unterprogrammen in bCNC entsprechen, angezeigt, daneben ein Pfeilkreuz, mit dem du die Ansicht drehen und kippen kannst. Beides macht bei Gravuren wenig Sinn, ist aber bei mehrstufigen Fräsabläufen sehr hilfreich, um den Ablauf des Programms zu beurteilen.

Unter dem Pfeilkreuz findest du drei weitere Buttons. Mit dem mittleren startest du eine Simulation, mit den beiden äußeren schaltest du auf Zeitlupe oder -raffer (Bild 8.9). Auch damit kannst du die Bearbeitung kontrollieren, bevor es an die Maschine geht. Dasselbe Fenster begegnet dir wieder, wenn du schließlich mit einem Klick im Menü *Datei* auf CNC PROGRAMM SPEICHERN die NC-Programmerzeugung startest. Zuvor jedoch musst du noch Dateiname und Speicherort angeben. Dann berechnet Estlcam das Programm und speichert es. Nun kannst du das Programm auf den Steuerrechner übertragen und das Fräsen starten.

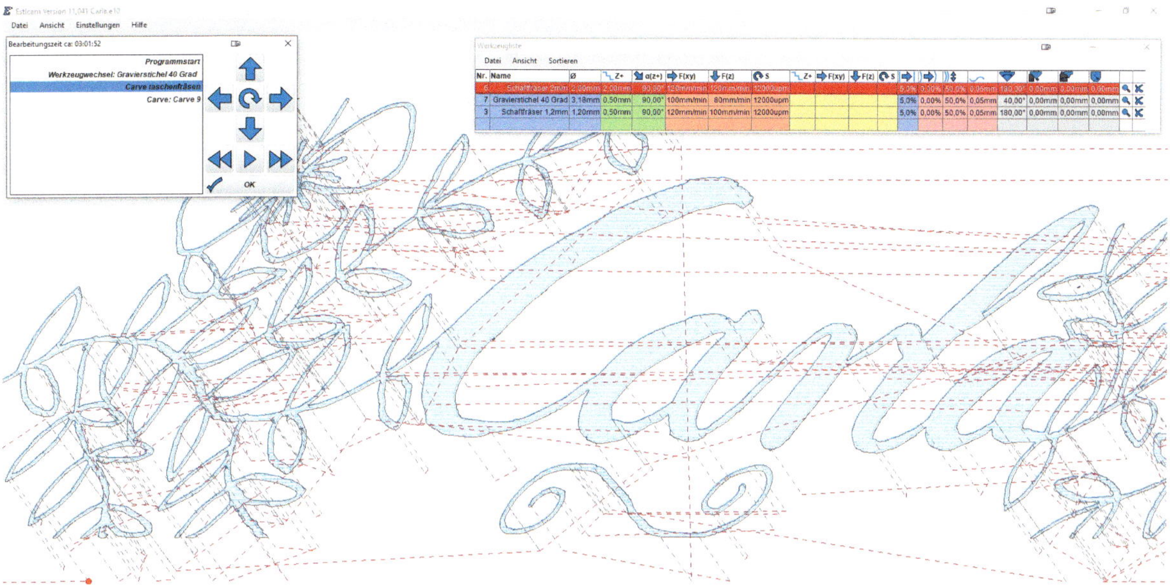

Bild 8.9 Die Simulation zeigt den Ablauf des Fräsprogramms, die roten Linien zeigen die Eilgangfahrten an.

8.3 Da schau her! G-Codedateien lesen

Mit der Zeit füllt sich das Verzeichnis, in dem die NC-Dateien liegen, immer mehr und du beginnst, dich zu fragen, welche Datei welches Fräsprogramm enthält? Du hast vergessen, welche Fräse du für das Programm gewählt hattest? Da ist es eine gute Idee, in die G-Code-Datei hineinschauen und die entsprechenden Daten finden zu können.

Eine gute Referenz der von GRBL unterstützten G-Codes findest du unter *http://linuxcnc.org/docs/html/gcode.html*. Der definitive Befehlssatz von GRBL ist im GRBL-Wiki auf Github dokumentiert.

G-Code-Dateien sind im Prinzip nichts anderes als Textdateien und können mit jedem Editor gelesen werden und natürlich auch mit bCNC. Ich nutze dazu am liebsten Estlcam. Sobald du eine G-Code-Datei mit Estlcam öffnest, zeigt die Software links die Maschinensteuerung, die in unserem Fall nutzlos ist, und in der Mitte eine Visualisierung des Codes sowie rechts den Code selbst. Hier sieht man schnell, warum ich Estlcam hier bevorzuge, denn es färbt den Code ein, sodass die Bedeutung schnell erfasst werden kann. X/Y-Bewegungen sind blau dargestellt und der Z-Vorschub in Hellblau. Vorschubänderungen und andere G-Codes, die keine Bewegung darstellen, färbt Estlcam rot, Kommentare grau (Bild 8.10).

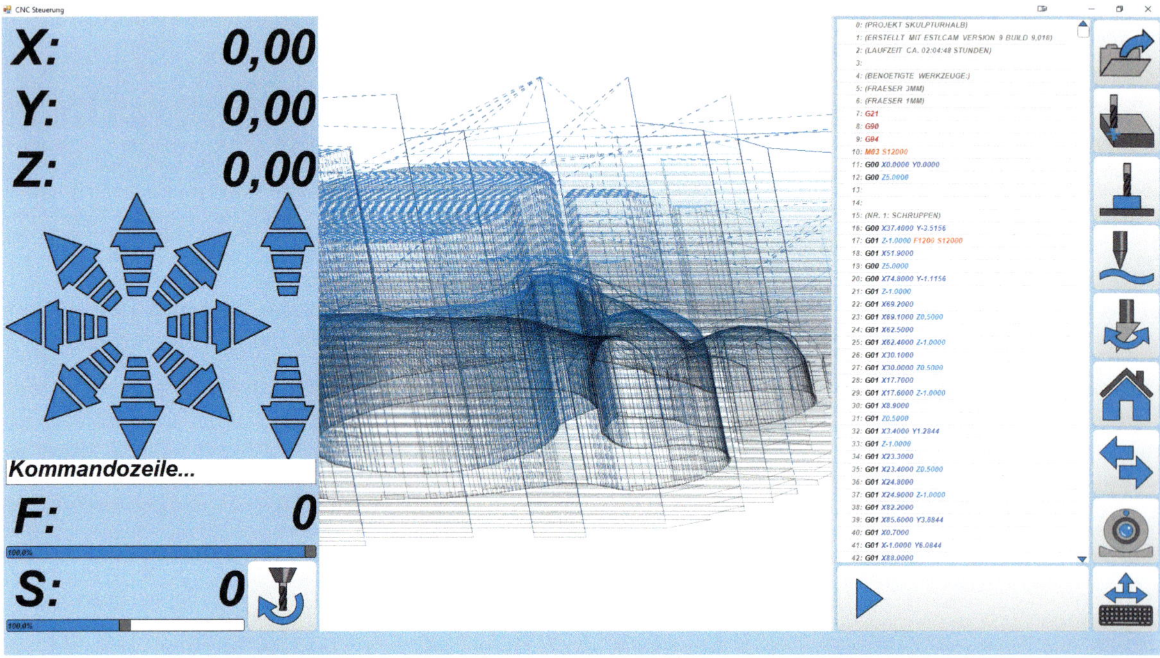

Bild 8.10 Estlcam kann G-Code nicht nur als Text darstellen, sondern auch die Fräserbahnen visualisieren.

Wenn du dir verschiedene NC-Programme ansiehst, zeigt sich schnell, dass der Header, also der Anfang der Datei, sehr unterschiedlich aussagekräftig ist. Während bCNC ganz schmucklos sofort mit dem Programmablauf beginnt, schreiben „echte" CAM-Programme wie Estlcam oder Fusion 360 viele mehr oder weniger nützliche Informationen hier hinein. Schauen wir uns einmal eine Estlcam-NC-Datei an:

```
(Projekt Skulpturhalb)
(Erstellt mit Estlcam Version 9 Build 9,018)
(Laufzeit ca. 02:04:48 Stunden)

(Benoetigte Werkzeuge:)
(Fraeser 3mm)
(Fraeser 1mm)
G21
G90
G94
M03 S12000
G00 X0.0000 Y0.0000
G00 Z5.0000
```

```
(Nr. 1: Schruppen)
G00 X37.4000 Y-3.5156
G01 Z-1.0000 F1200 S12000
G01 X51.9000
G00 Z5.0000
[...]
```

Zu Beginn wird der Namen des Estlcam-Projekts genannt, danach die Estlcam-Version, mit der das Programm erstellt wurde, sowie die geschätzte Laufzeit. Die weiteren Infos sind besonders interessant, denn hier sind die benötigten Werkzeuge benannt. Ich habe im vorangegangenen Beispiel extra eine Datei kopiert, in der zwei verschiedene Werkzeuge eingesetzt werden (erst ein 3-mm-Fräser zum Schruppen und danach ein 1-mm-Fräser für das Schlichten). Gehen wir nun weiter im Text: Mit `M03 S12000` wird die Spindel eingeschaltet und die Drehzahl eingestellt. Etwas weiter unten folgt der Befehl `G01 Z-1.0000 F1200 S12000`, der zeigt, dass hier mit einem Vorschub von 1200 mm/min gearbeitet wird. Oft kommen verschiedene Vorschübe für X/Y- und Z-Bewegungen zum Einsatz, wie in diesem Beispiel:

```
[...]
G01 Z-0.1000 F80 S12000
G01 X20.2200 F100
G01 X20.2800 Y0.4000
[...]
```

Hier wird erst einmal mit 80 mm/min eingetaucht, bevor die X/Y-Bewegungen mit 100 mm/min laufen. Wenn du also ein Programm hast, das du mit zu hohem Vorschub erzeugt hast, kannst du hier einfach den F-Wert ändern, ohne das Programm neu rechnen lassen zu müssen.

Werkzeugwechsel sind ebenfalls ein interessantes Ereignis:

```
[...]
G00 X12.0000 Y11.1844

(Nr. 2: Schlichten)
M05
M00 (Wechsle Werkzeug: Fraeser 1mm)
M06 T7
M03
G00 X41.1750 Y10.5094 Z5.0000
G01 Z-18.0000 F500
[...]
```

`M05` stoppt die Spindel und `M00` pausiert das Programm. `M06` löst den Werkzeugwechsel auf Werkzeug 7 (Tool 7) aus (Bild 8.11). Was bei `M06` passiert, stellst du in bCNC ein. Darauf kommen wir später. Dann wartet die Steuerung auf das *Resume*-Signal, das du über einen Button gibst. `M03` startet die Spindel wieder und die Bearbeitung geht weiter.

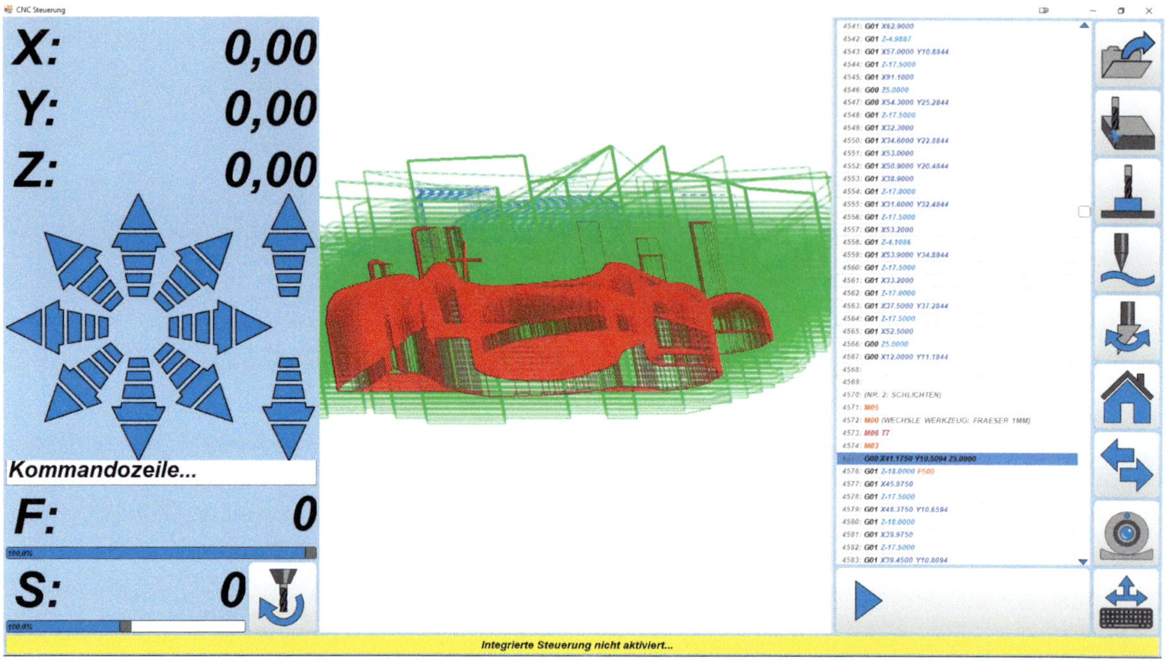

Bild 8.11 Der Werkzeugwechsel in Estlcam: Die Darstellung in der Mitte zeigt die Werkzeugbahnen des Schlichtfräsers in Rot.

Du siehst, dass ein Mindestmaß an Wissen über G-Codes wichtig ist, wenn du wissen möchtest, was in einem Programm passiert.

■ 8.4 Tiefschürfend: Vorgegebene Daten fräsen

Das Internet ist voll von DXF- oder anderen Dateien, die dir als Grundlage für eigene Projekte dienen können. Die Website ZenziWerken.de (*https://www.zenziwerken.de*) habe ich schon mehrmals erwähnt. Für Modellbauliebhaber bieten die einschlägigen Foren viele Projekte. In diesem Abschnitt will ich dir zeigen, wie du eine DXF-Datei aus dem Internet in ein Fräsprogramm umwandelst. Das Vorgehen ist gar nicht so viel anders als beim vorigen Projekt, deshalb nutzen wir wieder Estlcam.

Grundsätzlich ist der Ablauf ganz einfach: Datei öffnen, Fräsbahnen definieren, NC-Programm speichern und fräsen. Doch auf den DXF-Plänen sind meist alle Bauteile, die aus verschiedenen Materialien entstehen sollen, in einer Datei versammelt. Wir müssen also die benötigten Linienzüge auswählen und bei Bedarf neu anordnen. Ich zeige dir, wie man schnell Änderungen in einem DXF-Plan machen kann. Dafür kommt nun auch Fusion 360 zum Einsatz.

Als Projektgegenstand habe ich in diesem Fall etwas ausgesucht, das wir in Kapitel 10 auch noch einsetzen werden: die „Poor Man‘s 4th Axis“ von ZenziWerken.de. Hierbei handelt es sich um ein zweiteiliges Set einer Drehachse für die Fräse. Sie besteht aus einem Teil, der einen Schrittmotor, ein Getriebe und die Drehspindel beinhaltet, und einem zweiten Teil mit dem Reitstock, das ist der Gegenhalter für das Teil, das in der vierten Achse bearbeitet werden soll.

Du findest die Daten und die Erläuterungen unter *www.zenziwerken.de/Nachbauen/PoorMans4thAxis*.

■

Die Holzteile werden aus 6,5-mm-Birkensperrholz und die Zahnräder aus 5 Millimeter dickem Pertinax, HPL oder Plexiglas gefräst. Daniel nennt auch die Größe der benötigten Platten, das Sperrholz muss 20 × 30 Zentimeter groß sein, das Pertinax 6 × 8 Zentimeter. Ich habe beide Materialien günstig auf eBay gefunden.

TIPP: Mit der Zeit wirst du herausfinden, welche Materialien du überwiegend verarbeitest. Ich habe mir angewöhnt, die wichtigsten Materialien vorrätig zu haben, damit ich jederzeit loslegen kann. Ich kaufe Platten in der Größe des maximalen Arbeitsbereichs. Da passen oft mehrere Projekte drauf. Wie du eine „angebrauchte“ Platte sicher weiterverwendest, verrate ich dir in Abschnitt 8.5.

■

Ich habe beim Reitstock eine Änderung vorgenommen, denn ich habe auf einem Oldtimermarkt eine kugelgelagerte Reitspitze gefunden, die ich im Reitstock einsetzen möchte. Deshalb ist die 22 Millimeter große Bohrung in der Frontplatte zu groß für meine Reitstockspitze. Ich brauche eine 12-mm-Bohrung (Bild 8.12).

Die Installation von Fusion 360 habe ich in Abschnitt 5.6.2 beim Modellieren der Arbeitsplatte beschrieben. Lade dir also die DXF-Datei der vierten Achse von Thingiverse herunter (den Link findest du auf ZenziWerken.de), und lade sie in Fusion 360. Dazu brauchst du die Datenleiste links im Fusion-Fenster. Wenn sie nicht sichtbar ist, musst du auf den Button ganz links klicken. In der Datenleiste findest du den Button HOCHLADEN, mit dessen Hilfe du die DXF-Datei in die Autodesk-Cloud lädst (Bild 8.13). Ein Doppelklick auf den Eintrag der DXF-Datei lädt sie dann ins Hauptfenster.

Bild 8.12 Die Frontplatte des Reitstocks muss an die Reitstockspitze und ihre 12-mm-Spannaufnahme angepasst werden.

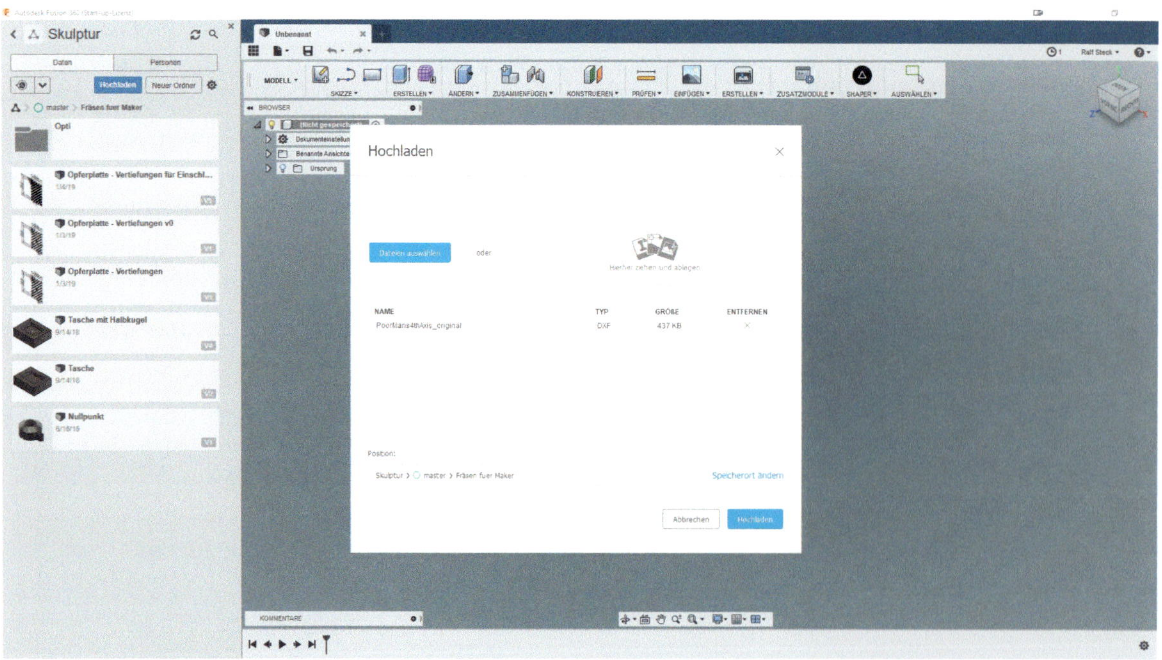

Bild 8.13 Mit dem Button HOCHLADEN kannst du die DXF-Datei in die Autodesk-Cloud laden.

Ein Klick auf den Ansichtswürfel und dessen Fläche *Oben* dreht die Skizze in die richtige Ansicht. Das Teil, das ich ändern möchte, ist im DXF rechts oben angeordnet. Zoome mit dem Mausrad auf diesen Bereich. Das Schöne ist nun, dass Fusion die Datei nicht nur lädt, sondern auch „versteht". Wenn du den Kreis inmitten des Teils mit der Maus berührst, wird sein Mittelpunkt hervorgehoben. Das bedeutet, dass Fusion den „kreisförmigen Linienzug" tatsächlich als mathematischen Kreis mit Mittelpunkt erkennt. Das macht uns die Änderung sehr einfach.

Im Menü Skizze findest du den Eintrag KREIS > MITTELPUNKT, DURCHMESSER, KREIS. Dieser längliche Name erklärt die Abfolge, mit der du diese Funktion benutzt: Mittelpunkt festlegen, Durchmesser eingeben – und fertig ist der Kreis. Mit aktivierter Funktion gehst du nun mit dem Mauszeiger auf den Kreismittelpunkt des zu großen Kreises. Zum Zeichen, dass er erkannt wurde, erscheint ein feiner grüner Kreis darum. Klicke und ziehe: Der Kreis entsteht. Nun kannst du direkt mit der Maus den gewünschten Durchmesser angeben (in meinem Fall 120 Millimeter) und durch zweimal ENTER die Auswahl bestätigen. Markiere den alten Kreis, er ändert seine Farbe auf Hellblau, und drücke die ENTF-Taste. Der Kreis verschwindet (Bild 8.14). Was haben wir eben getan? Indem wir den Mittelpunkt des alten Kreises zur Definition des neuen Kreismittelpunkts benutzt haben, konnten wir sicherstellen, dass das neue Loch in der Frontplatte des Reitstocks an derselben Stelle ist wie die alte Öffnung. Das bedeutet wiederum, dass die Reitstockspitze später genau richtig sitzt.

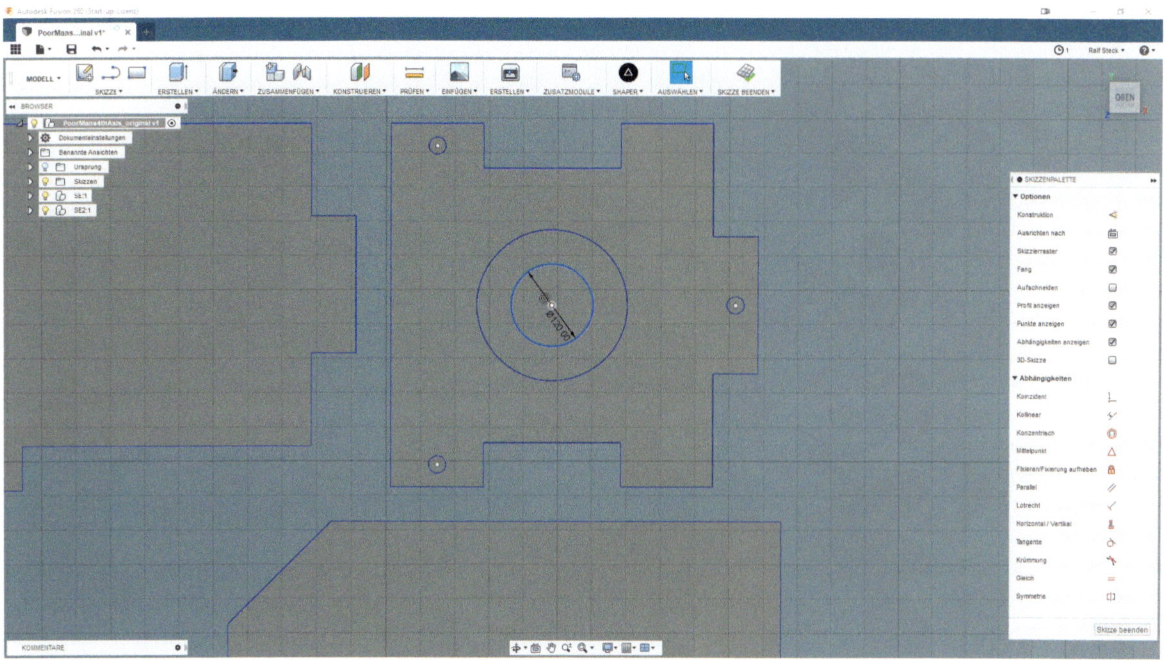

Bild 8.14 Fast fertig: Der neue Kreis ist definiert, der alte muss noch gelöscht werden.

TIPP: Das Löschen des Kreises wäre eigentlich nicht notwendig gewesen. Du hättest ihn beim Definieren der Fräsbahnen in Estlcam einfach ignorieren können. Durch das Löschen ist aber ein späterer Fehler nicht mehr möglich.

Nun müssen wir das DXF nur noch exportieren. Der Weg dahin ist allerdings nicht ganz offensichtlich. Klicke auf den Strukturbrowser links oben im Hauptfenster und dort auf das kleine Dreieck neben dem Eintrag SKIZZEN. Dieser klappt dann auf und es zeigt sich unsere Skizze mit dem Namen *Standard*. Ein Rechtklick auf diesen Namen öffnet das Kontextmenü und in diesem findest du ALS DXF SPEICHERN. Gib einen Speicherort und einen Namen ein – und fertig ist die Änderung (Bild 8.15). Solche Änderungen sind natürlich auch mit anderen Geometrien möglich.

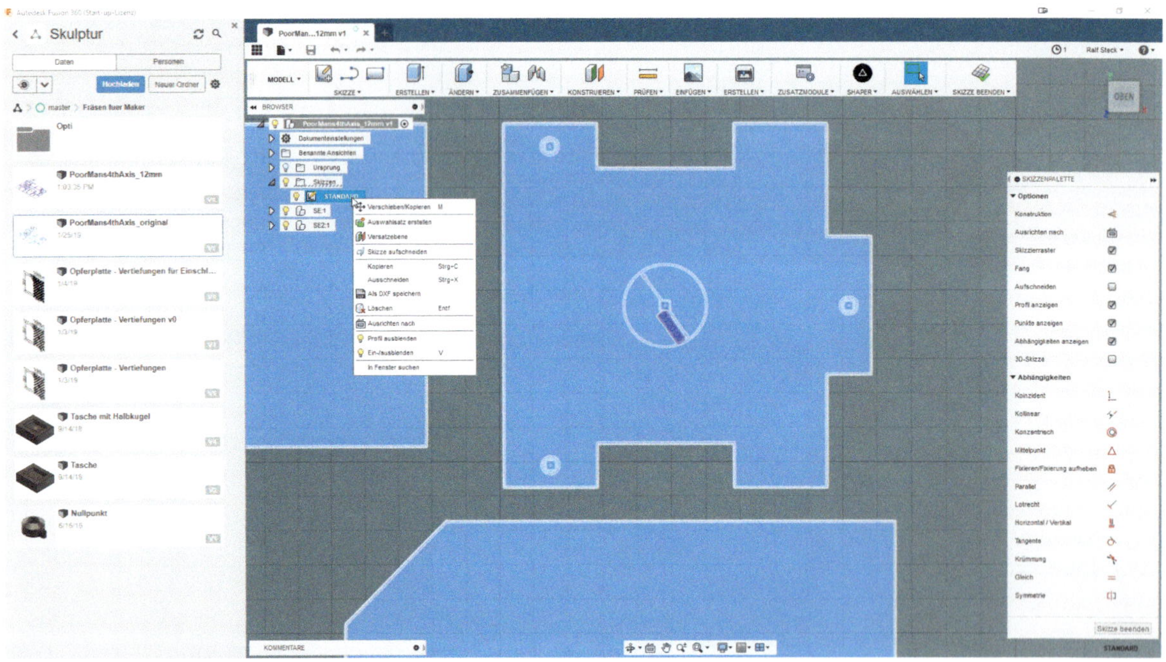

Bild 8.15 Gut versteckt: der Eintrag zum Exportieren einer DXF-Datei.

Wir verabschieden uns nun von Fusion 360 und wechseln zu Estlcam, wo du die neue DXF-Datei lädst. Um dir die Arbeit zu erleichtern, kannst du eine der automatischen Funktionen von Estlcam testen: *Objekte automatisch erzeugen*. Diese findest du im gleichnamigen Menü. Es öffnet sich ein Fenster, in dem du verschiedene Parameter für die Automatikfunktion einstellen kannst. Im Abschnitt *Kreise* kannst du entscheiden, ob sehr kleine Bohrungen eher gefräst oder gebohrt werden sollen. Da wir keine so kleine Bohrungen haben, deaktivierst du das erste Häkchen bei *Bohren* ...

Unter *Geschlossene Konturen* entscheidest du, auf welcher Seite gefräst wird. *Teile und Ausschnitte erzeugen* bedeutet, dass von außen gesehen die erste Kontur als Teil verstanden wird, dass also außerhalb der Kontur gefräst wird, die nächste, darin liegende Konturebene als Ausschnitt und so weiter. Das wäre so, wie wir es gerne hätten. Solltest du einmal andersrum arbeiten, beispielsweise, wenn du in eine „außen fertige" Holzplatte Aussparungen einbringen möchtest, benötigst du die Auswahl *Ausschnitte und Teile erzeugen*. Die weiteren Optionen werden per Maus-Bubble ausführlich erklärt. Starte die automatische Erzeugung der Fräserbahnen mit OK (Bild 8.16).

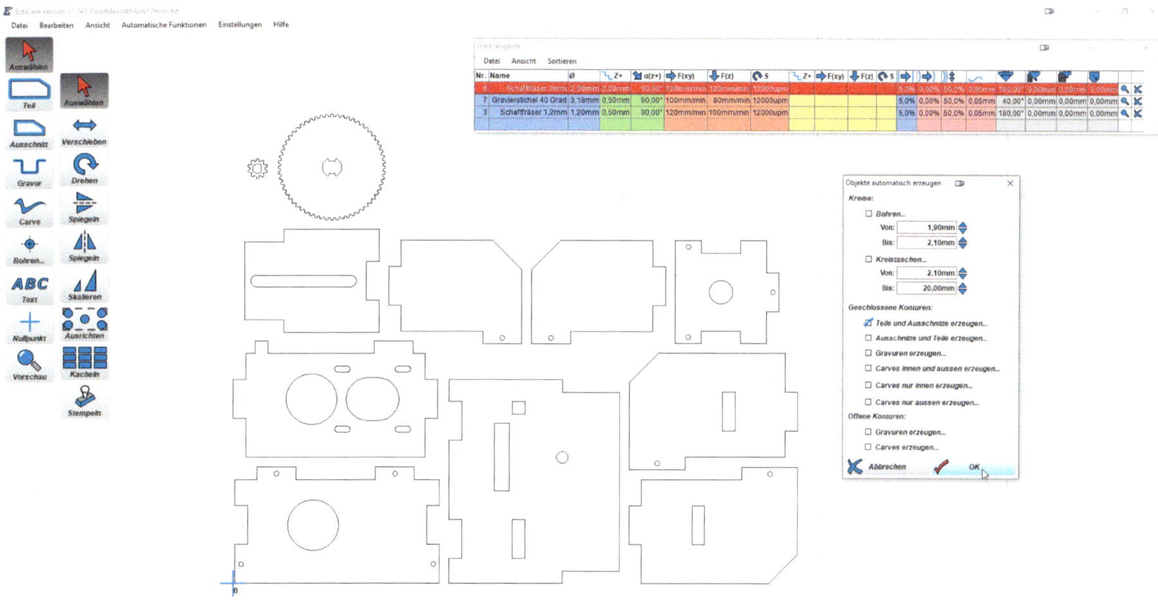

Bild 8.16 Die Funktion zum automatischen Erzeugen von Fräsbahnen erspart dir viel Klickarbeit.

Fällt dir etwas auf? Wir müssen uns zunächst einmal entscheiden, was wir genau fräsen möchten, denn im DXF sind sowohl die Holzteile enthalten als auch die Zahnräder, die wir aus Pertinax fertigen möchten. Die Lösung ist ganz einfach: Markiere die vier Fräspfade der Zahnräder und der zugehörigen Bohrungen und lösche sie. Dann hast du das reine „Holzfräsprogramm". In diesem Fall bist du so gut wie fertig, allerdings empfehle ich auch hier wieder, Anbindungen zu definieren, vor allem, weil hier relativ große Innenteile ausgefräst werden.

Markiere alle Fräspfade. Nun erscheint das Eigenschaften-Fenster. Hier kannst du wieder die Länge und Höhe der Anbindungen definieren, indem du unten im Fenster den Punkt *Anbindung* aktivierst. Ich setze bei Holz gerne auf 3 Millimeter Länge und 1,5 Millimeter Höhe, bei harten Werkstoffen wie Pertinax reichen auch 1 Millimeter Länge und Höhe.

Bild 8.17 Die automatisch erzeugten Anbindungen sind bei dem quadratischen Ausschnitt im Teil in der Mitte zu groß.

Da wir heute faul sind, lassen wir Estlcam auch die Anbindungen automatisch erzeugen. Den entsprechenden Punkt findest du im Menü AUTOMATISCHE FUNKTIONEN. Hier kannst du den Abstand der Anbindungen, die Mindest- und die Maximalanzahl einstellen. Das Ergebnis siehst du gleich. Netterweise ist die Automatik so schlau, sehr kleine Fräsungen wie die Langlöcher am Teil links Mitte auszunehmen, denn dort bleibt gar kein Restteil stehen. Ein Grenzfall ist das quadratische Loch in der Mitte. Hier wären eigentlich keine Anbindungen notwendig. Drei sind in jedem Falle zu viel. Auch die Platzierung an der Ecke ist unglücklich, da es die Nacharbeit schwerer macht. Sieh erst einmal drüber weg und lass die Automatik arbeiten.

Nun markierst du das quadratische Loch und im Eigenschaften-Menü *Anbindung* und klickst auf die Lücken in der rot angezeigten Fräsbahn. Die Anbindungen verschwinden wieder. Jetzt kannst du ganz nah heranzoomen und zwei kleine Anbindungen mit 1 Millimeter Länge in der linken und rechten Gerade definieren. So kannst du Anbindungen ganz individuell setzen. Ich habe beispielsweise die Anbindungen der Zahnräder auf die Spitzen der Verzahnung gesetzt. Dort sind sie einfacher wegzufeilen als in der Tiefe zwischen den Zähnen (Bild 8.18).

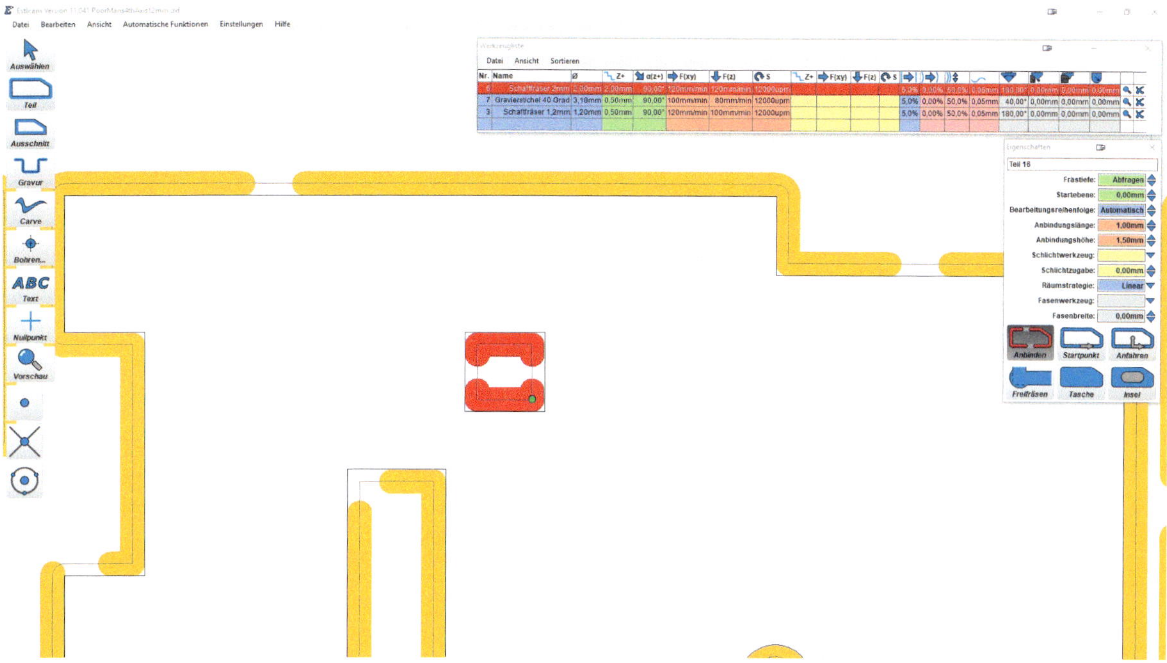

Bild 8.18 Zwei kleine Anbindungen in der Mitte der geraden Seiten reichen für das quadratische Restteil.

Sind alle Fräsbahnen zu deiner Zufriedenheit erstellt, lohnt sich noch einmal ein Blick über das gesamte Projekt. Eine wichtige Frage ist die Position des Nullpunkts. Diesen musst du ja später am realen Teil wiederfinden. Ich setze ihn gerne auf die linke untere Ecke. Estlcam setzt ihn ebenfalls dorthin, und zwar so, dass links vom Nullpunkt und unter ihm, also im negativen X/Y-Bereich, keine Geometrie mehr ist. Das bedeutet, dass die Fräsbahnen durchaus außerhalb liegen können. Demensprechend musst du später den Werkzeugnullpunkt auf der Maschine setzen. Ich lasse dort gerne etwas „Fleisch", in dem sich der Fräser bewegen kann, und setze die Fräserspitze beim Nullen nicht ganz an die Kante des Werkstücks.

Schaue dir zuletzt unter *Vorschau* die Reihenfolge der Bearbeitung an (Bild 8.19). Dabei wird schließlich noch die Frästiefe abgefragt, die wir bisher nicht definiert hatten. Setze sie auf 6,5 Millimeter. Im Gegensatz zu unserem ersten CAM-Versuch unter bCNC ist Estlcam so schlau, zunächst die Ausschnitte und dann die Außenkonturen zu fräsen. Übrigens kannst du im *Eigenschaften*-Menü die Reihenfolge beeinflussen oder ganz manuell definieren. Passt alles? Dann speichere das CNC-Programm ab.

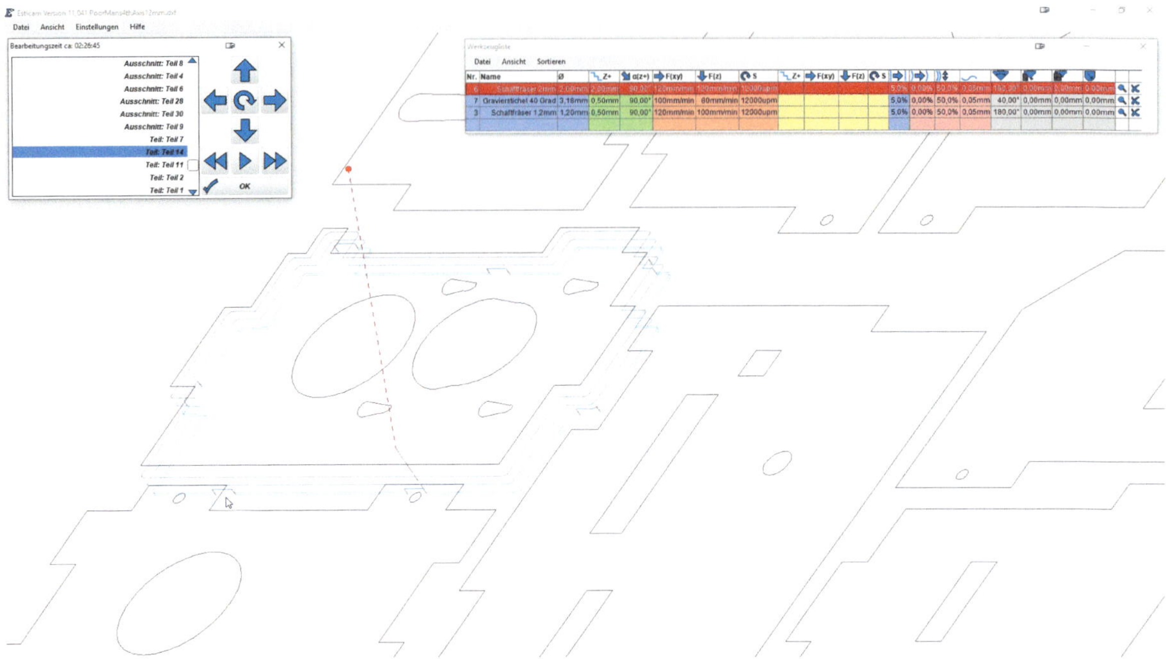

Bild 8.19 In der Vorschau siehst du die übereinanderliegenden Fräserbahnen und die Reihenfolge der Bearbeitung – erst die Ausschnitte, dann die Teile.

Beim zweiten Programm für die Pertinaxteile gehst ganz ähnlich vor. Ich würde die vier Linien allerdings manuell definieren. Das geht schneller, als alle Holzteile zu deselektieren. Achte darauf, dass der richtige Fräser definiert wird. Für die winzigen Zähnchen der Zahnräder sollte es maximal ein 1,2-mm-Fräser sein.

Allerdings ist der Nullpunkt nun weit weg von den Fräsbahnen. Versetze ihn mit dem Nullpunktwerkzeug. Das ist der vorletzte Button in der Werkzeugleiste links. Auch hier gibt es verschiedene Wege zum Ziel. Wenn du den Nullpunkt beispielsweise in die Mitte eines Kreises legen möchtest, benutzt du die unterste Option. Dann reicht es, drei Punkte auf einem Kreis zu markieren, und Estlcam bestimmt den Mittelpunkt. Ebenso praktisch ist die mittlere Funktion, mit der du den Schnittpunkt zweier Geraden zum Nullpunkt definierst.

Ich habe zunächst die Kanten des darunter liegenden Teils benutzt, um den Nullpunkt zumindest in der X-Richtung sauber zu bestimmen. Der Nullpunkt sitzt zunächst in X-Richtung richtig, aber in Y-Richtung zu tief. Schaltest du nun auf die automatische Punktbestimmung ganz oben um, kannst du dich in X an der Linie orientieren, die vom ersten Nullpunkt ausgeht, und den Punkt auch in der Höhe richtig positionieren (Bild 8.20). Ist alles zu deiner Zufriedenheit, kannst du nun auch dieses Fräsprogramm erzeugen lassen und auf die Maschine geben.

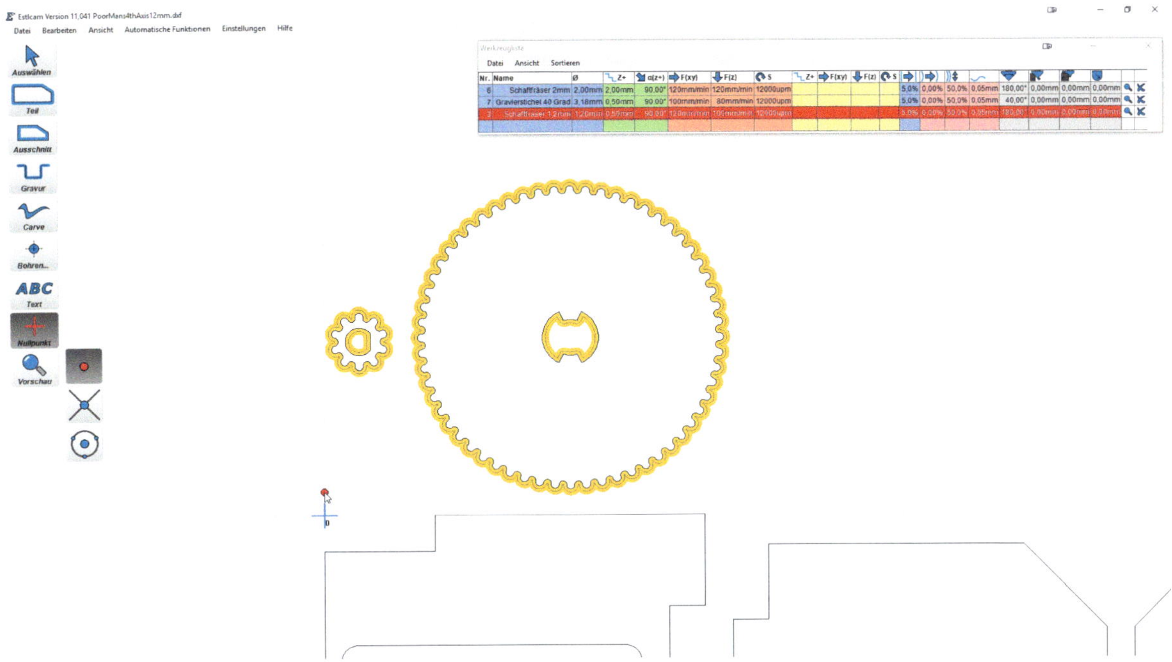

Bild 8.20 Zunächst hole ich die Position über die beiden Kanten des unteren Teils, dann setze ich den Nullpunkt endgültig etwas höher.

8.5 Die Späne fliegen: Tipps zur Arbeit an der Fräse

In diesem Abschnitt möchte ich dir noch einige Praxistipps zur Arbeit an der Fräse geben. Ich habe, bei jeweils 60 000 U/min an der Spindel, den Vorschub für Sperrholz auf 120 mm/min und für Pertinax auf 80 mm/min eingestellt. Die reinen Rechenwerte aus Kapitel 3 sind recht hoch. Ich arbeite meist mit den Vorschlagswerten aus dem CNC-Wiki (*https://cnc-wiki.de*) und etwas Gefühl.

HINWEIS: Achtung! Im CNC-Wiki sind die Vorschubwerte in Millimeter pro Sekunde angegeben. Ich arbeite ansonsten mit Millimeter pro Minute. Du musst also alle Werte mit 60 multiplizieren. Beachte auch die Drehzahlen. Sie sind mit 20 000 – 25 000 U/min höher als die 6 000 – 12 000 U/min, die unsere Fräse erreicht.

Für Sperrholz und meine 6000-U/min-Spindel ist 100 mm/min ein guter Startwert. Ich nutze gerne die Möglichkeit, während des Fräsens im *Steuerung*-Reiter von bCNC die Vorschubgeschwindigkeit zu erhöhen. Da kann man testen, wie sich eine höhere oder niedrigere Vorschubgeschwindigkeit auswirkt. Eine weitere, von mir viel genutzte Funktion von bCNC ist der Scan. Der entsprechende Button befindet sich im *Steuerung*-Reiter. Beim Scannen fährt die Spindel ein Rechteck ab, das der äußeren Umrandung des geladenen Fräsprogramms entspricht. Vor allem wenn ich ein Reststück weiternutzen möchte, hilft mir der Scan herauszufinden, wie das Werkstück positioniert werden muss, damit es für das Projekt reicht.

Bild 8.21 Die Holzteile der vierten Achse entstehen. Man sieht sehr schön, wie zunächst die Innen- und dann die Außenkonturen herausgearbeitet werden.

Dazu fährst du nach der Referenzfahrt auf den Nullpunkt des Werkstücks, das du noch nicht endgültig befestigt hast, sondern das noch lose gespannt ist. Fahre die Spindel auf etwa 20 Millimeter Höhe, damit sie sich frei bewegen kann. Dann lädst du das Programm und startest den Scan. Nun fährt die Spindel so lange das umrandende Rechteck ab, bis du mit dem Stopp-Button die Spindel anhältst. So siehst du recht gut, ob der Rest Material passt. Verschiebe ihn ansonsten so lange, bis das Rechteck richtig sitzt, und spanne das Teil dann richtig. Ebenso kannst du beurteilen, ob die Spannpratzen beim Fräsen im Weg sein werden. So lassen sich auch kleine Fitzelchen noch nutzen, aber auch kleine Materialstückchen wie die Pertinaxplatte.

Bild 8.22 Die vierte Achse ist fertig. Das Gehäuse aus Holz und die Pertinaxzahnräder passen fast ohne Nacharbeit zusammen.

8.6 Hoch hinaus! Fräsen eines Flugzeug-Spantengerüsts

Der Ausdruck „DXF-Format" ist eigentlich falsch, denn es gibt Tausende von DXF-„Dialekten". Die DXF-Ausgabe verschiedener Programme unterscheidet sich - zwar meist nur in Nuancen, die jedoch zu Problemen führen können. DXF wurde als Drawing Interchange File Format von Autodesk in AutoCad integriert. Die Beschreibung wurde offengelegt, sodass auch andere Softwarehersteller eigene DXF-Schnittstellen programmieren konnten. Das gelang dem einen besser, dem anderen weniger gut. Darüber hinaus hat sich DXF weiterentwickelt. Es existieren also verschiedene Versionen des Formats.

Und nicht zuletzt unterstützt DXF verschiedene Elemente besser oder schlechter. Schriften werden beispielsweise vielfach nicht erkannt, wenn die passende Schriftart im Zielsystem nicht vorhanden ist. Komplexe Geometrien, die beispielsweise entstehen, wenn Linienzüge nicht geschlossen sind, führen gerne zu Fehlern. Es gibt tatsächlich DXF-DXF-Konverterprogramme, die zwischen verschiedenen DXF-Dialekten hin und her übersetzen. Eine „zerschossene" DXF-Datei ist also nicht ein Hinweis auf schlechte Zeichenkenntnisse oder Schlampigkeit des Erstellers, sondern zeigt, dass die Software, in der die Datei erstellt wurde, und dein Programm, mit dem du die Datei öffnest, unterschiedliche Auffassungen über die Interpretation des Dateiinhalts haben. Trotzdem ist eine solche Datei oft die einzige Grundlage, die zur Verfügung steht. Deshalb zeige ich dir, wie du möglichst viel Geometrie aus dem Plan rettest beziehungsweise in Fräsdateien umsetzen kannst.

Als Beispiel habe ich den „Balsa-Zagi" gewählt (Bild 8.23). Der Zagi ist ein Nurflügel-Segelflugzeug, das üblicherweise aus Styropor gebaut wird. Im Forum von RC-Network.de (*http://www.rc-network.de*) bin ich auf einen Eintrag von Michael „Hasilein" Haase gestoßen, der das Modell aus Balsaholz in Spantenbauweise umgesetzt hat. Er hat mir erlaubt, seinen Entwurf hier als Beispiel zu verwenden.

Den Thread zum Balsa-Zagi findest du unter *http://www.rc-network.de/forum/showthread.php/464184-Enkele-Balsa-Zagi*. ■

HINWEIS: Ich bin kein Modellbauer und schon gar kein Flugzeugmodellbauer. Haases Modell ist ein gutes Beispiel, um die Arbeit mit DXF-Dateien zu zeigen. Über die Eigenschaften des Flugzeugmodells selbst kann ich keinerlei Aussagen treffen. ■

Bild 8.23 Der Balsa-Zagi ist ein schönes Beispiel für ein Flugzeugmodell in Spantenbauweise (© Michael Haase, rc-network.de).

Schaut man sich das DXF, das Haase zum Download eingestellt hat, beispielsweise in Estlcam an, stellt man schnell fest, dass da einiges durcheinandergeraten ist (Bild 8.24). Statt an der linken Seite übereinander sind die Spanten quer über das Blatt verstreut und der Flügel ist zerlegt. Die Erleichterungsbohrungen in den Klappen fehlen ganz beziehungsweise werden zwar dargestellt, wenn man darüberfährt, aber in anderer Lage und an anderer Stelle. Die Beschriftungen fehlen ganz. In Fusion 360 liegen die Spanten richtig, doch die Löcher fehlen ebenfalls. Hier könnte man zumindest die Geometrie der Klappe kopieren und die Löcher neu einfügen.

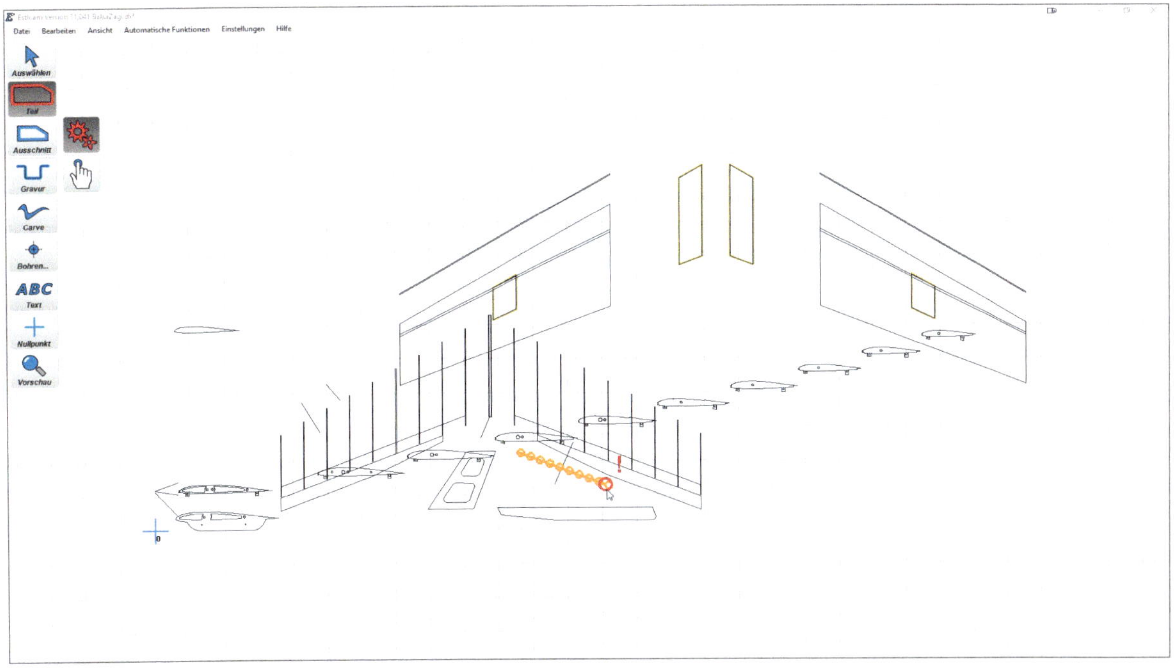

Bild 8.24 Estlcam zeigt die DXF-Datei wild gewürfelt an. Einige Elemente wie die Bohrungen in der Klappe fehlen ganz beziehungsweise werden nur sichtbar, wenn man sie mit der Maus anfährt..

Dass das DXF im Prinzip vollständig ist, zeigt sich, wenn man die Datei in SolidWorks lädt. Dort wird die Zeichnung richtig, vollständig und mit allen Beschriftungen dargestellt. Allerdings ist es mir nicht gelungen, diese „saubere“ Zeichnung wieder zu exportieren, da die Software 110 offene Konturen anzeigt (Bild 8.25).

Zum Glück ist Estlcam relativ genügsam und ermöglicht es, Fräsgeometrien neu anzuordnen. Wir können – bis auf die Erleichterungsbohrungen – alle Geometrien auch aus dem „wilden“ DXF retten. Dazu lädst du die Datei in Estlcam und beginnst, die Konturen der Spanten, beginnend mit den beiden links unten, die am richtigen Ort sitzen, als Innen- oder Außengeometrie beziehungsweise Teil und Ausschnitt zu definieren. Hier helfen Automatismen wenig weiter. Es ist an dieser Stelle sicherer, dies von Hand zu tun.

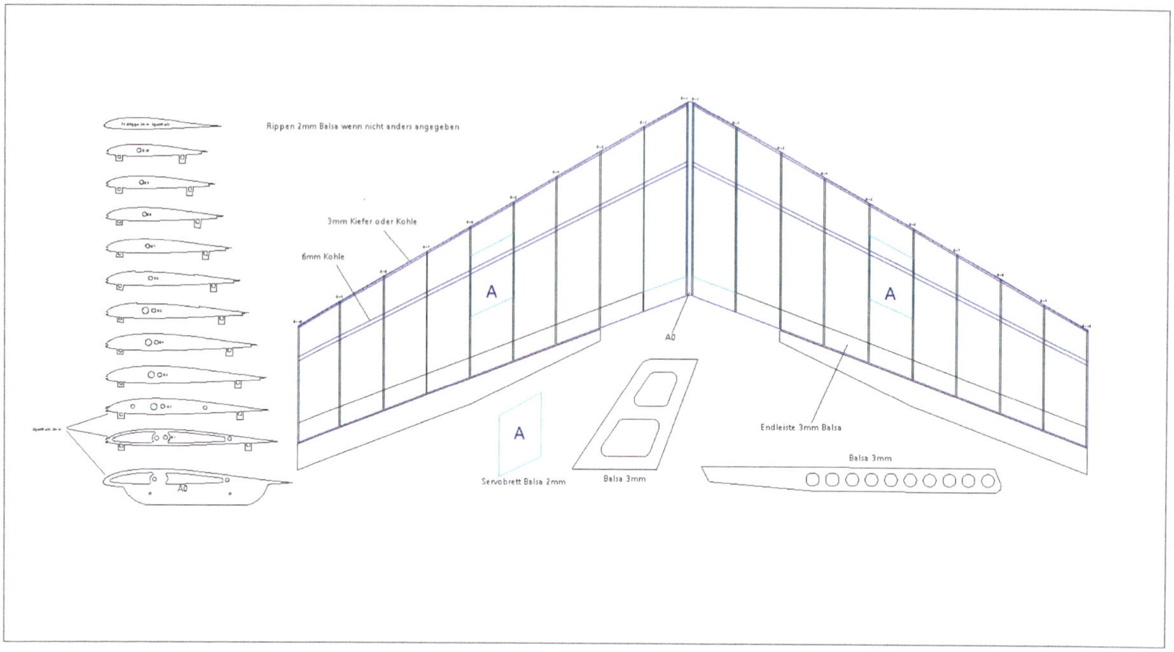

Bild 8.25 SolidWorks zeigt die Zeichnung richtig, vollständig und mit Beschriftung an, meldet aber auch 110 Geometriefehler.

Dir wird schon aufgefallen sein, dass du mit dem Auswahlwerkzeug in Estlcam zwar Fräswege markieren kannst, aber keine DXF-Konturen. Das ist auch logisch, denn Estlcam kann das DXF nur lesen, nicht verändern. Der Fräsweg, der auf Basis einer Konturerkennung entlang der DXF-Geometrie entsteht, ist dagegen von Estlcam selbst erzeugt und kann von der Software natürlich verändert und auch verschoben werden.

Dementsprechend können wir nun die Fräswege neu anordnen. Allerdings sollten die Fräswege innerhalb eines Bauteils, beispielsweise eines Spants, sich nicht zueinander verschieben. Definiere die Fräswege an der dritten Rippe von unten (Außenkontur und fünf Löcher). Schalte nun auf das Auswahlwerkzeug und markiere – am einfachsten durch Aufziehen einer Box – alle diese Fräswege und klicke oben im Menü *Bearbeiten* auf GRUPPIEREN. Damit sind diese Fräswege zu einer Einheit zusammengefasst, die nur gemeinsam aktiviert und bearbeitet werden kann (Bild 8.26).

TIPP: Keine Regel ohne Ausnahme! Per Shift-Taste kannst du auch Elemente einer Gruppe einzeln markieren.

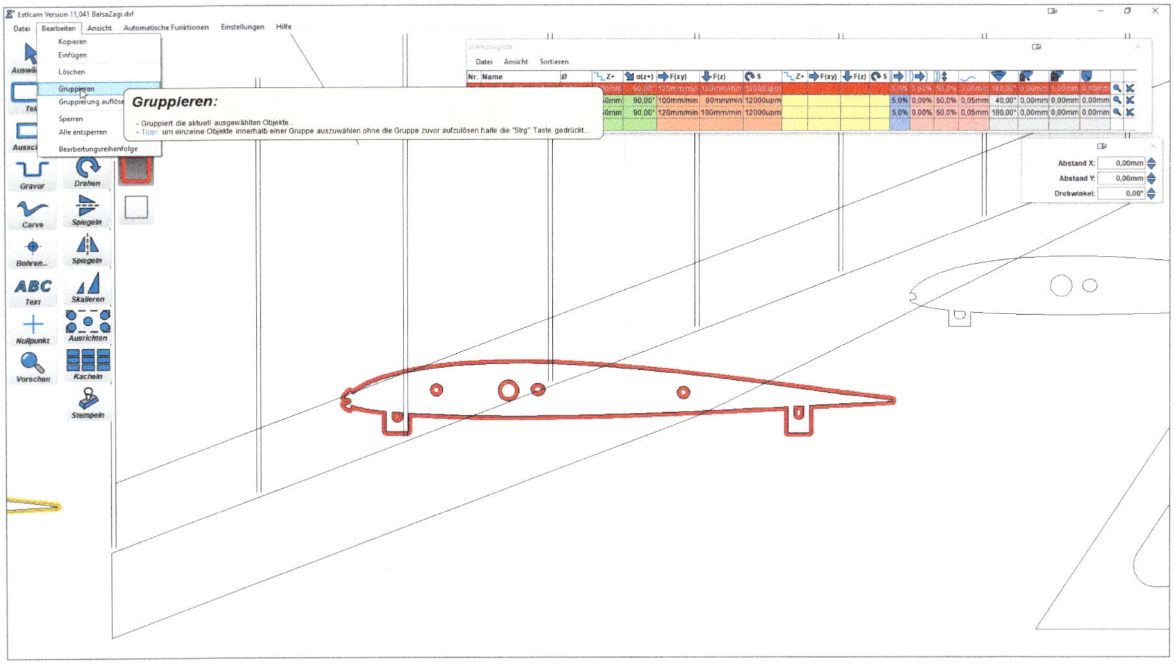

Bild 8.26 Mit einem Klick kannst du alle Elemente einer Rippe gruppieren und gegeneinander festlegen.

Im Auswahlmenü findest du die Befehle zum Manipulieren der Fräswege: verschieben, drehen, horizontal oder vertikal spiegeln und skalieren. Verschieben und drehen arbeiten sogar gleichzeitig. Du kannst einen Fräsweg oder eine Gruppe mit der linken Maustaste verschieben und mit der mittleren Taste drehen. Mit der rechten Maustaste verschiebst du den gesamten Bildschirm. Du kannst also relativ weit ins Bild hineinzoomen, erst einmal jeder einzelne Spant und das Winglet mit Fräswegen versehen und jeweils gruppieren. In der Gesamtansicht schiebst du die Gruppen dann so zusammen, dass sie schön auf eine Platte passen.

Sogar die Löcher in der Klappe findet die automatische Konturverfolgung, wenn du weißt, wo sie liegen – sie sind nämlich nicht sichtbar (Bild 8.27). Berührst du den einzelnen Kreis, der sichtbar ist, werden die anderen Kreise angezeigt. Das Problem: Dieser erste Kreis ist nicht sauber geschlossen und eine Linie liegt quer über allen Kreisen. Wahrscheinlich handelt es sich um eine Konstruktionslinie aus dem CAD-System, die fälschlicherweise ins DXF geraten ist. Ebenfalls problematisch ist die äußerste Rippe, die ist am hinteren Ende nicht sauber geschlossen, was die automatische Konturerkennung durcheinanderbringt.

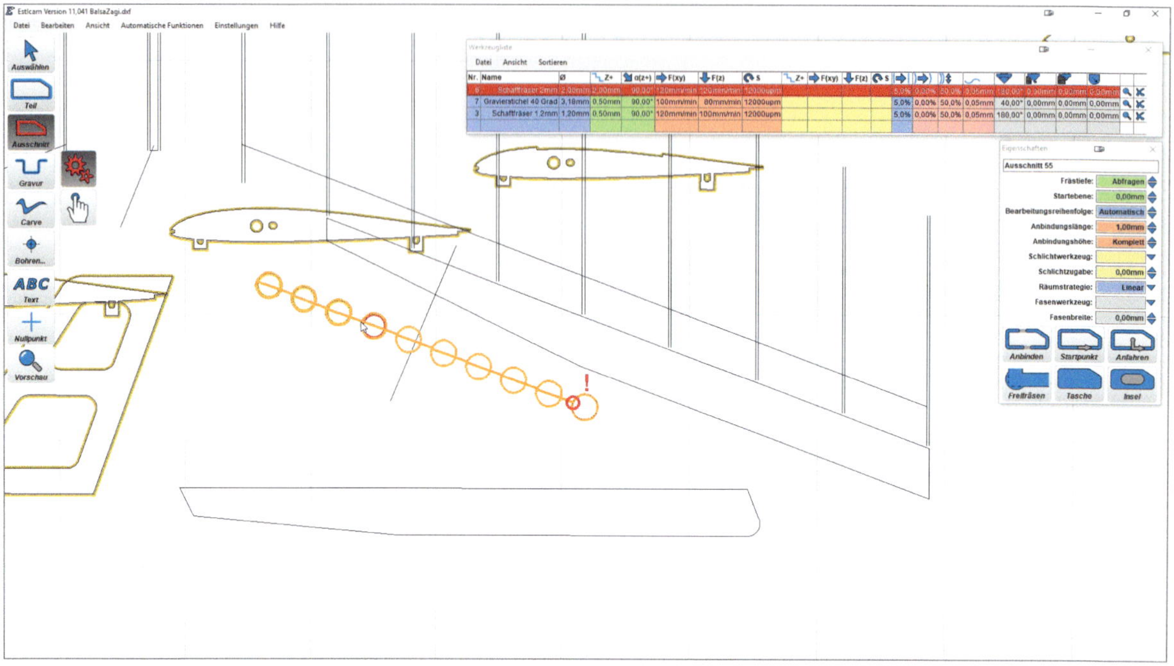

Bild 8.27 Mit etwas Geschick lässt sich sogar die zunächst unsichtbare Reihe der Erleichterungslöcher mit Fräsbahnen versehen und richtig platzieren.

Die Lösung ist die manuelle Korrektur: Sobald du mit aktivierter manueller Verfolgung in die Nähe der Kontur kommst, wird diese mit ihren Stützpunkten dargestellt. Bei großer Vergrößerung siehst du auch die offene Kontur am hinteren Ende des Profils (Bild 8.28). Klicke auf den Endpunkt der oberen Linie und fahre Richtung Profil. Estlcam versucht wiederum, Linienzüge zu erkennen, und zeichnet plötzlich das gesamte Profil grün – es hat sie erkannt. Ein rechter Mausklick bestätigt die Auswahl.

Dann hängt am Mauszeiger noch eine blaue Linie, mit der du den Linienzug schließen musst. Klicke nun mit links auf das obere Ende des Linienzugs und die Fräskontur erscheint. Die rechte Maustaste bestätigt automatisch erkannte Linienzüge, die linke Maustaste bestätigt Einzelpunkte. Mit der automatischen Konturverfolgung kannst du quasi freihändig zeichnen.

Hast du alle Fräswege definiert? Dann geht es ans Sortieren. Auch dafür hält Estlcam eine tolle Funktion bereit – und zwar das Ausrichten (im *Auswählen*-Werkzeug der dritte Button von unten). Und so geht's: Klicke auf AUSRICHTEN. Es erscheint ein Menü mit neun Buttons, mit denen du die Ausrichtung auswählst. Aktiviere zuerst die obere der beiden Profilgruppen links unten. Sie wird nicht rot, sondern blau. Das ist nun die Referenzgeometrie, an der ausgerichtet wird. Dann klickst du den linken mittleren Button, um die Geometrien nach links ausrichten. Nun kannst du eine Profilgruppe nach der anderen anklicken und diese flitzen nach links, wo sie übereinander einen Stapel bilden, ganz so wie im SolidWorks-Bild (Bild 8.29).

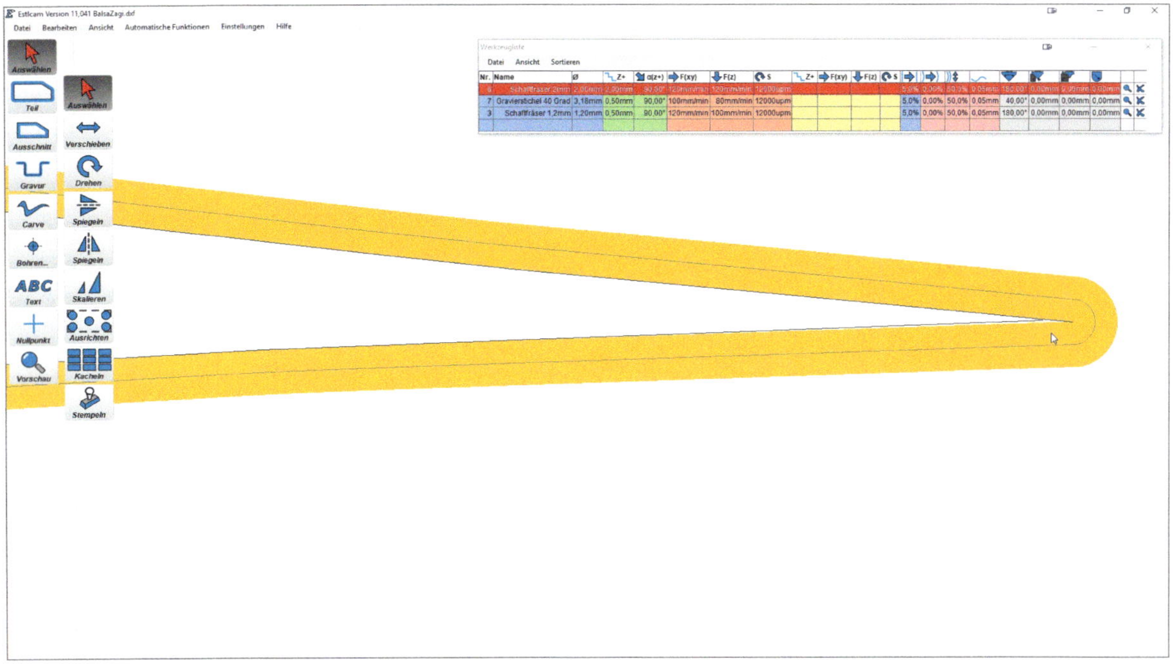

Bild 8.28 In hoher Vergrößerung ist der offene Linienzug am Ende des Profils klar zu erkennen.

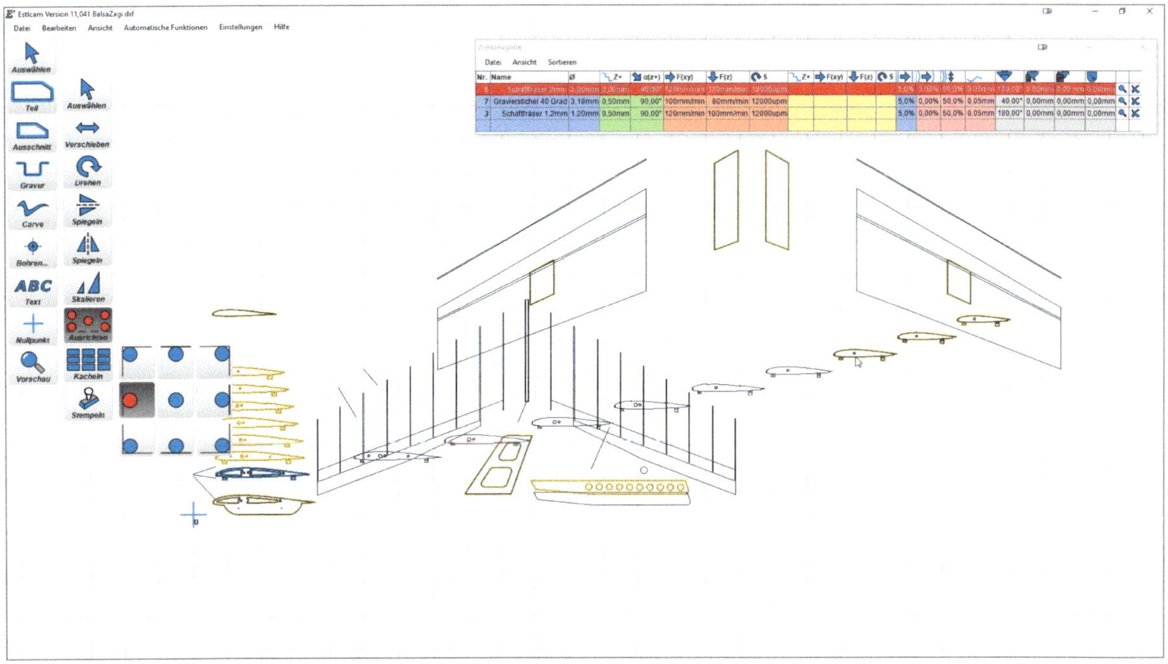

Bild 8.29 Zack, zack: Mit wenigen Mausklicks sammelst du die Profile an der linken Kante.

Jetzt schiebst du noch das Winglet an die Profile, um möglichst wenig Abfall zu haben (ebenso die Klappe). Beide brauchen wir übrigens zweimal und jeweils gespiegelt. Das ist mit KOPIEREN und EINFÜGEN (rechtes Kontextmenü) und den Spiegelfunktionen des *Auswählen*-Werkzeugs schnell erledigt. Auch die Servobretter und die Verkleidungen in der Mitte des Nurflüglers sind schnell zusammengesucht und sinnvoll angeordnet. Beachte dabei, dass verschiedene Werkstoffe gefräst werden müssen. Du kannst das Projekt speichern, dreimal kopieren (für Sperrholz, 2-mm- und 3-mm-Balsa) und in diesen drei Dateien jeweils die unerwünschten Fräswege löschen. Dann musst du noch die Nullpunkte anpassen und ab auf die Fräse. Der Erstflug rückt in Sicht!

8.7 3-Achs-Fräsen: In alle Richtungen

Um zu zeigen, dass Estlcam auch 3-Achs-Fräsen unterstützt, und um die Beschreibung von Estlcam zu vervollständigen, will ich in diesem Abschnitt noch einen kurzen Exkurs machen. Basis ist ein Modell, das in meinem ersten Buch *CAD für Maker* (ISBN 978-3-446-45681-5) gescannt und ebenfalls für ein Fräsprojekt verwendet wurde, dort allerdings in Fusion 360. Das Modell ist der Scan einer Specksteinfigur, die in abstrakter Form zwei Menschen zeigt, die sich an den Händen halten und gleichzeitig eine Herzform bilden (Bild 8.30). Das Modell, das wir zum Fräsen verwenden wollen, ist halbiert, damit eine flache Unterseite entsteht. Diese können wir nicht bearbeiten.

Hier sieht man auch sehr schön, warum 3-Achs-Fräsen kein 3D-Fräsen ist. Bei der Bearbeitung von der Seite kommt der Fräser nicht zwischen den freischwebenden Arm und die Unterlage, was dazu führt, dass der Bereich zwischen Arm und Unterlage gefüllt bleibt. ■

Estlcam wechselt automatisch in den 3-Achs-Modus, wenn eine STL-Datei geladen wird. Zunächst fragt Estlcam nach der Maßeinheit der STL-Datei. Danach erscheint ein Menü, in dem du die Datei richtig positionieren kannst. Die Ansicht auf dem Bildschirm ist die von oben. Das 3D-Modell muss also so liegen, wie es aus der Sicht des Werkzeugs zu sehen wäre. Mithilfe der Pfeile im Popup-Fenster drehst du das Modell. Du kannst es auch spiegeln. Dabei ändert Estlcam leider die Größe des Objekts. Schaue in den Feldern links unten im 3D-Vorschau-Popup am Ende nochmals nach den Definitionen. Ich habe als Rohmaterial eine Buche-Leiste mit einem Querschnitt von 60 × 20 Millimetern. Die Höhe sollte also unter 20 Millimetern liegen. Bei mir passte eine Breite von 40 Millimetern, um eine Höhe von 19,13 Millimetern zu erreichen. Ich hätte auch gleich 19 Millimeter eingeben können, die Maße sind miteinander gekoppelt und die Größe ändert sich in allen drei Dimensionen proportional (Bild 8.31). Allerdings benötige ich die Breite im nächsten Schritt.

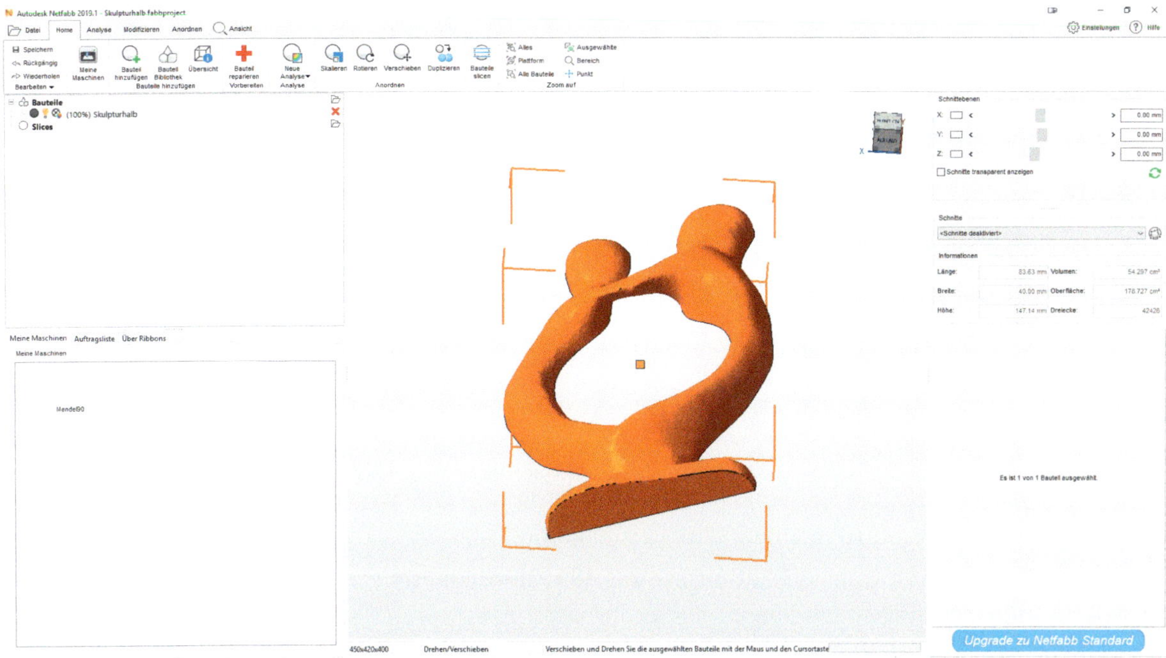

Bild 8.30 Treuen Lesern meiner Bücher wird das 3D-Modell für das 3-Achs-Fräsen bekannt vorkommen.

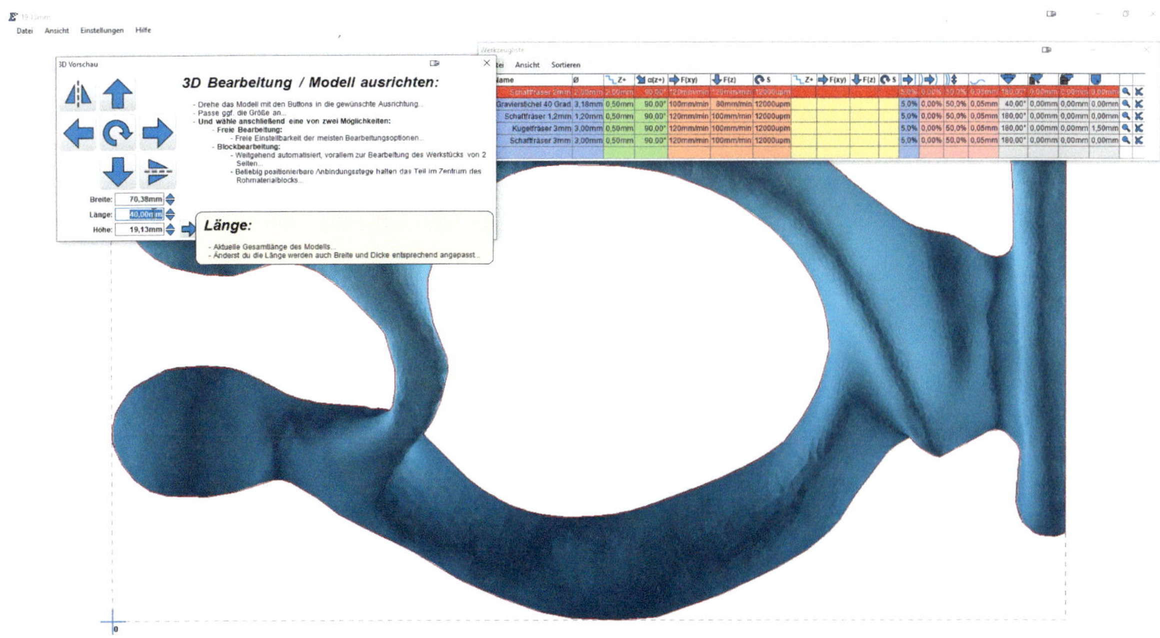

Bild 8.31 Am Ende musst du die Dimensionen ans Rohmaterial anpassen.

Nun gibt es zwei Möglichkeiten: die freie Bearbeitung oder die Blockbearbeitung. Letztere ist vor allem für zweiseitige Bearbeitung gedacht und stark automatisiert, deshalb gehen wir den Weg der freien Bearbeitung. Es öffnet sich ein neues Fenster und die Figur wird mit einem blauen Rand umgeben. Das ist der Arbeitsbereich. Die Breite des Rands kannst du als Umriss oder Rechteck definieren und auch die Breite lässt sich einstellen.

Willst du die Form komplett freifräsen, kannst du einen relativ schmalen Rand als Umriss definieren. Dann wird der Bereich außerhalb des Rands stehen gelassen. Das spart Fräszeit. So wird beispielsweise der Bereich in der Mitte der Figur stehen gelassen. Er fällt dann heraus, wenn die tiefste Fräsebene erreicht ist. Wenn du allerdings ein Relief auf einem festen Hintergrund erhalten möchtest, dann stelle den Rand auf rechteckig um und stelle die Breite so ein, dass das gesamte Rohteil in der Breite abgedeckt ist. Bei meinem Modell steht der Rand auf 10 Millimeter, denn die Figur ist 40 Millimeter breit, das habe ich ja eben festgelegt, und bei einem Rand von 10 Millimetern auf jeder Seite ist der Arbeitsbereich insgesamt 60 Millimeter breit, also genauso breit wie das Rohmaterial.

Beim 3D-Bearbeiten sind nur zwei Bearbeitungsschritte vorgesehen wechseln (Bild 8.32). Es ist allerdings möglich, Umrisse aus dem 3D-Modell zu extrahieren und ins 2D zu wechseln. Beispielsweise kannst du so ein zweites Fräsprogramm erstellen, um den Hintergrund zu glätten. Das ist dann aber wieder „nur“ 2,5-Achs-Fräsen, das heißt mit fester Z-Höhe pro Schicht.

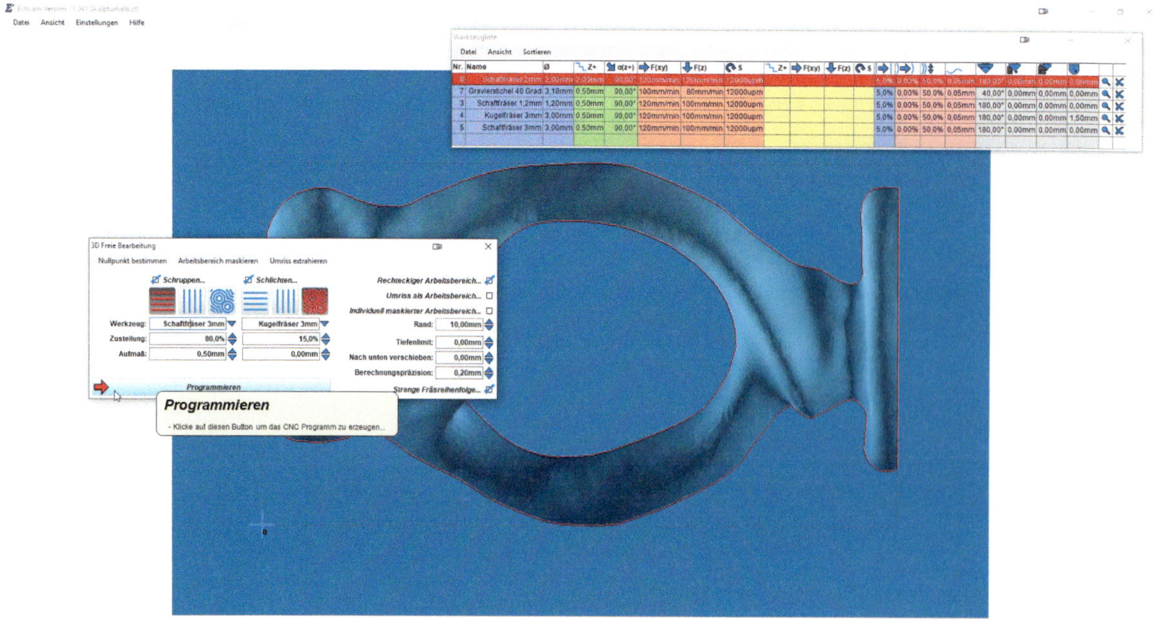

Bild 8.32 Beim 3D-Fräsen lassen sich zwei Arbeitsgänge definieren.

Estlcam bietet für Schrupp- und Schlichtdurchgang drei Frässtrategien an: *Linear abzeilen in X*, *Linear abzeilen in Y* und *Konturparallel bearbeiten*. Bei den ersten beiden Strategien wird der Arbeitsbereich längs oder quer im Zickzack und in parallelen Bahnen bearbeitet. Dort, wo Material stehen bleiben soll, fährt der Fräser in Z nach oben und über die Form hinweg – echtes 3-Achs-Fräsen eben. Konturparallel bedeutet, dass der Fräser in jeder Schicht erst um die aktuelle Kontur herum arbeitet und dann die Freiflächen spiralförmig bearbeitet.

Wie der manuelle Werkzeugwechsel funktioniert, zeige ich dir in Abschnitt 9.3, wenn es um den Werkzeuglängentaster geht.

Die Linearstrategien sind typische Schruppstrategien, die viel Material wegräumen, aber nicht die besten Oberflächen erzeugen. Du musst dir vergegenwärtigen: Wenn der Fräser an eine senkrechte Wand kommt, fährt er, weil er ja rund ist, nur in der Mitte bis an die Kontur, links und rechts der Mitte bleibt Material stehen und es ergeben sich zylindrische Strukturen im Rand. Dies wird umso deutlicher, je höher der seitliche Vorschub wird, das heißt, je weiter die Fräserbahnen auseinanderliegen (Bild 8.33).

Bild 8.33 Durch das lineare Abzeilen ergeben sich Muster in senkrechten Flächen, wie am Reststück zu sehen ist.

Fährt der Fräser dagegen parallel zur Kontur, ergibt sich an jeder Stelle eine gleichmäßige, glatte Oberfläche. Bei jeder Strategie kannst du den seitlichen Vorschub auswählen. Estlcam berechnet dies in Prozent der Fräserbreite. Das ist der „Inverswert" der Überdeckung, die wir in Abschnitt 3.2 kennengelernt haben. 80 Prozent Vorschub bedeutet also 20 Prozent Überdeckung. Dabei wird man beim Schruppen möglichst hoch gehen, um möglichst viel Material abzutragen. Die 20 Prozent sind ja sozusagen verlorene Fräserbreite, die an einer Stelle fährt, wo das Material schon weggefräst ist. Beim Schruppen wird man dagegen nur kleine Prozentzahlen einstellen, um möglichst saubere Oberflächen zu erhalten. Typisch sind 80 und 15 Prozent.

Der dritte Wert, den du hier einstellen kannst, ist das Aufmaß. Beim Schruppen lässt man etwas Material stehen, damit der Schlichtfräser noch Material zum Abarbeiten hat. Also könntest du beispielsweise beim Schruppen 0,5 Millimeter Aufmaß eingeben, beim Schlichten natürlich 0 Millimeter.

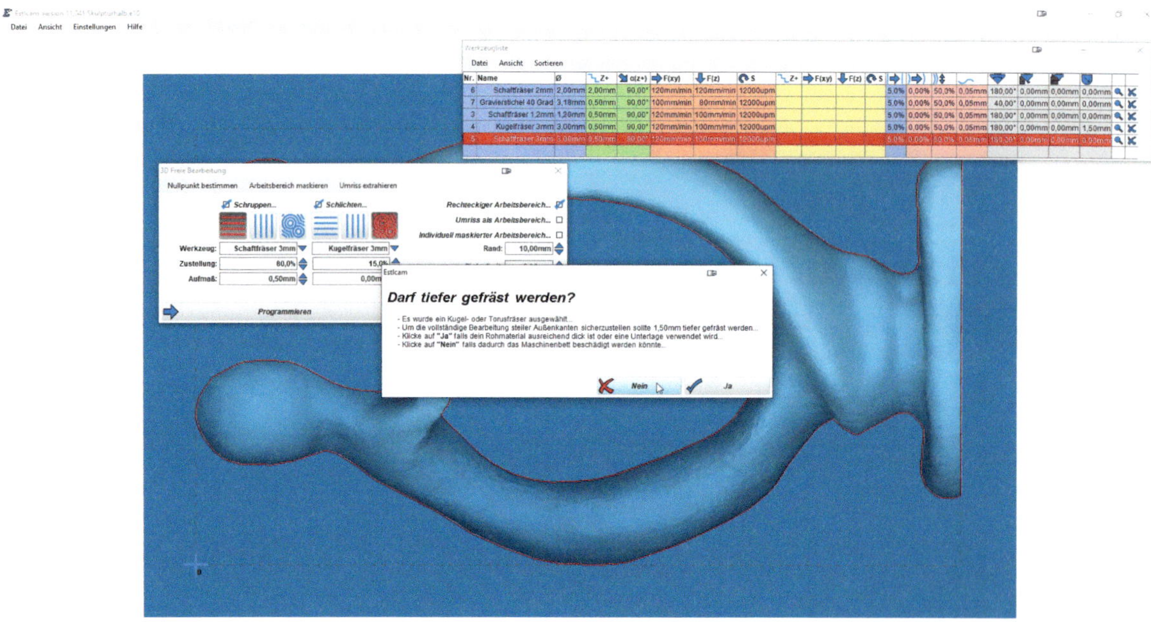

Bild 8.34 Estlcam würde gerne tiefer fräsen, um die unterste Ebene komplett zu bearbeiten.

Mit der Berechnungspräzision kannst du steuern, wie genau die Bahnen berechnet werden. Der vorgegebene Wert ist ein guter Kompromiss zwischen Berechnungsdauer und Genauigkeit. Starte mit einem Klick auf PROGRAMMIEREN die Berechnung. Nach einer Weile werden dir die Fräsbahnen angezeigt.

Oder es kommt eine Abfrage, ob tiefer gefräst werden soll, und zwar immer, wenn ein Kugelfräser als zweites Werkzeug definiert ist. Ich wähle üblicherweise einen robusten Schaftfräser zum Schruppen und einen Kugelfräser zum Schlichten, weil beim Kugelfräser gewölbte Oberflächen schöner werden. Schaftfräser sind ja eigentlich darauf ausgelegt, mit der gesamten Seitenschneide zu schneiden. Beim 3D-Konturfräsen arbeitet jedoch nur die winzige Kante zwischen zylindrischer Seite und der Schneide an der unteren Fläche im Material. Bei einem Kugelfräser ist der Eingriff immer ein sanft auslaufender Punkt auf der Kugelfläche, die durch den sich drehenden Fräser gebildet wird (Bild 8.36 und Bild 8.37).

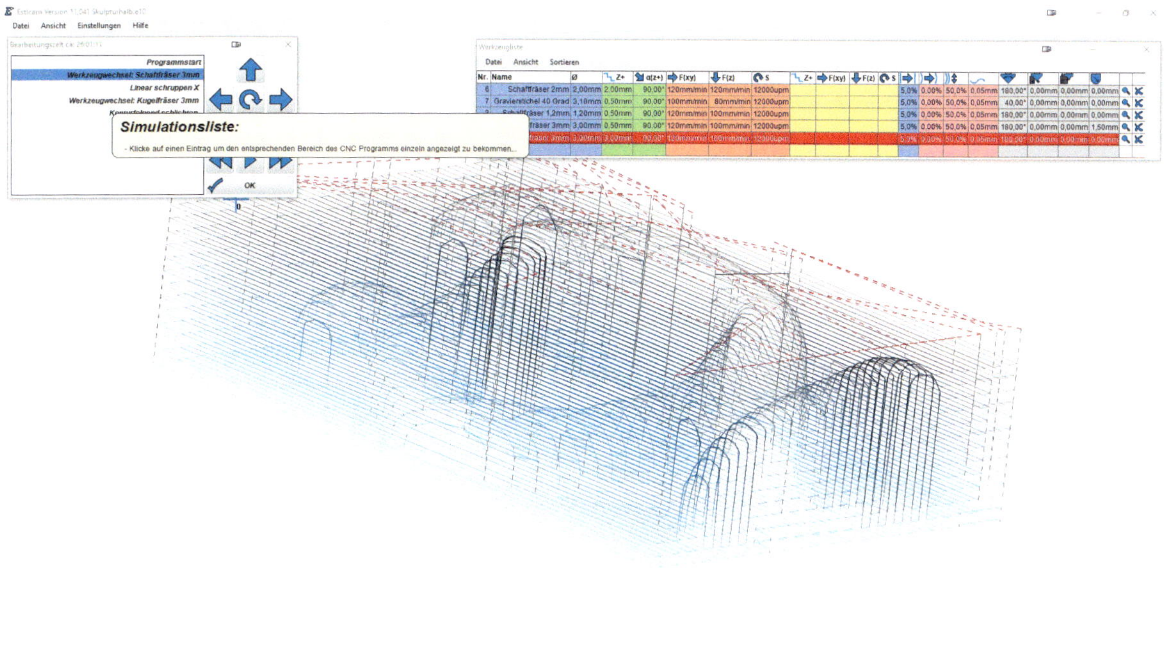

Bild 8.35 Die *Linear abzeilen*-Strategie fährt in parallelen Flächen das Material ab.

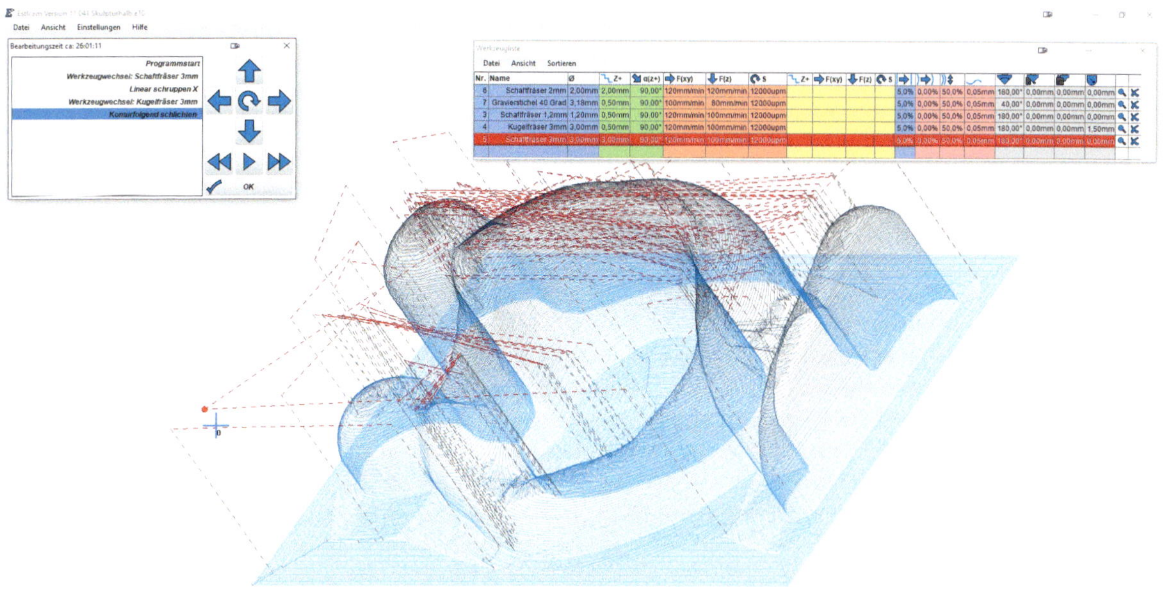

Bild 8.36 Das konturparallele Schlichten folgt der Oberfläche, die so besonders glatt wird.

Bild 8.37 Der Kugelfräser hinterlässt Spuren auf dem Hintergrund, modelliert aber die Formen sehr schön.

Ein Nachteil entsteht dadurch allerdings: Analog zu den senkrechten Wänden, die durch die Zylinderform des Fräsers ein Muster erhalten, geschieht dies bei einem Kugelfräser auch an der unteren Begrenzungsfläche, nur die Spitze der Kugel läuft auf dem allertiefsten Niveau. Deshalb fragt Estlcam, ob es tiefer fräsen darf, wenn bei der zweiten Bearbeitung ein Kugelfräser eingegeben ist. Wenn du ein Material komplett abtragen musst, klicke auf JA. Dann fräst Estlcam um den Radius des Fräsers tiefer, sodass der „Äquator" des Fräsers die untere Ebene berührt. Lässt du Material stehen wie in meinem Beispiel, macht das Tieferfräsen keinen Sinn und du klickst auf NEIN. Nun wird berechnet. In der Anzeige der Fräsbahnen kannst du dann die Arbeitsgänge durchklicken. Speichern, fräsen und los geht's!

Wenn die Hintergrundebene ebenfalls perfekt sein soll, kannst du mit *Umriss extrahieren* die Umrisse in die 2,5-D-Umgebung mitnehmen und eine Schlichtoperation als eigenständiges Programm definieren, das nach dem 3-Achs-Fräsen gestartet wird.

■ 8.8 CAD/CAM vereint: Ein komplett in Fusion 360 realisiertes Projekt

Bisher haben wir mit vorgefertigten oder in anderen Systemen erzeugten Daten gearbeitet. Estlcam ist ein reines CAM-Programm und dementsprechend nicht in der Lage, Geometrien zu erzeugen. Fusion 360 ist da anders: Das Autodesk-System vereinigt, unter anderem, CAD und CAM unter einem Dach. Den Nachteil, wenn man mit zwei getrennten Systemen arbeitet, haben wir beim Balsa-Zagi in Abschnitt 8.6 gesehen, als das DXF völlig wirr war. Arbeitet man in einem System, entfällt der Umweg über Schnittstellen und du kannst sicher sein, dass das CAM-Programm genau aus der Geometrie entsteht, die du im CAD definiert hast.

Zudem bleibt das CAM-Programm, in gewissen Grenzen, gültig, wenn du am CAD-Modell etwas änderst. In Estlcam müsstest du das DXF neu einlesen und die komplette Arbeit neu machen. Zudem ist Fusion ein echtes Profisystem und bietet wesentlich mehr Funktionen im CAM-Bereich als Estlcam, was leider auch dazu führt, dass die Benutzeroberfläche wesentlich komplexer wird und viel mehr Parameter eingestellt werden können. Wir werden deshalb in diesem Abschnitt nur an der Oberfläche kratzen, doch das reicht, um ein schönes Projekt durchzuziehen.

Wenn der Maker mit dem Basteln fertig ist und ein Bier trinken möchte, kommt natürlich nur ein Selbstgebrautes infrage. Das ist gewiss übertrieben, aber ich habe die Erfahrung gemacht, dass viele Selbstbrauer basteln und anders herum. Die grundsätzliche Neugierde, wie etwas funktioniert und wie es gemacht wird, beschränkt sich eben nicht auf 3D-Drucker oder CNC-Fräsen, sondern gilt auch für Getränke.

Zum Bierbrauen benötigt man unter anderem eine Malzmühle, die das Malz zwischen zwei Stahlwalzen hindurchdrückt und schrotet, also grob zerbricht (Bild 8.38). Diese Mühlen werden üblicherweise von Hand mit einer Kurbel angetrieben, was bei einigen Kilo Malz zu einer langwierigen Angelegenheit werden kann. Besser ist der Antrieb durch einen Motor. Akkuschrauber sind oft zu schwach, aber bei mir lag noch ein Mörtelmixer im Werkzeugschrank, der das benötigte Drehmoment bringt (Bild 8.39).

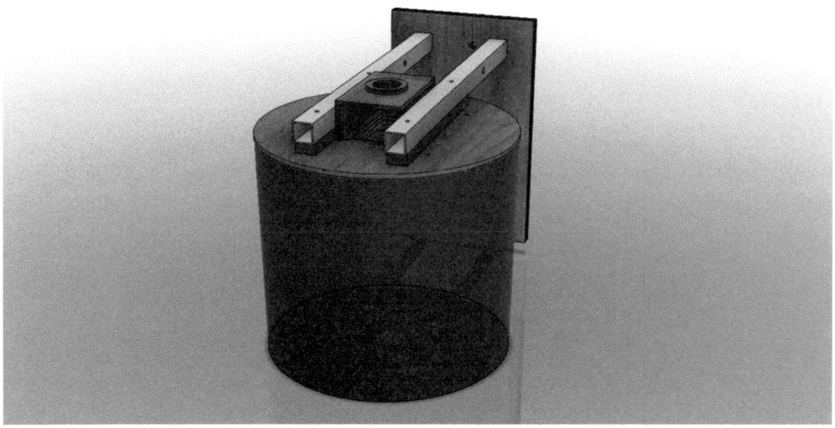

Bild 8.38 Malzmühle elektrifiziert: Die Mühle kommt in das durchsichtige Gehäuse, obendrauf wird ein Trichter und hinten dran ein Mörtelmixermotor platziert. Im roten Eimer landet das geschrotete Malz.

Bild 8.39 Die Malzmühle bekommt einen Mörtelmixer-Antrieb. Die Schrauben zeigen die Verschraubungspunkte mit dem Gestell.

Diese Motoren sind jedoch so schwer, dass der Deckel mit der Mühle seitlich wegkippt. Deshalb habe ich mir eine Konstruktion überlegt, in die der Motor eingebaut werden kann. Er wird mit den Gewinden, in die normalerweise die Handgriffe geschraubt werden, zwischen den Stangen befestigt. Das Gewinde für den Griff am hinteren Ende dient ebenfalls zur Befestigung und ermöglicht es, den Fuß mit einer Schraube an den Stangen zu fixieren. Die runde Deckelplatte besteht aus drei Sperrholzplatten. Der Durchmesser der beiden unteren ist kleiner als der des Eimers, der der oberen Platte größer. So fixiert sich der Deckel selbst auf dem Eimer.

Zudem lassen sich Schrauben verstecken. Beispielsweise sind in der obersten Platte Löcher für die Schrauben, die die Malzmühle halten. In der zweiten Platte ist der Bohrungsdurchmesser größer. Hier passt der Schraubenkopf hinein. In der untersten Platte ist kein Loch, der Schraubenkopf ist versteckt. Deshalb hat der Deckel auch vier Löcher zum Verschrauben der Platten. Ich will sie nicht verkleben, um später wieder an die Schraubenköpfe gelangen zu können.

In weitere vier Bohrungen können Schlossschrauben mit dem Gewinde nach oben eingesetzt werden. Der Schraubenkopf ist wiederum versteckt. An diesen Schrauben sind die Stangen mit Flügelmuttern befestigt. Mit dem Öffnen von sieben Verschraubungen lässt sich das Ganze in drei Teile zerlegen, Stangen und Fuß passen in den roten Eimer.

Da ich verschiedene Eimer benutze, habe ich auch den Fuß aus drei Platten konstruiert. Die mittlere Platte kann nach unten herausgezogen und mit zwei Flügelmuttern fixiert werden. So lässt sich der Fuß an verschieden hohe Behälter anpassen (Bild 8.40).

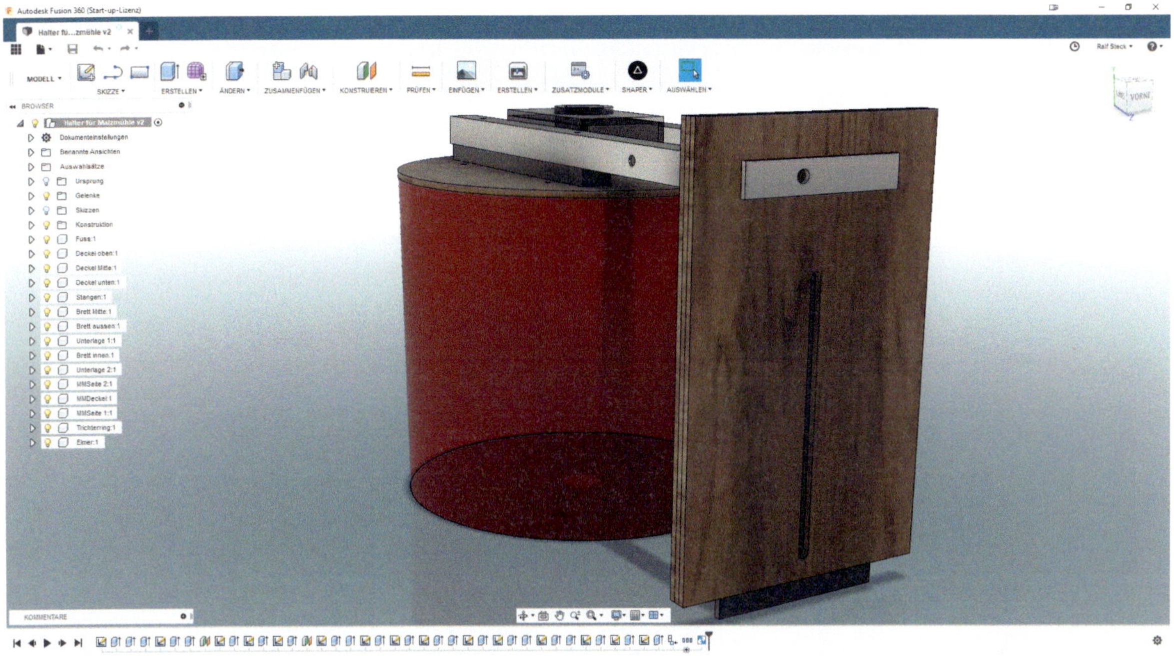

Bild 8.40 Der Fuß lässt sich in der Höhe verstellen, indem das graue Brett ausgefahren wird.

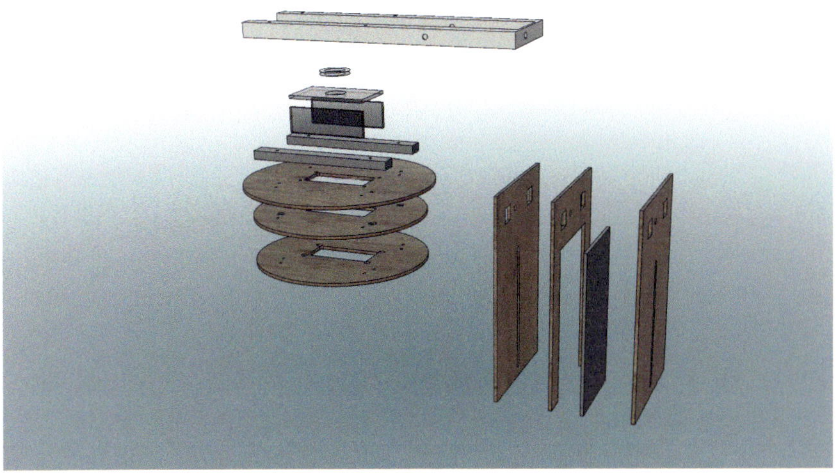

Bild 8.41 In der Explosionsansicht zeigt sich, dass das Projekt aus sieben Sperrholzteilen, einem Stahl- oder Aluschweißteil und etwas Plexiglas besteht.

Die gesamte Konstruktion besteht aus Sperrholz mit einer Stärke von 6,5 Millimetern. Außer den drei runden Platten für den Deckel, deren Durchmesser durch den Eimer festgelegt ist, passen alle Platten in den Arbeitsbereich meiner Fräse von 300 × 620 Millimeter. Da man bei einer Shapeoko Material unter den Seitenwangen durchschieben kann, wäre es möglich, die Deckelaußenkontur in zwei Programmen zu fräsen (jeweils ein Halbkreis). Oder man sägt mit der Stichsäge den Kreis außenherum und fräst nur die Aussparungen. Das kommt auf deine Programmierlust an.

Die Modellierung ist, wenn man sich mit parametrischer Modellierung auskennt, eine reine Fleißarbeit. Ich verweise auch hier gerne wieder auf mein Buch *CAD für Maker* (ISBN 978-3-446-45681-5), in dem ich unter anderem die Modellierung in Fusion erkläre und sogar ein kleines Fräsprojekt abarbeite. Unter *https://a360.co/2UA2B4w* kannst du auf das Fusion-Modell des Malzmühlengestells zugreifen. Ich habe unter *plus.hanser-fachbuch.de* auch ein Fusion-Archiv hinterlegt.

Ich möchte im Folgenden nur ein einzelnes Brett im CAM-System bearbeiten. Das zeigt das Prinzip. Es wäre nur eine unnötige Wiederholung, die anderen Bretter zu programmieren. Diese kannst du selbst programmieren, wenn du das Gerät nachbauen möchtest.

In den CAM-Bereich gelangst du, indem du im Ribbon ganz links von *Modell* auf *Fertigen* umstellst. In älteren Versionen stand hier noch *CAM*. Dabei ändert sich das Ribbon und zeigt nun die Funktionen zum Erstellen der Fräswege. Unten im Browser taucht ein neuer Oberbegriff namens Setup auf. Ein Setup in Fusion 360 CAM enthält die grundlegenden Informationen, die für alle Fräsoperationen eines NC-Programms gelten: Koordinatensystem, Ursprung, Rohteilmaße und -form sowie einige Basisinfos für das Programm, beispielsweise dessen Name.

TIPP: Auch Fusion 360 gibt beim Schweben mit dem Mauszeiger über einer Option detailliert Auskunft über die Option, oft sogar mit Symbolzeichnungen oder Bildern. ■

Die wichtigste Information findest du im ersten Tab: Welche Körper sollen gefräst werden? Ich möchte das Fräsen des mittleren Bretts im Fuß beschreiben, weil sich daran einige Besonderheiten zeigen lassen. Zum einen liegen die Bretter des Fußes nicht im normalen Koordinatensystem beziehungsweise senkrecht zur Ausrichtung des Gesamtmodells. Zudem sollen aus einem Brett zwei Teile gefräst werden: der u-förmige mittlere Bereich des Fußes sowie das Brett, das nach unten verstellbar aus dem U herausgefahren werden kann.

Erstelle ein neues Setup, indem du den entsprechenden Punkt unter *Setup* im Ribbon auswählst. Das neue Setup wird im Browser angezeigt und ein Popup-Fenster erscheint. Drehe dir das Modell so, dass das betreffende Brett waagerecht vor dir liegt, und schalte die Sichtbarkeit von Brett hinten und die Stangen aus, indem du auf das gelbe Glühlampensymbol neben den entsprechenden Körpern klickst. Das Deckbrett und die Stangenkonstruktion verschwinden und du hast jetzt freien Blick auf deine beiden Bretter, die du bearbeiten möchtest. Im Popup-Fenster findest du unter der Rubrik *Modell* eine Option zum Auswählen der Körper (Bild 8.42). Aktiviere sie und klicke beide Bretter an. Jetzt ist es an der Zeit, das Setup zu schließen und umzubenennen. Doppelklicke langsam auf den

Namen, dann kannst du ihn von *Setup 2* in *Brett Mitte, Fuss* umbenennen. Ich benenne Programme und Körper immer gleich. So sieht man sofort, welches Programm zu welchen Körpern gehört. Ein normaler Doppelklick öffnet das Bearbeitungs-Popup wieder.

Nun kümmern wir uns um das Werkstückkoordinatensystem. Lustigerweise passt die Z-Richtung hier schon, weil Fusion 360 in der Modellierung Y als „nach oben" und Z „nach hinten" definiert. Beim Fräsen ist dagegen Z immer „nach oben". Für meine Maschine passt allerdings die Z-Richtung nicht und die Lage des Nullpunkts in der Mitte des Deckels gleich gar nicht. Stelle zunächst einmal die Option *Ursprung* auf *Punkt auf Rohteilrahmen*. Dann erscheint ein Koordinatensystem irgendwo am Brett. Die Position des Ursprungs kannst du einstellen, wenn du die Option darunter (*Punkt auf Rohteil*) aktivierst. Jetzt erscheinen kleine weiße Punkte an den Ecken und in der Mitte der Rohteilkanten. Wähle die obere linke Ecke.

Nun steht das Koordinatensystem wahrscheinlich noch nicht ganz richtig. Bei mir soll die lange Seite X sein, denn das ist die „lange Kante" meiner Fräse. Stelle *Ausrichtung* auf *Z-Achse/Ebene und X-Achse auswählen*, dann kannst du die Kanten oder Ebenen für Z und X am Modell anklicken. Dabei springt der Ursprung gerne woanders hin (Bild 8.43). Wiederhole dann einfach die Definition auf dem Rohteil, bis alles stimmt. Du kannst in den Optionen auch die Richtung der Achsen umkehren.

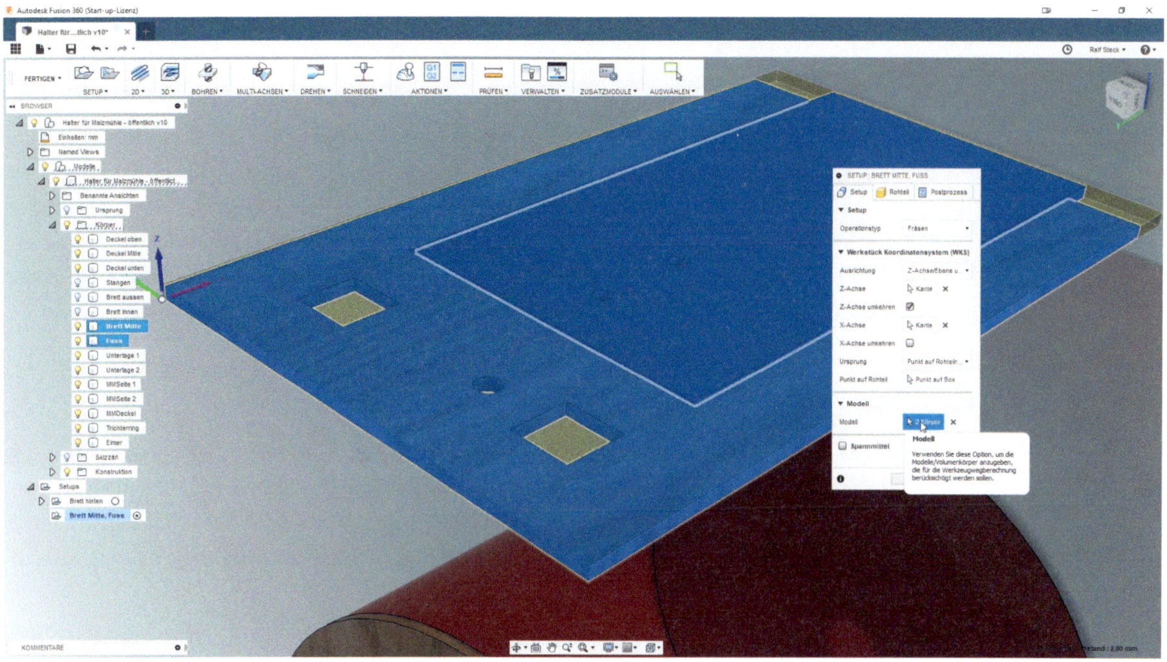

Bild 8.42 Wähle beide Bretter aus. Das System generiert automatisch ein passendes Rohteil (zu sehen in oliver Farbe).

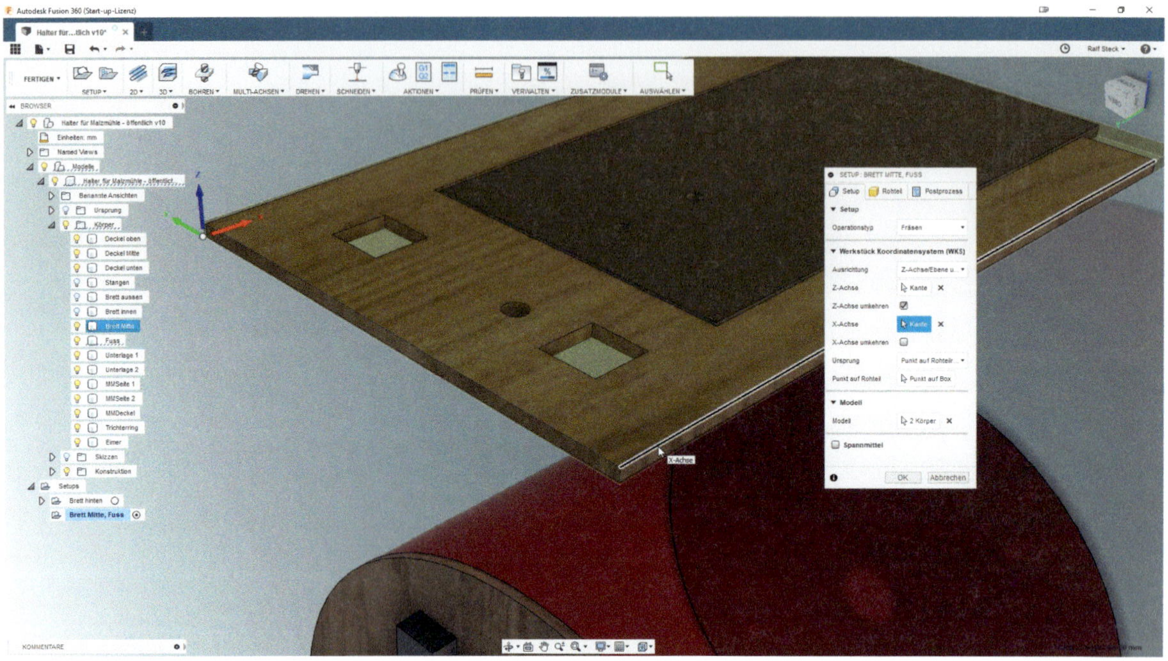

Bild 8.43 Das Koordinatensystem des Programms soll eigentlich auf der Ecke vorn im Bild sitzen, springt aber beim Drehen der Achsen wieder weg.

Im zweiten Reiter *Rohteil* kannst du die Größe des automatisch generierten Rohteils anpassen. Fusion 360 generiert standardmäßig ein Rohteil, das seitlich und oben einen Millimeter größer ist als die zu bearbeitenden Körper. Das ist sinnvoll, wenn man die Außenseiten überfräsen möchte. Bei unseren Sperrholzbrettern, die wir im Baumarkt auf Maß sägen lassen, brauchen wir das nicht. Du kannst auch Quader, Zylinder, Rohre oder sogar einen CAD-Körper als Rohteil auswählen. Letztere Option ist beispielsweise interessant, wenn Gussteile bearbeitet werden sollen. Damit ist unser Setup auch schon fertig.

TIPP: Übrigens zeigt dir Fusion die Rohteilgröße an. Diese musst du nur notieren, damit du die Maße für die Zuschnitte im Baumarkt vorliegen hast.

Nun ordnen wir dem Setup Fräsoperationen zu. Das können auch mehrere unterschiedliche Operationen sein, beispielsweise Schrupp- und Schlichtoperationen mit unterschiedlichen Werkzeugen. Doch zunächst müssen wir die Werkzeugbibliothek mit unseren Werkzeugen füllen. Diese findest du im Reiter *Verwalten*. Fusion 360 enthält eine riesige Menge vordefinierter Werkzeuge, die aber eher für Profifräsen passen. Deshalb erzeugen wir zunächst eine eigene Bibliothek unter *Local*. Ich habe sie „Shapeoko-X" (nach meiner Fräse) genannt. Das Schöne ist: Du musst nicht von null anfangen, sondern kannst dir aus den vorhandenen Fräsern ähnliche aussuchen, diese in deine Bibliothek kopieren und dort weiterbearbeiten.

Zunächst wählen wir einen Halter aus. Dieser dient zur Visualisierung bei der Simulation. Fusion überwacht aber auch, ob der Halter mit dem Werkstück kollidiert. So lassen sich Kollisionen vermeiden. Unter Halter versteht das System eigentlich einen Wechselhalter. Wir können das aber auch „missbrauchen“ und unsere Spindel modellieren. Ich finde, dass der Halter Maritool BT30-ER11-60 unter *Vendors* meiner Chinaspindel sehr ähnlich sieht (Bild 8.44). Du kannst dir auch einen eigenen, deine Spindel genau abbildenden Halter definieren. Dazu gibst du im Datensatz des Halters – zum Öffnen musst du einen Doppelklick auf den Namen machen – die Haltergeometrie ein. Jeder Bereich wird durch Höhe in Z sowie durch den oberen und unteren Durchmesser definiert – und zwar von oben nach unten. Die definierte Geometrie zeigt Fusion 360 direkt an. Ich habe einfach den Maritool-Halter mit der Maus in meine Bibliothek gezogen und umbenannt.

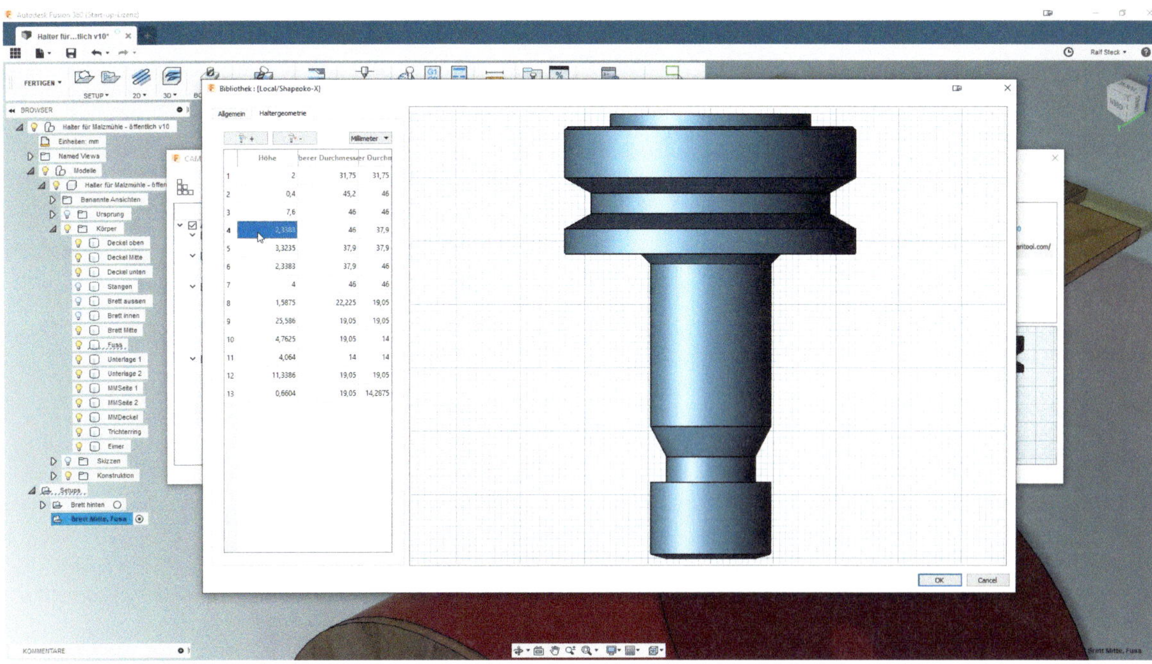

Bild 8.44 Der Maritool-Halter ähnelt zumindest im unteren Bereich unserer Spindel.

Das Gleiche machst du mit den Fräsern, ich habe sie komplett neu definiert. Dazu klickst du oben im Bibliotheksfenster auf NEUES FRÄSWERKZEUG, es öffnet sich wieder ein Fenster, in dem du Geometrie und Schnittdaten sowie viele weitere Daten eingeben kannst (Bild 8.45). Bei den Schnittdaten sind viele Werte voneinander abhängig und werden automatisch berechnet, wenn du Werte änderst, beispielsweise ist der Vorschub pro Zahn abhängig von Drehzahl und Vorschub. Diese Werte verwendet Fusion dann als Vorgaben, wenn du in der Bearbeitung das entsprechende Werkzeug wählst. Als Halter stellst du den eben definierten ein.

Hast du die wichtigsten Fräser definiert? Dann können wir nun die Fräswege definieren. Zunächst beginnen wir wie gelernt mit den Aussparungen. Diese bearbeiten wir teils als 2D-Taschen, teils als 2D-Kontur. Wenn du die quadratischen Löcher als Tasche definierst, zerspant die Maschine die komplette Fläche. Dabei reicht es, die Kontur auszuschneiden. Deshalb wähle ich 2D-Tasche nur für die kleineren Löcher.

> Natürlich könnte ich die kleineren Löcher auch als Kontur schneiden, aber dann hätte ich ja nichts zu zeigen.

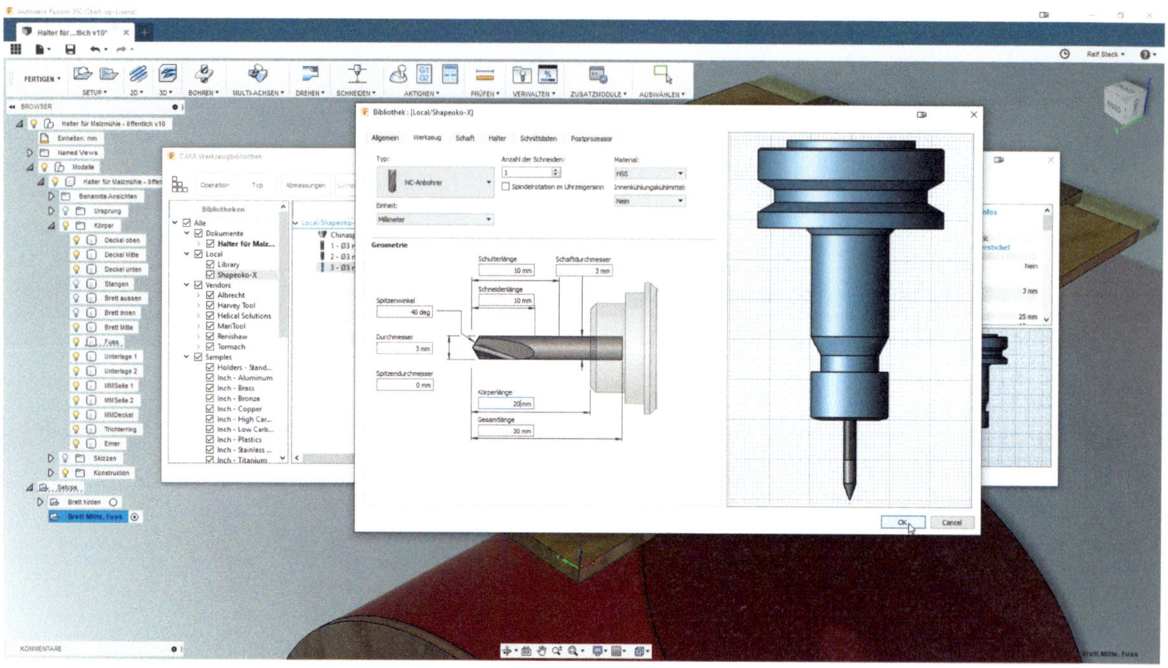

Bild 8.45 Sogar einen Gravierstichel kann man zumindest ansatzweise definieren.

Die Strategie *2D-Tasche* findest du unter *2D* im Ribbon. Wieder wird ein Eintrag im Browser erzeugt und ein Popup öffnet sich. Jetzt kannst du die zu fräsenden Geometrien wählen. Das Rohteil haben wir ja schon im Setup definiert. Ansonsten ist im Tab *Geometrie* nichts zu tun. Im Tab *Werkzeug* wählst du einen Fräser aus deiner Bibliothek. Dann gehst du in den Tab *Höhen*. Hier definierst du die Höhen, die Fusion für die Berechnung der Bahnen nutzt. Von oben nach unten (Bild 8.46):

Die **Sicherheitshöhe** ist die Höhe, auf der Eilgangfahrten durchgeführt werden. Sie sollte so gewählt sein, dass der Fräser nicht mit Werkstück oder Spannmitteln kollidieren kann.

Die **Rückzugshöhe** und die **Vorschubhöhe** sind im Prinzip dieselbe Grenze. Bis dahin taucht die Spindel vor und nach der Eilgangfahrt mit Eilganggeschwindigkeit auf beziehungsweise ab. Weiter geht es mit der senkrechten Vorschubgeschwindigkeit, die beim Werkzeug definiert ist. Die Maschine „eilt“ also zur nächsten Eintauchstelle, fährt schnell von der Sicherheitsebene bis zur Vorschubebene und danach langsam von der Vorschubebene bis zur ersten Bearbeitungstiefe ins Material ein. Nach dem Fräsen taucht sie langsam bis zur Rückzugsebene auf, um dann im Eilgang zur Sicherheitsebene und weiter zur nächsten Geometrie zu fahren. Ich habe beide auf 5 Millimeter stehen.

Die **Oberkante** und die **Unterkante** definieren die obere und untere Begrenzung der Bearbeitung. Wenn dein Nullpunkt oben auf dem Material liegt, sollte die Oberkante auf 0 Millimeter stehen. Die Unterkante entspricht der Materialdicke. Du kannst Ober- und Unterkante auch über die Rohteilflächen definieren.

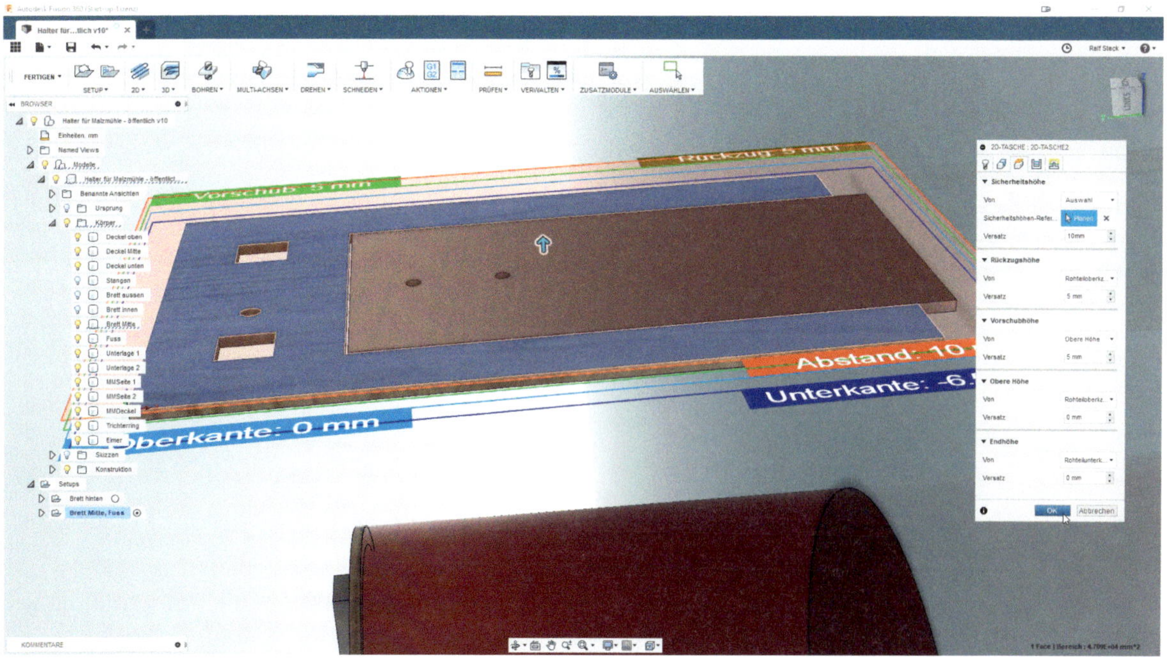

Bild 8.46 Hier sind vor allem Sicherheitshöhe sowie Ober- und Unterkante wichtig.

Im Tab *Durchgänge* ist vor allem die maximale Schrupptiefe wichtig. Sie bestimmt, in wie vielen Durchgängen auf die Endtiefe gefräst wird. Mit *Gleichmäßige Tiefenzustellungen verwenden* definierst du, dass die Durchgänge gleich tief sind. Bei einer Gesamttiefe von 6,5 Millimetern fräst Fusion bei deaktivierter Option auf eine Tiefe von 3, 6 und 6,5 Millimetern. Aktivierst du die Option, werden die drei Durchgänge gleich hoch.

Hier ist es auch möglich, anfangs höhere Materialstärken wegzufräsen und am Ende einen oder mehrere Schlichtdurchgänge mit geringerer Materialabnahme einzuplanen. Das ergibt eine schönere Oberfläche in Taschen, da die Fräserbelastung am Ende geringer wird. Im letzten Tab kannst du Ein- und Ausfahrtstrategien und -werte definieren. Klicke auf OK. Dann wird der Werkzeugweg berechnet. Der Berechnungsfortschritt wird im Browser an der Bearbeitung in Prozent angezeigt, die Fräsbahnen werden gelb (Eilgang), rot (Eintauchen) und blau (Fräsen) angezeigt. Über den Button SIMULIEREN im Ribbon *Aktionen* kannst du die Bearbeitung ansehen, je nach Wunsch mit eingeblendetem Rohteil. Dann zeigt Fusion sogar, wie das Material abgetragen wird (Bild 8.47). Im Bereich *Rohteil* gibt es auch die Option *Stopp bei Kollision*, die es ermöglicht, auf Kollisionen zu testen.

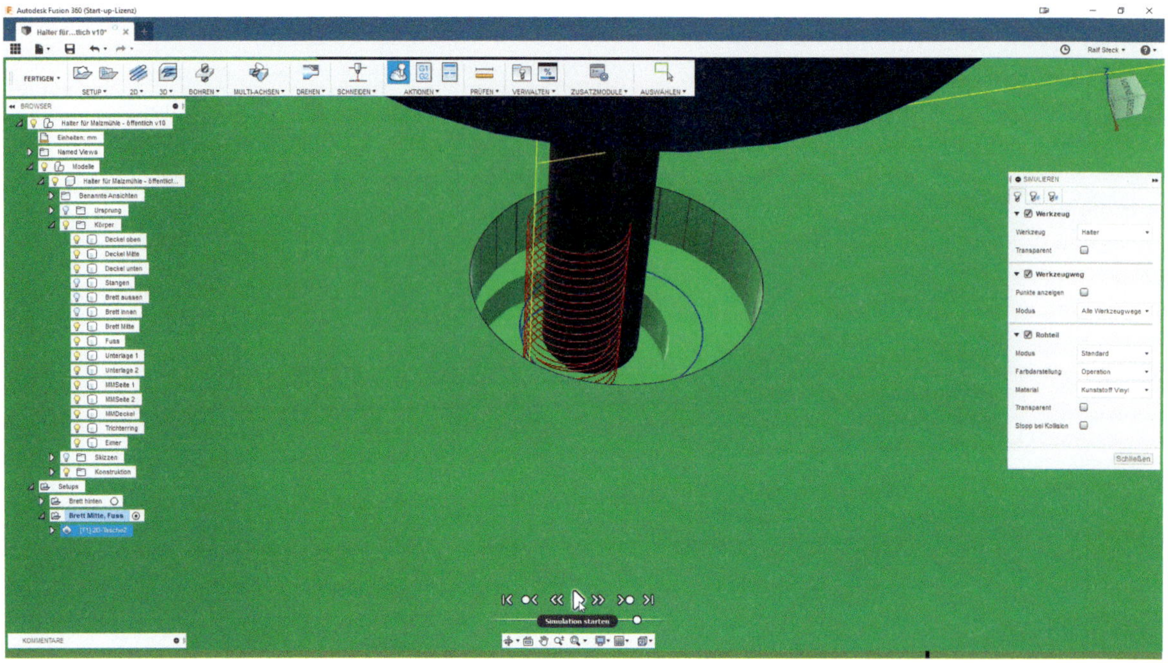

Bild 8.47 In der Simulation zeigt Fusion 360 auf Wunsch, wie das Rohmaterial abgetragen wird.

Als Nächstes fräsen wir die Konturen. Wir beginnen mit den Öffnungen. Dann trennen wir das untere Fußteil vom u-förmigen Mittelteil. Die nächste Fräsoperation ist eine 2D-Kontur. Wähle die drei Löcher im u-förmigen Teil aus. Wähle jeweils die untere Kante, dann weiß das System gleich, wie tief gefräst werden soll. Unter *Durchgänge* musst du wieder die Maximaltiefe auf 3 Millimeter stellen, damit Fusion 360 nicht versucht, die Kontur in einem Durchgang zu fräsen. Auch hier ist es wieder sinnvoll, Haltestege zu definieren, die das Innenteil der Öffnungen beim Fräsen am Platz halten (Bild 8.48). Der entsprechende Eintrag befindet sich im *Geometrie*-Tab.

Eine weitere 2D-Kontur soll den Fuß abtrennen. Wenn du die untere Kante des Fußes auswählst, aktiviert Fusion 360 zunächst alle vier Kanten. Das ist jedoch nicht notwendig, da wir das Rohteil ja auf Außengröße schneiden haben lassen. Es muss also nur ein „U“ um den Fuß herum geschnitten werden. In einem weiteren Schritt entfernen wir die Überstände an den beiden Enden des U-Teils.

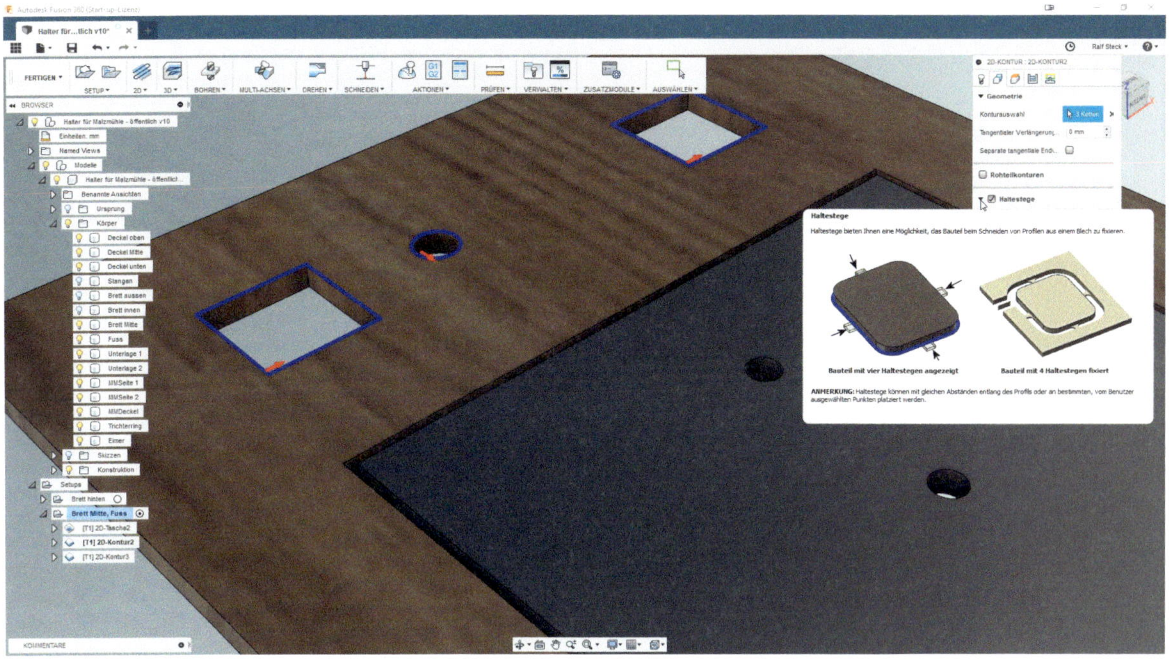

Bild 8.48 Auch hier sichern Haltestege die herausgefrästen Ausschnitte.

Um eine offene Kontur zu definieren, wählst du die geschlossene Kontur erst einmal so, dass sie sich blau färbt. Dann klickst du doppelt auf dieselbe Kontur. Sie färbt sich schwarz und ein kleines Menü erscheint, in dem du von einer geschlossenen auf eine offene Kontur umstellen kannst. Nun kannst du alle drei Konturen zwischen den beiden Teilen – also das Viereck bis auf die eine Kante unten am Fuß – auswählen. Übernimm sie mit den kleinen +-Zeichen im Mini-Menü. Falls du dich verklickt hast, kannst du einzelne Linien mit dem Mülleimer-Symbol wieder löschen (Bild 8.49).

Zum Schluss erzeugst du eine weitere Konturoperation mit den beiden Enden des Mittelteils. Wenn du die beiden Unterkanten anwählst, kannst du die Richtung ändern, aus der gefräst wird, indem du den roten Pfeil anklickst, der den Anfang der Bearbeitung anzeigt. Dann hüpft er an die andere Seite, allerdings in das Material hinein. Um den Schnitt richtig zu setzen, musst du im Durchgänge-Tab die seitliche Kompensation auf *Rechts* umstellen. Damit sind alle Bearbeitungen definiert.

Teste alle Bearbeitungsschritte noch einmal mit der Simulation. Sicher ist sicher! Wenn du die Simulation aktivierst, sobald der Programmfokus auf dem Setup steht, kannst du alle Bearbeitungen in einem Durchgang simulieren. Das grüne Rohteil zeigt dir genau, wenn beim Fräsen etwas schiefläuft (Bild 8.50).

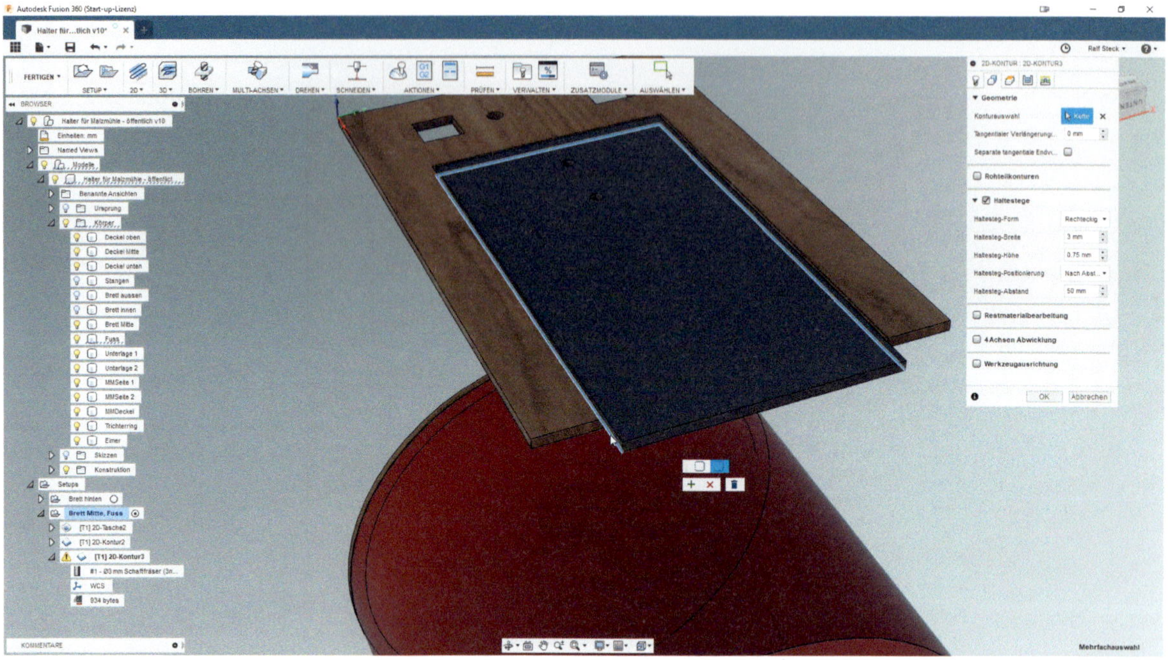

Bild 8.49 Nicht nur geschlossene, auch offene Konturzüge lassen sich fräsen.

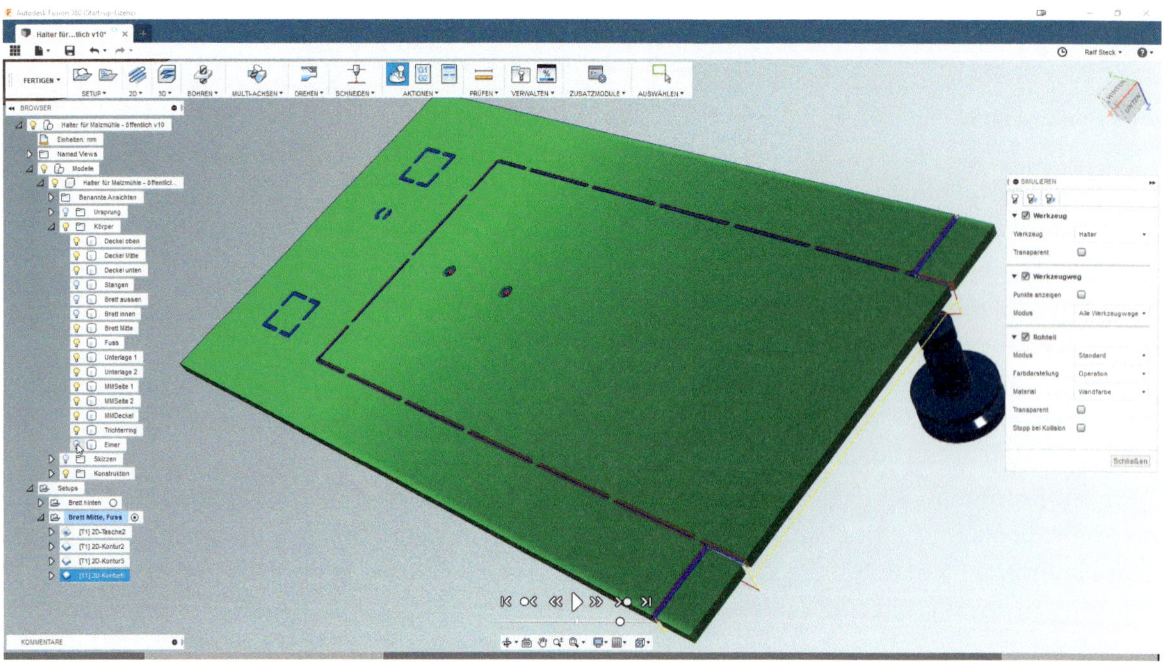

Bild 8.50 Das Ergebnis der Simulation zeigt genau, ob du beim Programmieren Fehler gemacht hast.

TIPP: Lass dich nicht von den vielen Möglichkeiten in Fusion abschrecken. Probiere weitere Optionen einfach aus und schau in der Simulation, was Fusion daraus macht.

Nun fehlt nur noch das NC-Programm selbst. Das erzeugst du, indem du unter *Aktionen Postprozess* auswählst. Stelle als Postprozessor *GRBL* ein und wähle ein Ausgabeverzeichnis sowie einen Programmnamen. Dann startest du die Programmerzeugung. Und wieder geht es auf die Fräse. Du kannst natürlich auch erst alle Bretter fertig programmieren und anschließend die einzelnen Programme erzeugen. Jedes Brett bekommt ein eigenes Setup, damit pro Brett ein einzelnes Programm entsteht. So lassen sich auch viele Teile, die schräg oder rechtwinklig zueinander stehen, programmieren, weil jedes Teil in seinem Setup ein individuelles Koordinatensystem erhält.

In diesem Kapitel haben wir graviert und aus DXF-Dateien sowie aus einer recht komplexen 3D-Konstruktion Fräsprogramme gemacht. Darüber hinaus haben wir sogar eine 3D-Geometrie gefertigt. Im Prinzip hast du nun das Grundwissen, um praktisch alles zu fräsen, was deine Maschine umsetzen kann. Jetzt musst du nur noch viel üben und Erfahrungen sammeln.

Im Prinzip könnte das Buch an dieser Stelle enden. Doch nichts ist perfekt, wenn ein Maker am Werk ist. Deshalb folgen nun noch zwei Kapitel mit Optimierungen und Erweiterungen – vom Must-have bis zum Nice-to-have. An dieser Stelle wünsche ich dir auf jeden Fall schon einmal viel Spaß beim „Späne machen“!

9 Optimierungswahn: Diverse Fräsen-Upgrades und -ergänzungen

Im Grunde ist unsere Fräse nun fertig und betriebsbereit, doch wie heißt es so schön: „Das Bessere ist der Feind des Guten!“ Ich kann mich nicht erinnern, dass ich es jemals geschafft habe, eine meiner Basteleien fertigzustellen, ohne dass mir noch etwas eingefallen wäre, das sich optimieren ließe. Oft enden meine Optimierungsmaßnahmen dann damit, dass gar nichts mehr geht.

Einige Erweiterungen und Zusatzfunktionen, die ich mir für die Fräse überlegt habe, sind in meinen Augen unverzichtbar, also sogenannte „Must-haves“. Dazu zählen für mich eine Beleuchtung der Fräse, seitliche Abdeckbleche, eine ordentliche Kabelführung, ein Werkzeuglängentaster und eine Absaugung. Diese Fräsen-Upgrades und -ergänzungen möchte ich im Folgenden vorstellen.

9.1 Fiat Lux! Es werde Licht im Arbeitsraum

Zur Beleuchtung gibt es eine Vielzahl von Ideen: von Schreibtischlampen über LED-Stripes bis hin zu LED-Ringen an der Spindel (Bild 9.1). Deiner Fantasie sind hier kaum Grenzen gesetzt. Ich will dir aber einige Tipps an die Hand geben.

Erstens dürfen die Lampe und vor allem deren Verkabelung nicht Gefahr laufen, von der Fräse erfasst zu werden. Ideal finde ich eine Kombination aus feststehender „allgemeiner“ Beleuchtung des gesamten Arbeitsraums und einer mitfahrenden, „gezielten“ Beleuchtung des eigentlichen Arbeitsbereichs, also der Spindel beziehungsweise des Werkzeugs (Bild 9.1).

Bild 9.1 Die Beleuchtung der Arbeitsfläche soll ausreichend sein, aber nicht blenden.

Ich habe meine Beleuchtung mit Leuchtstreifen von Ikea realisiert, die unter dem Namen Dioder für 19,90 Euro verkauft werden. Eine Verpackung enthält vier Streifen mit je 25 Zentimeter Länge, ein Steckernetzteil, Verteiler, Kabel und Befestigungsmaterial. Die Dioder-LED-Streifen haben für mich zum einen den Vorteil, dass sie in einem festen Gehäuse eingebaut sind, sich mit Verbindern flexibel zusammenstecken und an glatte Flächen einfach ankleben lassen. Mehrere Streifen lassen sich auch direkt aneinanderstecken. Zum anderen lassen sich die Stripes nicht nur mit dem beiliegenden Netzteil, sondern mit beliebigen 12-V-Quellen speisen. An meiner Fräse – und am selbstgebauten 3D-Drucker – habe ich dafür ein kleines 5-V-/12-V-Netzteil eingebaut, beispielsweise das Meanwell RD-35A, das auf der 5-V-Schiene 4 Ampere liefert, was für die Steuerung ausreicht. Die 12-V-Schiene wird mit 1 Ampere angegeben, die Ikea-Netzteile haben 0,42 Ampere. Das Netzteil reicht also locker für zwei Packungen oder acht Streifen Dioder-Leisten. Vier davon sind an der Unterseite des Portals angebracht, weitere vier am hinteren Ende der Arbeitsfläche.

Es wäre auch denkbar, die Leisten unterhalb der X-Profile anzubringen und eine sehr flache Beleuchtung von beiden Seiten zu realisieren. Eine Beleuchtung von schräg oben hat aber den Vorteil, dass das Werkzeug einen Schatten wirft, mit dessen Hilfe schön zu sehen ist, wie weit die Spitze noch vom Werkstück entfernt ist. Das hilft sehr beim Nullen der Maschine am Werkstück (Bild 9.2).

Bild 9.2 Der Schattenwurf des Fräsers hilft dabei, die Höhe über dem Werkstück einzuschätzen.

Dank der Verbinder mit kurzem Kabelstück lassen sich die Dioder-Streifen sehr einfach nebeneinander verlegen. Ich habe je zwei Streifen ineinandergesteckt, beide mit einem „Kabelstück-Adapter“ verbunden und die vier Streifen direkt nebeneinander angeklebt. Das ergibt eine kompakte Leuchteinheit, die genügend Licht auf den Arbeitsbereich wirft (Bild 9.3). Das dünne Käbelchen vom Netzteil zur Leuchte unterhalb des Portals lässt sich einfach mit den anderen Kabeln in der Energiekette führen.

HINWEIS: Wenn du vorhast, mit flüssigem Kühlmittel zu arbeiten oder im Wasserbad zu fräsen, musst du auf die Feuchtigkeitsbeständigkeit der Beleuchtung achten. 220-V-Leuchten haben dort meiner Meinung nach nichts verloren.

Leuchtringe mit LEDs, die sich direkt an der Spindel befestigen lassen, findest du beispielsweise auf eBay. Dort gibt es unter anderem Ringe mit einem Außendurchmesser von 50 Millimetern und einem Innendurchmesser von 34 Millimetern, was genau zur Unterseite der „Chinaspindel“ passen würde. Auch der Neopixel-Ring mit 16 LEDs von Adafruit würde platzmäßig passen. Hier kannst du sogar die Farbe der LEDs ändern und jeden einzeln ansteuern. Dies bedeutet einen völligen Overkill für eine Fräsbeleuchtung, aber wie gesagt: Grenzen gibt‘s keine. Allerdings wird der Lichtstrahl des LED-Rings je nach Länge des Fräsers ausgerechnet in der Mitte von der Spannmutter abgeschattet, sodass genau die interessanteste Stelle dunkler ist als das Umfeld. Hat man eine Absaugung an der Spindel, deckt diese weitere Bereiche ab. Experimentieren lohnt sich!

Bild 9.3 LED-Streifen unter dem Portal geben gutes Licht am Arbeitsbereich.

9.2 Grenzen setzen: Abdeckbleche und Kabelführung

Die Tatsache, dass die Shapeoko seitlich offen ist, hat Vor- und Nachteile. Grundsätzlich ist es möglich, größere Platten seitlich herausragen zu lassen, beispielsweise würde sich der Außenrand der Deckelplatten des Projekts aus Abschnitt 8.8 so in zwei Arbeitsgängen bearbeiten lassen. Man fräst in dem Fall zweimal einen Halbkreis und lässt die andere Hälfte der Platte seitlich aus der Maschine ragen. Andererseits fliegen Späne und Staub dann ebenso ungehindert seitlich aus der Maschine heraus. Deshalb habe ich meine Maschine auf drei Seiten, seitlich und hinten, mit Blechen versehen (Bild 9.4). An der hinteren Querseite habe ich einfach ein passendes Stück Dibondmaterial zwischen die Endplatten geschraubt, was zusätzlich etwas Stabilität bringt. Dort sind zudem vier Dioder-Streifen aufgeklebt, die die Arbeitsfläche gleichmäßig ausleuchten.

Seitlich bieten sich die MakerSlides der X-Achse an, um Abdeckbleche zu befestigen. Ich habe im Baumarkt stranggezogene Alu-L-Winkel mit den Maßen 100 × 20 × 2 Millimeter gefunden, die sehr schön seitlich an die X-Achsenprofile passen. Der schmale Schenkel zeigt nach unten und sitzt auf der Arbeitsplatte auf, der lange Schenkel steht nach oben und liegt am MakerSlide an. Ich habe bei myhobby-CNC (*www.myhobby-cnc.de*) Blechmuttern in Größe M5 bestellt, die ich ins MakerSlide einschieben und daran wiederum die Winkel befestigen konnte.

Bild 9.4 Abdeckbleche verhindern, dass sich Späne in der ganzen Werkstatt verteilen.

Bei meiner Shapeoko-X mit innen liegenden X-Motoren und -blechen sitzen die Blechwinkel auf der Außenseite des Profils. Das hat den Vorteil, dass ich mit den Blechmuttern auch die Steuerung und die Bedienelemente direkt auf die Aluwinkel setzen konnte. Wenn deine Shapeoko mit außen liegenden Seitenblechen aufgebaut ist, beispielsweise bei der Shapeoko-T, kannst du die Bleche nur innen montieren, was wiederum den Vorteil hat, dass die Laufrollen und Antriebe vor direktem Staub- und Spanbeschuss geschützt sind.

Zum Thema Kabelführung gibt es ebenfalls die interessantesten Lösungen. Ich habe einfach an zwei Seiten einen Kabelkanal mit dem Durchmesser 30 × 25 Millimeter mit Spaxschrauben an die Arbeitsplatte geschraubt. Das reicht knapp für alle Leitungen und ergibt eine kompakte, aufgeräumte Maschine, die man auch einmal transportieren kann, ohne in Gefahr zu kommen, Kabel abzureißen.

9.3 Messgerät: Der Werkzeuglängentaster

Nach diesen eher trivialen Optimierungen kommen wir mit dem Werkzeuglängentaster zu einem sehr wichtigen Zubehörteil, ohne das ein Werkzeugwechsel im Programm nicht möglich wäre. Der Taster ermöglicht es, das Koordinatensystem, in dem die Maschine arbeitet, nach dem Werkzeugwechsel so anzupassen, dass nahtlos weitergearbeitet werden kann (Bild 9.5).

Das stimmt nicht ganz. Du kannst Werkzeugwechsel auch ohne Taster durchführen, indem du die Z-Achse nach dem Wechsel manuell am Werkstück nullst. Das ist allerdings ungenau und nicht zu empfehlen, bCNC hat aber eine Option dafür.

Der Grund dafür ist, dass jedes Werkzeug unterschiedlich lang ist und auch unterschiedlich weit in die Spannzange eingeschoben werden kann. Der Werkzeugnullpunkt in der Z-Richtung verändert sich also bei jedem Wechsel eines Fräsers. Das gilt natürlich auch, wenn ein Fräser abbricht und du ein Ersatzwerkzeug einspannst. Das sollte zwar dieselbe Länge haben wie das abgebrochene, aber es ist eben nicht sicher, dass es genau gleich tief eingespannt wurde.

Bild 9.5 Der Werkzeuglängentaster ermöglicht es, den Werkzeugnullpunkt einzumessen.

Große Bearbeitungszentren mit Werkzeugwechsel lösen das Problem so, dass jedes Werkzeug in einem sogenannten Voreinstellgerät in Bezug auf den Werkzeughalter vermessen wird. Dieses Maß wird beim Einsetzen des Werkzeugs in den Werkzeugspeicher der Maschinensteuerung mitgeteilt, sodass diese beim Werkzeugwechsel den Werkzeugnullpunkt des neuen Werkzeugs errechnen kann. Ganz moderne Systeme arbeiten mit einem Werkzeugmanagementsystem, einer Datenbank, in der jedes eingemessene Werkzeug des Unternehmens mit allen Daten erfasst ist. Die Werkzeughalter sind mit einem RFID-Chip ausgerüstet. Die Maschine erkennt beim Einwechseln das Werkzeug über den RFID-Chip und holt sich die Werkzeugdaten aus der Datenbank des Werkzeugmanagementsystems.

Da die Einspannung in der Wechselspannzange sehr präzise ist, kann die Maschine ebenso präzise den Z-Unterschied zwischen dem letzten und dem aktuellen Werkzeug errechnen und dementsprechend den Ursprung des Werkzeugkoordinatensystems WKS so verschieben, dass die Werkzeugspitze wieder genau auf Z = 0 liegt. Das lässt sich mit einem Werkzeuglängensensor nachbilden. Das ist nichts anderes als ein möglichst präzise auslösender Taster, dessen XYZ-Koordinaten im Maschinenkoordinatensystem bekannt sind. Fährt die Spindel jeweils vor und nach dem Werkzeugwechsel diesen Taster mit der Z-Achse von oben an, kann die Steuerung die Z-Abweichung berechnen und das Koordinatensystem entsprechend verändern.

Die Hardware ist relativ trivial. Ich habe ein kleines Gehäuse modelliert und einen sogenannten vandalismusgeschützten Taster aus Edelstahl mit M16-Gewinde (Conrad-Bestellnummer 701802-62) eingebaut. Der wird mit dem „Z-Probe“-Eingang der Steuerung verbunden. Ich habe das Gehäuse ganz am Rand der Bearbeitungsfläche fest montiert (Bild 9.6). Du kannst es auch mobil lassen und jeweils vor dem Messen auf die Arbeitsplatte stellen. Es muss dann aber sichergestellt sein, dass es immer satt auf der Platte steht. Das hat den Vorteil, dass die ganze Arbeitsfläche frei bleibt.

TIPP: Ich habe einen Edelstahltaster gewählt, da sich spitze Fräser, beispielsweise Gravierstichel, in einen Kunststoffknopf eindrücken und die Messung verfälschen würden.

Die STL-Daten des Gehäuses für den Werkzeugtaster und von dem Werkzeughalter mit Fräserhalterung findest du unter *plus.hanser-fachbuch.de*.

Eine zweite Möglichkeit ist eine Tastplatte. Das ist eine Metallplatte, die mit einem Kabel mit einem Pin des Z-Probe-Anschlusses verbunden ist. Der zweite Anschluss wird mit einer Krokodilklemme verbunden, die du zum Messen an den Fräser klemmst. Sobald der Fräser beim Herabfahren der Z-Achse die Metallplatte berührt, wird das Signal ausgelöst. Das hat den Vorteil, dass du die Platte mobil auflegen, also beim Fräsen entfernen kannst.

Einen Werkzeugwechsel löst das NC-Programm mit dem Befehl `M6` aus, beispielsweise mit `M06 T2`. Der Parameter `T2` gibt an, welches Werkzeug eingewechselt werden soll. Das ergibt vor allem bei einem Werkzeugwechsler Sinn, weil die Steuerung weiß, dass *Tool 2* beispielsweise in *Wechselplatz 5* steckt. Doch auch ich habe mir zur Gewohnheit gemacht, die Werkzeuge in der Reihenfolge, in der sie benötigt werden, in einen kleinen beschrifteten Halter zu stecken, aus dem heraus ich sie dann einwechseln kann (Bild 9.7).

Bild 9.6 Der Werkzeuglängentaster ist ganz am Rand des Arbeitsbereichs befestigt.

Bild 9.7 Die Fräswerkzeuge können in meinem Werkzeughalter vorsortiert nach Werkzeugnummer eingeordnet werden.

GRBL unterstützt den Befehl `M6` gar nicht. Es ist Aufgabe des G-Code-Sendeprogramms, entsprechende Befehle in den Programmablauf einzubauen. Natürlich gibt es auch Steuerungen, die `M6` unterstützen. Dort wird dann normalerweise nach dem Empfang ein Makro abgespielt, das den Werkzeugwechsel steuert. In unserem Fall übernimmt bCNC die Verarbeitung von `M6`, indem es eine bestimmte Abfolge von G-Code-Befehlen an GRBL sendet, deren Zusammensetzung durch die Einstellungen in der Werkzeugwechselfunktion von bCNC definiert wird. GRBL „weiß“ also definitiv nichts von `M6`, es liefert beim Erhalt dieses Befehls lediglich einen Fehler zurück.

In bCNC hast du verschiedene Möglichkeiten, den Ablauf des Werkzeugwechsels zu beeinflussen. Andere Steuerungssoftware hat ähnliche Abläufe. Grundsätzlich ist die Abfolge so:

- Die Spindel stoppt und wird nach oben auf die Sicherheitsebene gefahren, die in bCNC hinterlegt ist.
- Im Eilgang fährt sie auf die X/Y-Position genau über dem Taster und mit der schnellen Messgeschwindigkeit hinunter bis zu einer vorgegebenen Antasthöhe, ab der die Messung startet.
- Die Z-Achse fährt mit der langsamen Messgeschwindigkeit nach unten, bis der Taster auslöst, und zieht sich wieder nach oben zurück bis auf die Sicherheitsebene.
- Die Maschine bewegt sich in X/Y auf eine vordefinierte Werkzeugwechselposition. Dort wartet sie, bis der Benutzer den Werkzeugwechsel für abgeschlossen erklärt.
- Der Messzyklus wird ein zweites Mal abgefahren: Es geht erneut in die Sicherungsebene, X/Y auf den Taster, antasten, zurückziehen und auf die Werkzeugwechselposition fahren.
- Die Maschine wartet auf das *Resume*-Signal des Benutzers, die Spindel startet und die Bearbeitung geht weiter.

Dazu braucht bCNC eine Reihe von Parametern, vor allem die beiden Positionen von Taster und Werkzeugwechselposition. Letztere kannst du selbst bestimmen und so legen, dass du gut an die Spindel und die Spannmutter herankommst. Ich habe die Spindel beispielsweise nicht ganz oben, damit ich unter dem Portal hindurch an die Spannmutter komme. Ich sitze an meiner Shapeoko-X ja an der Seite, nicht davor.

Lass uns gemeinsam den Werkzeugwechselablauf einstellen. Die entsprechenden Funktionen findest du in bCNC unter dem Reiter *Antasten*. Dort wählst du im Ribbon den Button WERKZEUG. Unterhalb des Koordinatenfensters findest du nun den Einstellbereich, in dem der Ablauf beim Abarbeiten von `M6` definiert wird (Bild 9.8).

Im Bereich *Allgemein* legst du die Vorschubraten für die Werkzeuglängenmessung fest wird (Bild 9.8): *Vorschub langsam* und *Vorschub schnell* sind die Geschwindigkeiten, mit denen sich die Z-Achse bis zur Antast-Position und von dort bis zum Taster bewegt. Der *Werkzeuglängen-Offset* (Tool Length Offset, TLO) wird bei großen Maschinen benutzt, die statt eines Werkzeugnullpunkts wie vorangehend beschrieben mit einem festen Halternullpunkt und einer variablen Werkzeuglänge arbeiten. GRBL unterstützt das, es ist allerdings überkomplex für unsere Maschine. Belasse den Wert deshalb immer auf „0.0“.

Die letzte Wahl ist die des Befehls, die während des Werkzeugwechsels an bCNC gesandt wird, um den eigentlichen Antastvorgang auszulösen. *Stop bei Kontakt* beziehungsweise *Stop bei Kontaktverlust* ermöglicht die Nutzung von NO- oder NC-Tastern. Die Ausgabe eines Fehlers, wenn kein Antasten passiert (wie es die Auswahl von `G38.2` definiert), ermöglicht bCNC, den Ablauf bei Problemen anzupassen. Du stellst also `G38.2` ein, wenn du wie ich einen 1x-Ein-Taster verwendest (Bild 9.9).

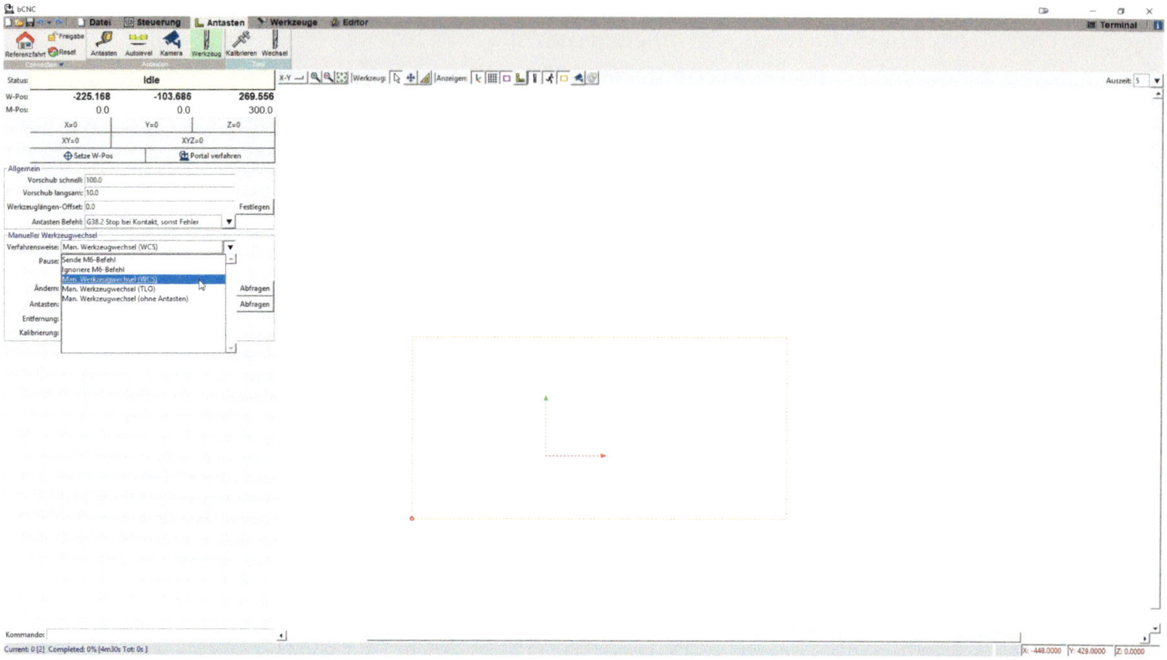

Bild 9.8 bCNC kennt eine ganze Auswahl von Abläufen, die beim Auswerten von `M6` angestoßen werden können.

In der ersten Drop-down-Auswahl des Bereichs *Manueller Werkzeugwechsel* legst du fest, was bCNC tun soll, wenn ein `M6`-Kommando im laufenden Code auftaucht (Bild 9.8):

Sende M6-Befehl: `M6` wird an die Maschinensteuerung weitergeleitet. bCNC tut gar nichts. Das macht nur Sinn, wenn deine Steuerung eigene Routinen für `M6` besitzt.

Ignoriere M6-Befehl: bCNC tut gar nichts und fährt einfach, ohne `M6` weiterzugeben, mit der nächsten G-Code-Zeile fort.

Man. Werkzeugwechsel (WCS): Das ist die Option, die wir nutzen. Sie führt den vorangehend beschriebenen Ablauf zum manuellen Werkzeugwechsel durch und passt das Werkstückkoordinatensystem an die neue Werkzeuglänge an.

Man. Werkzeugwechsel (TLO): Mit dieser Funktion wird ein manueller Werkzeugwechsel durchgeführt. bCNC passt nach dem Antasten den Werkzeuglängen-Offset TLO an.

Man. Werkzeugwechsel (kein Antasten): Das ist die in Abschnitt 8.7 angesprochene Funktion für Werkzeugwechsel ohne Taster. Hier musst du selbst dafür sorgen, dass der Z-Wert des Werkzeugkoordinatensystems nach dem Wechsel wieder stimmt.

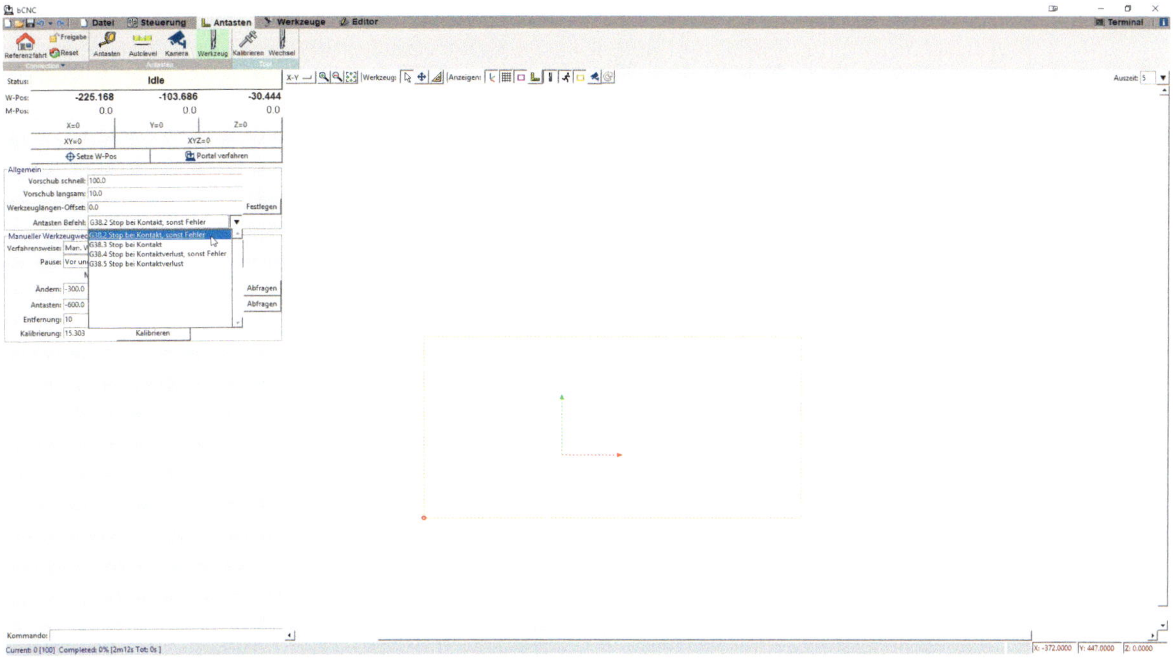

Bild 9.9 Bei einem NO-Taster ist G38.2 der richtige Befehl zum Auslösen des Antastvorgangs.

Darunter kannst du einstellen, ob der Programmablauf vor und nach dem Antasten pausiert werden soll oder nur davor. Das Pausieren vor dem Antasten unterbricht den Ablauf der Bearbeitung und ist sozusagen der Beginn des Werkzeugwechsels. Das Pausieren nach dem Antasten ist wichtig, damit die Maschine nicht unkontrolliert die Spindel startet, sondern nach dem Werkzeugwechsel wartet, bis du das Kommando zum Weiterarbeiten gibst. Stell also hier die erste Option ein.

Nun musst du zwei Positionen definieren: die Wechselposition – in bCNC etwas unglücklich mit „Ändern" bezeichnet – und die Antastposition. Letztere befindet sich oberhalb des Tasters in einer Z-Entfernung, die weiter vom Taster entfernt ist als dein längstes Werkzeug. Sonst fährt die Maschine schon beim Anfahren des Tasters in diesen und produziert mindestens einen Fehler, wenn nicht Bruch. Der Antastpunkt ist die Stelle, an der die Z-Achse zwischen schnellem und langsamem Vorschub wechselt und auf das Signal des Tasters wartet. Je weiter oben der Antastpunkt sitzt, desto sicherer ist es, dass nichts passiert, allerdings fährt die Maschine dann länger in der langsamen Messgeschwindigkeit und das Antasten dauert entsprechend länger.

Wenn du wissen möchtest, was beim zu schnellen Antasten passieren kann, dann schau dir Bild 9.5 an, da siehst du die Delle in meinem Taster.

Um die Koordinaten dieser beiden Punkte zu erfassen, fährst du die Maschine nach einer Referenzfahrt an die jeweiligen Stellen und drückst den Button ABFRAGEN in der jeweiligen Zeile. Dann trägt bCNC die aktuellen Koordinaten, übrigens im Maschinenkoordinatensystem MCS, in die Felder ein. Unter *Entfernung* stellst du die *Suchweite* beim Antasten ein (Bild 9.10). Diese Strecke fährt die Z-Achse maximal vom Antastpunkt nach unten, um den Taster zu finden. Diese Strecke soll so kurz wie möglich sein, damit sich die Maschine nicht selbst zerstört, wenn der Taster nicht funktioniert oder du zum Beispiel vergessen hast, einen mobilen Taster an die richtige Position zu stellen. Andererseits soll sie so lang sein, dass auch der kürzeste Fräser den Taster betätigen kann.

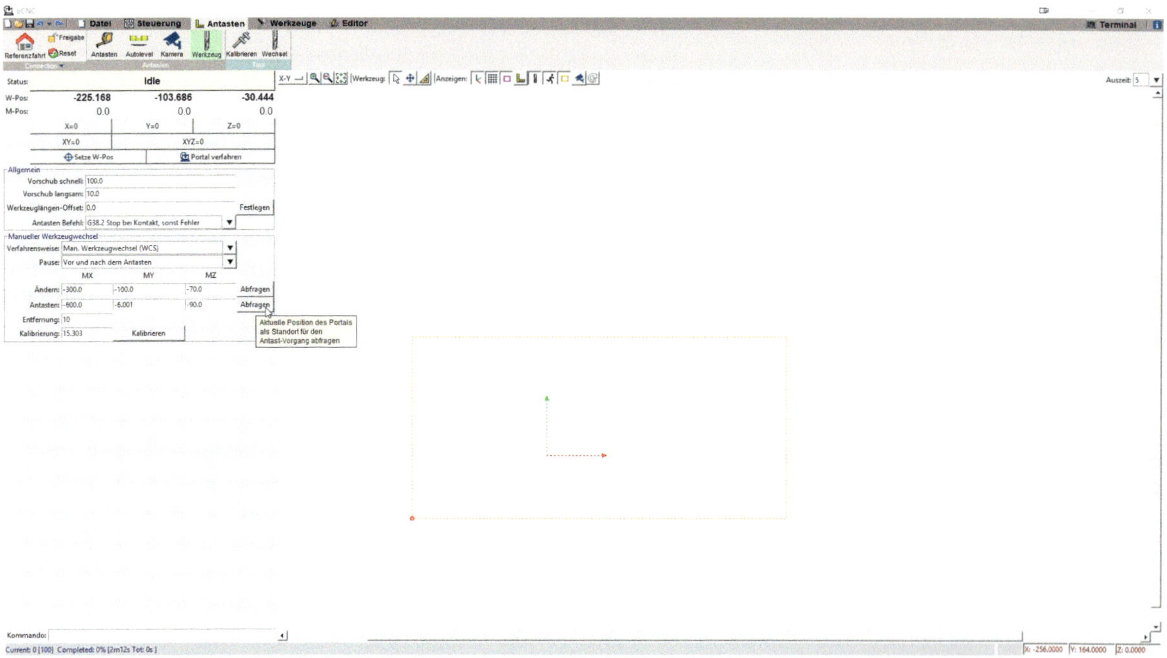

Bild 9.10 Die Koordinatenwerte von Werkzeugwechsel- und Antastpunkt ermittelt bCNC auf Knopfdruck.

Der Wert unter *Kalibrierung* ist der Abstand zwischen der Oberfläche des Arbeitstischs und der Auslösehöhe des Tasters (Bild 9.10). Wenn du also alle Programmnullpunkte auf die Arbeitsplatte legst, kannst du hier die entsprechende Korrekturhöhe eingeben. Bei einer Tastplatte ist dieser Wert gleich der Höhe beziehungsweise Dicke der Platte.

Bei Tastern ist es etwas schwieriger, den Auslösepunkt zu messen. Dazu bietet bCNC einen Kalibrierlauf, den du mit dem Button KALIBRIEREN startest. Vorher fährst du die Maschine auf die 0-Höhe, also die Oberfläche der Arbeitsplatte. Von dort hebt der Kalibrierlauf die Spindel an und tastet den Werkzeuglängensensor an. So misst bCNC die entsprechende Höhe.

Ist der Werkzeugwechselmodus einmal definiert, wird er immer dann automatisch gestartet, wenn ein `M6` im G-Code auftaucht. Sämtliche Werte in diesem Menü außer dem TLO sind fest gespeichert und gehen auch beim Ausschalten nicht verloren.

9.4 Sauber, sauber: Die Absaugung

Nicht nur beim Hobeln fallen Späne, sondern auch beim Fräsen, und zwar nicht zu knapp. Die Menge an Spänen kann so gewaltig sein, dass sie das Fräsen selbst behindern. An Profimaschinen werden Späne meist mit dem Kühlschmiermittel ausgeschwemmt oder weggeblasen. Das ist in geschlossenen Maschinen und bei Stahlspänen möglich, bei unseren offenen Maschinen mit leichten Spänen würde blasen zu einer riesigen Staubbelastung führen.

Bleibt also nur der Staubsauger. Nun könntest du natürlich stundenlang mit dem Haushaltssauger neben der Maschine sitzen und mit der Fugendüse dem Fräser hinterhersaugen, das hat aber mehrere Nachteile. Erstens ist es sterbenslangweilig, zweitens nicht ungefährlich für die Fugendüse, drittens laut, viertens verstopft der feine Staub schnell den Auffangsack des Saugers. Nicht zuletzt sind viele Staubsauger gar nicht für stundenlanges Saugen ausgelegt und gehen schnell kaputt.

Wir benötigen also etwas, das den Staubsauger der Spindel nachführt sowie eine Abscheideanlage und einen Staubsauger, der leise und langlebig ist. Und wäre es nicht toll, wenn der Staubsauger sich automatisch an- und abschalten würde?

Beginnen wir mit dem Nachführen. Das Prinzip ist immer dasselbe: Man verlegt einen Saugschlauch bis zur Spindel und befestigt dort eine Düse, die möglichst nah an dem Ort sitzt, wo die Späne entstehen – nämlich an der Werkzeugspitze. Da wird auch gleich das große Problem der Absaugung deutlich. Eine Absaugung soll einerseits möglichst nah am Fräser sein und andererseits nicht mit dem Werkstück oder den Spannmitteln kollidieren. Sie muss den steifen Saugschlauch halten können und soll gleichzeitig so filigran sein, dass man schnell an die Spannzange herankommt, um Werkzeuge zu wechseln.

Viele Lösungen, die man im Internet findet, bestehen aus einer länglichen Platte mit zwei Löchern. In einem davon wird der Fräsmotor eingeklemmt, um den Absaugschuh zu befestigen, ins andere wird der Saugschlauch gesteckt. Rundum schließt eine Bürste den Spalt zwischen Absaugschuh und Werkstück ab. Das ist ein bewährtes Konzept. Mir gefällt dabei allerdings nicht, dass man den Fräser bei der Arbeit nicht sieht. Ich bin da einfach zu neugierig. Deshalb bin ich beim Prinzip der Fugendüse geblieben und habe eine rüsselähnliche Konstruktion gefunden, die sich mit dem 3D-Drucker herstellen lässt. Du findest die Druckdaten in Thingiverse (*www.thingiverse.com*) unter der Nummer 536091. Ich habe noch einen Adapter dazu entwickelt, mit dem ich den Saugschlauch einfach aufstecken und – zum manuellen Saugen rund um die Spindel – abnehmen kann (Bild 9.11).

Die STL-Daten dieses Schlauchadapters und des Zyklons findest du unter *plus.hanser-fachbuch.de*.

Den Saugschlauch findest du als Meterware auf eBay. Ich habe ihn einfach mit Kabelbindern an den Energieketten befestigt. So wird er sauber mitgeführt und stört nicht. Viele Fräsenbastler lassen den Schlauch auch von der Decke herabhängen.

Bild 9.11 Ein 3D-Druckteil aus Thingiverse mit selbst modelliertem Adapter bietet Platz zum Schauen und zum Wechseln der Werkzeuge.

Zum Abscheiden der meisten Späne haben sich Zyklonabscheider bewährt. Sie gibt es für wenige Euro im Internet zu kaufen. Auch geeignete Blecheimer oder ähnliche Gefäße finden sich dort. Der Behälter muss zwei Anforderungen erfüllen: Er muss möglichst luftdicht sein und darf sich nicht zusammenziehen. Der Staubsauger entwickelt nämlich ganz ordentlich Vakuum.

Der Zyklonabscheider funktioniert nach dem Fliehkraftprinzip: Die Luft wird tangential in ein rundes Gehäuse geleitet und in der Mitte wieder nach oben abgesaugt. Integriert man diesen Abscheider in den Saugschlauch, so entsteht in diesem ein Wirbel, in dem die schwereren Bestandteile, also die Späne, nach außen an die Wand geschleudert werden. Dort bremsen sie ab und fallen nach unten durch den trichterförmigen Fuß des Abscheiders in ein Gefäß. Die Späne sammeln sich im Gefäß und im Staubsauger kommt praktisch nichts mehr an (Bild 9.12).

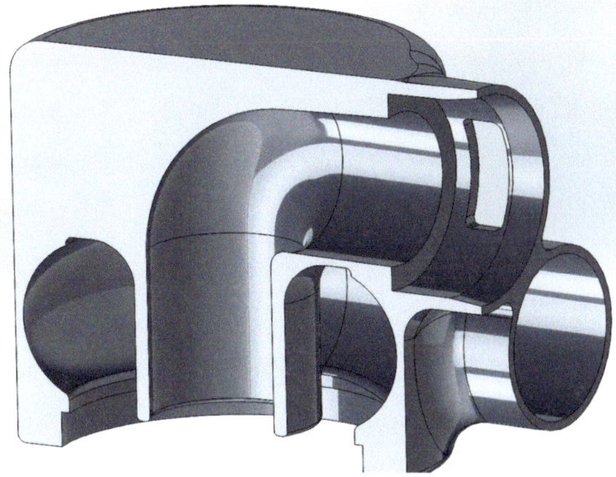

Bild 9.12 Der Schnitt durch den Kopf zeigt das Prinzip des Zyklons. Hinten unten tritt die Luft ein, in der Mitte wird sie herausgesaugt.

Ich habe mir zum Testen einen Minizyklon aus einer 1-Liter-PET-Limonadenflasche und einer alten Haushaltsplastikdose gebaut. Der Kopf des Zyklons stammt aus dem 3D-Drucker, ebenso wie ein Ring, der unter dem Deckel der Dose sitzt und den Zyklon stabilisiert. Zusammengeschraubt ist das Ganze mit dem Flaschendeckel, der oben abgeschnitten wurde, damit die Späne nach unten fallen können (Bild 9.13).

Ehrlich gesagt funktioniert der Zyklon überraschend gut, allerdings ist die Dose zu leicht, sodass die ganze Konstruktion ständig umfällt, sobald die Schläuche Zug ausüben. Du findest die Daten unter *plus.hanser-fachbuch.de*. Vielleicht hast du ja Lust, den Zyklon selbst zu bauen. Immerhin kostet er nur 25 Cent Flaschenpfand und einige Meter Filament.

Als letztes Element benötigen wir noch einen Staubsauger. Omas Staubsauger reicht im Prinzip aus und wird wahrscheinlich das stundenlange Saugen sogar überleben, doch die Lärmkulisse dürfte gewaltig sein. Ich habe mit dem Kärcher T7/1 Classic einen guten Kompromiss gefunden. Er ist mit unter 100 Euro relativ preiswert und hält Langzeitbetrieb klaglos aus. Eine Alternative sind natürlich professionelle Absauganlagen. Diese sind aber auch viel teurer.

Ich habe den kleinen Kärcher noch mit einer Motorregelung versehen, die die Geräuschkulisse drastisch reduziert (Bild 9.14). Man kann die Saugleistung nun stufenlos einstellen und immer nur so viel saugen, wie notwendig ist, um den Arbeitsbereich einigermaßen freizuhalten. Die Regelung besteht aus einem Drehzahl- und Leistungsregler von Conrad Elektronik (Bestellnummer 1570778-AN), einem Potentiometer mit 0,2 Watt und 470 kOhm sowie einem passenden Kühlkörper. Dies ist eine lohnende Investition für unter 20 Euro.

Bild 9.13 Der Sprite-Flaschenzyklon funktioniert, läuft aber eher unter „Spielzeug".

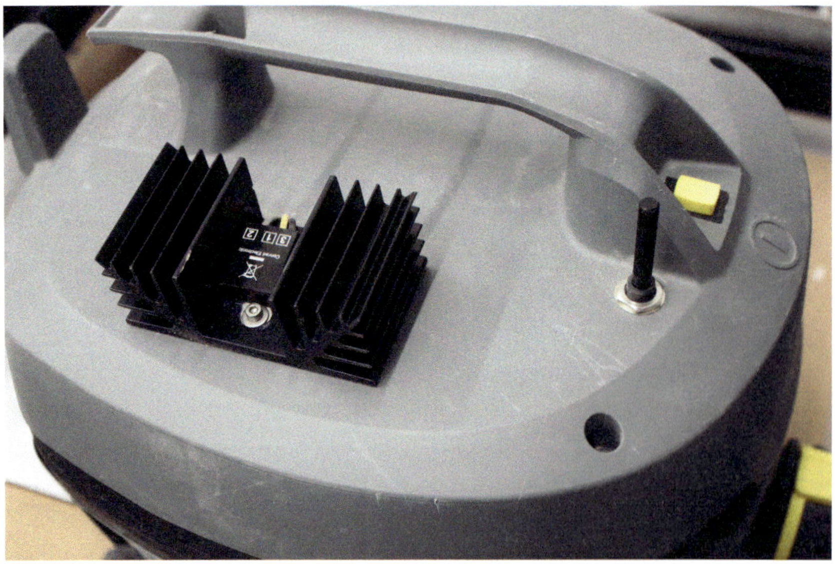

Bild 9.14 „Pimp my Staubsauger": der Kärcher T7/1 mit Drehzahlregelung von Conrad Electronic

Wenn man sich zum Thema Absaugung durch Internet-Foren und -Gruppen liest, wird man unweigerlich auf das Thema „Statische Aufladung und Staubexplosionen" stoßen. Da werden wüste Horrorbilder gemalt von Fräsen, die Häuser zum Einsturz bringen und ihre Besitzer töten. Die zugehörige Theorie: Späne laden sich beim Durchflitzen von Saugschlauch und Zyklon statisch auf und lagern sich in allen Ecken ab. Irgendwann explodiert der Staub dann, gezündet von einem Statikfunken.

Richtig, das passierte früher immer wieder in Schreinereien und Bäckereien und deshalb müssen Absaugungen in diesem Bereich aus Metall und geerdet sein. Allerdings sehe ich einen großen Unterschied zwischen einem Hobbyfräser, der alle paar Wochen mal die Fräse anwirft, und einem professionellen Betrieb, in dem 40 oder 50 Stunden die Woche gearbeitet wird.

Wer dieses Risiko ausschließen will, muss leitfähigen Saugschlauch verwenden. Ich habe eine unisolierte Litze durch alle Schläuche bis zum Zyklon gezogen und diese Litze an die geerdete Spindel angeschlossen. Du findest die passende Litze unter dem Begriff „Erdungsband“ als Meterware beim Elektronikversand.

9.5 CNC-Staubsaugen: Die Absaugung über G-Code steuern

Den Staubsauger über das NC-Programm zu steuern, sodass er automatisch nur arbeitet, wenn auch die Spindel dreht, ist einfacher zu realisieren, als es zunächst aussieht. Dazu verwenden wir die Ausgänge zur Steuerung der Kühlmittelpumpe, die alle Steuerungen haben und dann über G-Code-Kommandos geschaltet werden. Die dazu vorgesehenen Befehle heißen `M8` (Kühlung an) und `M9` (Kühlung aus).

Estlcam unterstützt das Ein- und Ausschalten der Kühlung nicht pro Arbeitsgang. Du kannst die `M8`- und `M9`-Aufrufe aber unter Einstellungen > CNC-Programmeinstellungen > Texte in die Codes für *Programm Anfang* und *Programm Ende* eintragen, am besten direkt vor dem `M03` und nach dem `M05`. Dann startet der Staubsauger, wenn die Spindel startet, und stoppt wieder, wenn die Bearbeitung beendet ist. Du kannst die Befehle auch von Hand an den Werkzeugwechseln eintragen, um den Staubsauger hier zu pausieren.

Fusion 360 unterstützt Kühlung direkt. Hier wählst du beim Definieren der Bearbeitung im Werkzeugtab *Außenkühlung Wasser*, dann werden `M8` und `M9` in die Datei geschrieben. Fusion schaltet den Staubsauger beim Werkzeugwechsel automatisch aus und wieder an.

An Hardware brauchst du eine Steckdose, die du in dein Steuerungsgehäuse einbaust, und ein Solid State-Relais (SSR). Ich danke dem Estlcam-Entwickler Christian Knüll für den Hinweis, dass mechanische Relais nicht nur Störungen verursachen, sondern im Zweifelsfall den Arduino in der Steuerung überlasten. Ich hätte glatt den Arduino gegrillt. Er empfiehlt ein SSR wie das RM1A23D25 von Carlo Gavazzi, das sich mit 2 bis 32 V Gleichstrom ansteuern lässt und das 230 V und 25 A schaltet. Es sollte auf einen Kühlkörper oder an eine Metallwand des Schaltschranks geschraubt werden, um entstehende Wärme ableiten zu können (Bild 9.15).

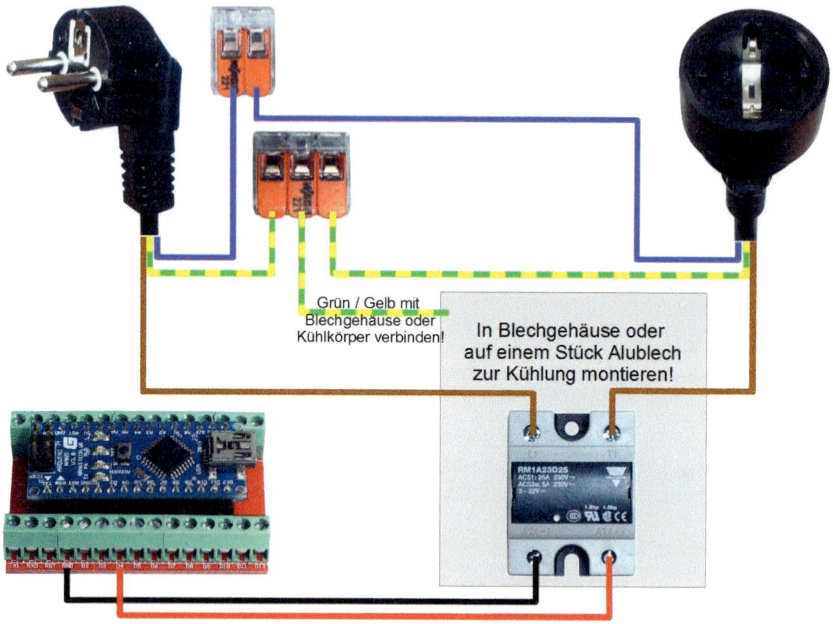

Bild 9.15 Mithilfe eines SSR lässt sich der Staubsauger über G-Codes ein- und ausschalten (© Christian Knüll, *www.estlcam.de*).

Dort kannst du nun den Staubsauger anstecken und die automatische Ansteuerung über das NC-Programm genießen.

10 Die Kür: 4-Achs-Steuerung und vierte Achse

In den vorangegangenen Kapiteln haben wir uns eine vielseitige CNC-Fräse gebaut, wir haben diese programmiert und schon erste Projekte darauf gefertigt. Doch jetzt aufzuhören, wäre doch irgendwie langweilig, oder? Deshalb folgen wir in diesem Kapitel dem Motto des Heimwerkerkönigs Tim Taylor aus der Kultserie „Hör mal, wer da hämmert“: „Mehr Power!“

Ich präsentiere dir im Folgenden eine aufgemotzte Fräse mit stärkeren Motoren, ausbaufähiger Steuerung und vierter Achse. Die Basis dafür ist die Shapeoko-T aus Kapitel 5. Die Holzteile für die vierte Achse habe ich in Kapitel 8 gefertigt. Wichtiger als der Nachbau oder die Sinnhaftigkeit der vierten Achse ist mir an dieser Stelle, dir zu zeigen, wie man stärkere Motoren ansteuert, und dir zu vermitteln, wie man mit etwas Fantasie noch viel mehr als im Buch beschrieben realisieren kann.

Der Umstieg auf NEMA23-Motoren bedeutet, dass wir nicht mehr mit den kleinen Polulu-Treibern arbeiten können, da diese mit den Stromstärken der großen Motoren überfordert sind. Wir benötigen also andere Treiberbausteine, die nicht mehr in die Steuerung integriert sind, wie dies beim Protoneer-Board oder GRBL-Nano-Board (siehe Abschnitt 6.2) der Fall ist. Wir benötigen eine Steuerung, die die NC-Codes entgegennimmt und in Signale für die Motortreiber umwandelt, sowie einen Satz an Motortreibern (je einen pro Motor).

Auf die Treiber, auch Endstufe genannt, gehe ich gleich ein. Bei der Steuerung gibt es mehrere Möglichkeiten:

1. **Überbrücken der Polulus:** Entfernt man die Polulu-Treiber, lassen sich die Eingangssignale auf die Anschlussstecker durchschleifen und an die Endstufe weitergeben. Hierzu bietet Protoneer sogar Adapterplatinen an, die statt der Polulus eingesteckt werden (Bild 4.7). Ansonsten verbindet man die Pins Enable-B2, Step-A1, Dir-A2 und GND-B1. Am Stecker liegen dann die entsprechenden Signale an, die man an der Endstufe entsprechend anschließen kann. „Step“ entspricht „Pulse“ an der Endstufe.
2. **Arduino mit oder ohne Adapterkarte:** Du kannst die Verbindungen zwischen einem Arduino, auf dem GRBL läuft, und der Endstufe direkt herstellen. Dies ist im Github-Repository von GRBL beschrieben (*https://github.com/gnea/grbl/wiki/Connecting-Grbl*).

Alternativ nutzt du eine der vielen Adapterkarten, die die Arduino-Ausgänge auf Schraubterminals zugänglich machen. Eine Sonderform ist der Estlcam-Klemmenadapter, der auf der Estlcam-Website (*https://www.estlcam.de*) angeboten wird, und der nicht mit GRBL läuft, sondern mit einer eigenen Firmware. Dann lässt sich die Fräse direkt aus Estlcam heraus steuern.

3. **Breakout-Boards:** Diese oft auch als Mach3/4-Boards bezeichneten Platinen verbinden die Treiberendstufe über USB direkt mit dem PC, auf dem dann die gesamte Signalerzeugung stattfindet.

Ich habe mich für Möglichkeit 2 entschieden und mich dabei beim MaXYposi-Projekt der Zeitschrift Make: bedient, bei deren Redaktion ich mich für die Zurverfügungstellung der Platinen bedanke. Der MaXYposi-Controller basiert auf einem ATmega644P-Chip, der mit dem Prozessor des Arduino kompatibel ist, aber mehr Speicher und mehr Ein- und Ausgänge bietet (Bild 10.1). Auf diesem Prozessor läuft ein angepasstes und erweitertes GRBL. Zu diesem Controller hat Heise eine Bedienkonsole mit dem schönen Namen MaXYpulti entwickelt, die es ermöglicht, die Fräse zum großen Teil ohne PC zu bedienen (Bild 10.2). Das Bedienpult bietet eine Vielzahl von Hardware-Buttons, ein Jog-Rad, mit dem die Spindel feinfühlig bewegt werden kann, und eine Anzeige der aktuellen Koordinaten. Sogar manuelles Fräsen ist damit möglich. Allerdings zeige ich dir den Zusammenbau des MaXYpulti nicht im Buch. Das ist schlichtweg Löt-Fleißarbeit.

Bild 10.1 Noch eine Steuerung: MaXYposi-Controller (vorn rechts) und TB6560-Treiberplatine für vier Achsen

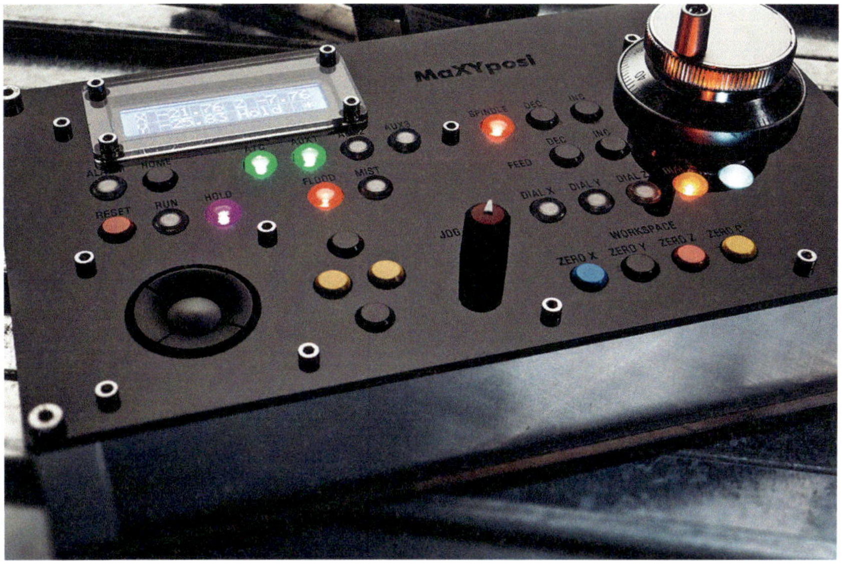

Bild 10.2 Das MaXYpulti ist ein extrem komfortables Steuergerät für die MaXYposi-Steuerung (© Heise).

Die ausführliche Beschreibung von Controller und Bedienkonsole findest du in den Ausgaben 2/2017 und 4/2017 der Zeitschrift Make:, die du im Heise-Shop unter *https://shop.heise.de* kaufen kannst. In Heft 1/2017 ist ein Einführungsbeitrag zum Projekt zu finden und in Ausgabe 3/2017 ein Artikel zur Einrichtung von GRBL und zu den ersten Schritten. Letzteres wird auch in Abschnitt 7.1 abgehandelt.

Der Controller gibt seine Daten über ein Parallelport-Kabel an eine zweite Platine weiter, auf der die Motortreiber sitzen. Die Endschalter und die Spindelsteuerung können sowohl an die MaXYposi-Platine wie an die Treiberplatine angeschlossen werden. Im zweiten Fall werden die Signale zur Controllerplatine durchgeschleift.

Noch eine Vorbemerkung zur vierten Achse: Die MaXYposi-Steuerung kann vier Achsen gleichzeitig steuern, also die XYZ-Linearachsen sowie eine C-Drehachse. Fusion 360 ist – als einziges mir bekanntes kostenfreies CAD/CAM-Programm – in der Lage, auch NC-Programme für Vierachsbearbeitung zu erstellen. Was noch fehlt, ist ein Postprozessor, der die Fusion 360-Programmierung in GRBL-lesbaren NC-Code übersetzt. Ich habe mehrere Projekte von Vierachs-GRBL-Postprozessoren im Netz gefunden, doch keines davon ist aktuell und wird aktiv weitergetrieben.

Deshalb beschränke ich mich im Buch auf das Fräsen mit zwei Linear- und einer Drehachse. Die Bearbeitung läuft in dem Fall auf einer Zylinderoberfläche statt auf der ebenen Arbeitsfläche, die Drehachse ersetzt die dritte Linearachse. Technisch geht es also um reines 2D-Fräsen. Der Fräser fährt über die Z-Achse radial auf die Drehachse des Zylinders zu, die Y-Achse parallel zur und senkrecht über der Drehachse. Die Fräse „weiß“ nicht, dass sich das Werkstück dreht, man kann also ein „flaches“ 2D-NC-Programm auf die Maschine schicken und auf den Zylinder gravieren. Die Fräsbahnen dürfen nur insgesamt nicht breiter sein als der Umfang des Zylinders, sonst überlappen sie sich „hinten“.

Es kann durchaus sein, dass sich diese Situation – der fehlende 4-Achs-GRBL-Post für Fusion 360 – zu dem Zeitpunkt, an dem du dieses Buch in den Händen hältst, schon geändert hat. Deshalb stelle ich dir auf jeden Fall den Weg zur Vierachsfräse komplett vor – ohne sie selbst testen zu können.

10.1 Getrennt und doch gemeinsam: Der Aufbau der Steuerung

Die Platinen des MaXYposi-Projekts gab es bis vor kurzem noch im Heise-Onlineshop (*https://shop.heise.de*) zu kaufen. Inzwischen ist ausgerechnet die Controllerplatine ausverkauft. Allerdings kannst du auf der Github-Seite des Projekts die Platinen-Layoutdaten herunterladen und bei einem der einschlägigen Platinen-Services anfertigen lassen. Auch das angepasste GRBL, das auf den ATmega644P geflasht werden muss, steht dort zum Download zur Verfügung. Falls du dich für eine andere Arduino-basierte Lösung entscheidest, kannst du die folgenden Ausführungen als Richtschnur verwenden.

Die Liste der weiteren notwendigen Bausteine, vor allem Stecker und Buchsen, sowie die Platinendaten findest du im Github-Repository der Make: unter *https://github.com/Make-MagazinDE/MaXYposi_Grbl_644* (im Verzeichnis *maxyposi_pcb*). Ebenfalls benötigt wird ein USB-Seriell-Adapter mit FT232RL-Chip oder das Seriell-USB-Adapterkabel TTL-232R-5V von FTDI, um den ATmega mit dem Steuerrechner zu verbinden. Das Kabel ist eine sehr saubere Lösung. Dafür haben die „nackten“ Platinen LEDs, die im Notfall bei der Fehlersuche helfen. Das Einlöten der fehlenden Bausteine ist für dich sicher kein Problem mehr.

Zusätzlich brauchen wir Schrittmotortreiber, bei denen wir nun aus dem gewohnten Pololu-Schema ausbrechen. Im Leistungsbereich über diesen Treibern gibt es eine breite Palette von „China“-Endstufen mit mehreren Achsen bis hin zu den qualitativ sehr guten Leadshine-Treibern, die jedoch pro Achse zwischen 50 und über 100 Euro kosten. Ich habe mich – inspiriert von der Make: – für eine Endstufe auf Basis der TB6560-Bausteine entschieden. Bei eBay sind Vierachsplatinen mit diesen Treibern um die 50 Euro zu bekommen.

HINWEIS: Achtung! Es gibt verschiedene Platinenlayouts, die sich in der Farbe unterscheiden. Anscheinend haben die blauen Platinen einen fehlerhaften Aufbau, während die roten Platinen in Ordnung sind. Ich habe vorsichtshalber eine rote gekauft.

Als die Platine geliefert wurde, fiel mir zweierlei auf:

- Erstens hatte ich nun zwar vier Treiber für die Ansteuerung von vier Achsen, allerdings brauchen wir bei der Shapeoko ja schon vier Treiber für drei Achsen, weil an der Y-Achse zwei Motoren eingebaut sind (Bild 10.3). Für eine echte vierte Achse brauchte ich also einen weiteren Motortreiber, den ich in Form eines Einzeltreibers mit TB6560-Chip nachgekauft habe.
- Zweitens fehlt den Platinen die Clone-Funktion, mit der man die Signale einer Achse auf den freien Treiber duplizieren kann. Es musste also eine andere Lösung her. Zudem fiel mir auf, dass die Platine einen Anschluss besitzt, an dem man einen weiteren Treiberbaustein anschließen kann. Hier kann man den Einzeltreiber anschließen, es fehlt lediglich noch die Ansteuerung über den Controller.

Nach einigem Grübeln habe ich den Signalweg zwischen Controller und Treiberplatine als idealen Ort für die notwendigen Eingriffe identifiziert. Die Signale werden über ein 25-poliges Kabel übertragen, das der Treiberplatine beilag. Ich habe nun das „weibliche“ Ende des Kabels abgeschnitten, einen neuen Stecker angelötet und dabei einige Datenleitungen umgesetzt beziehungsweise gebrückt. Dazu habe ich die Angaben in der Make: und in den Unterlagen zur Treiberplatine ausgewertet und mir einen Kabelplan gemacht (Bild 10.4). Vorher musste ich herausfinden, welches der 25 hauchfeinen Kabel welche Pins verbindet. Da die Stecker an dem beiliegenden Kabel vergossen sind, ging das nur mit dem Messgerät. Im Nachhinein wäre es wohl einfacher gewesen, ein neues Kabel mit aufschraubbaren Steckern an beiden Enden anzufertigen.

Bild 10.3 Die vier Treiber der roten Platine benötigen wir bei der Shapeoko schon für drei Achsen. Eine „echte“ vierte Achse steuern wir mit dem Einzeltreiber links vorn.

Kabelfarbe	Anschluss Controller	Pin		Pin	Anschluss Motorkarte	Kabelfarbe
Schwarz	Enable	1		1	Enable	Schwarz
braun	X Pulse	2		2	X Pulse	braun
rot	X Dir	3		3	X Dir	rot
orange	Y Pulse	4		4	Y Pulse	orange
gelb	Y Dir	5		5	Y Dir	gelb
grün	Z Pulse	6		6	Z Pulse	grün
blau	Z Dir	7		7	Z Dir	blau
lila	C Pulse	8		8	A Pulse	Brücke von orange (4)
grau	C Dir	9		9	A Dir	Brücke von gelb (5)
weiß	X Limit	10		10	Limit 1	weiß
rosa	Y Limit	11		11	Limit 2	rosa
hellgrün	Z Limit	12		12	Limit 3	hellgrün
Schwarz/weiß	Probe	13		13	Limit 4	Schwarz/weiß
braun/weiß	Spindle	14		14	Relay	braun/weiß
rot/weiß		15		15		rot/weiß
orange/weiß		16		16	B Pulse	Brücke von lila (8)
gelb/schwarz		17		17	B Dir	Brücke von grau (9)
grün/weiß	Masse 0V	18		18	Masse 0V	grün/weiß
blau/weiß	Masse 0V	19		19	Masse 0V	blau/weiß
lila/weiß	Masse 0V	20		20	Masse 0V	lila/weiß
grau/Schwarz	Masse 0V	21		21	Masse 0V	grau/Schwarz
rosa/schwarz	Masse 0V	22		22	Masse 0V	rosa/schwarz
rot/schwarz	Masse 0V	23		23	Masse 0V	rot/schwarz
orange/schwarz	Masse 0V	24		24	Masse 0V	orange/schwarz
grün/schwarz	Masse 0V	25		25	Masse 0V	grün/schwarz

Bild 10.4 Der Umbau des Kabels erfordert zwei Brücken. Zwei Kabel wandern an andere Anschlüsse. Die Kabelfarben gelten wahrscheinlich nur für mein Kabel.

Zunächst brauchen wir eine Brücke zwischen den Treibern für die Y-Achse und dem vierten Treiber, sodass dieser Treiber die gleichen Signale erhält wie der Y-Treiber. Bei meiner Platine bedeutete dies das Einlöten von Brücken von Pin 4 auf Pin 8 und von Pin 5 auf Pin 9 (Bild 10.5). Zudem habe ich die Signale der vierten Achse des Controllers, die beim Controller C heißt, auf der Platine dagegen B, gleich auf die Zusatzbuchse umgeleitet, an die der zusätzliche Treiber angesteckt werden kann. Damit ist das Kabel schon auf „echten" Vierachsbetrieb vorbereitet.

Endschalter und Spindelansteuerung sind ebenfalls auf der Treiberplatine vorgesehen und werden auf dem Kabel durchgeleitet. Anschlüsse für Schalter und Spindel findest du allerdings ebenso auf der Controllerplatine. Du kannst sie dort direkt anschließen. Endschalter kommen an PL2. Dort liegt Pin1 auf Masse. Pin2 bis Pin5 sind die Anschlüsse für die Endschalter X, Y, Z und C. Die Belegung der Endschalter im Stecker der Treiberplatine passte zur Belegung im Controller, deshalb habe ich die Endschalter an der Treiberplatine angeschlossen.

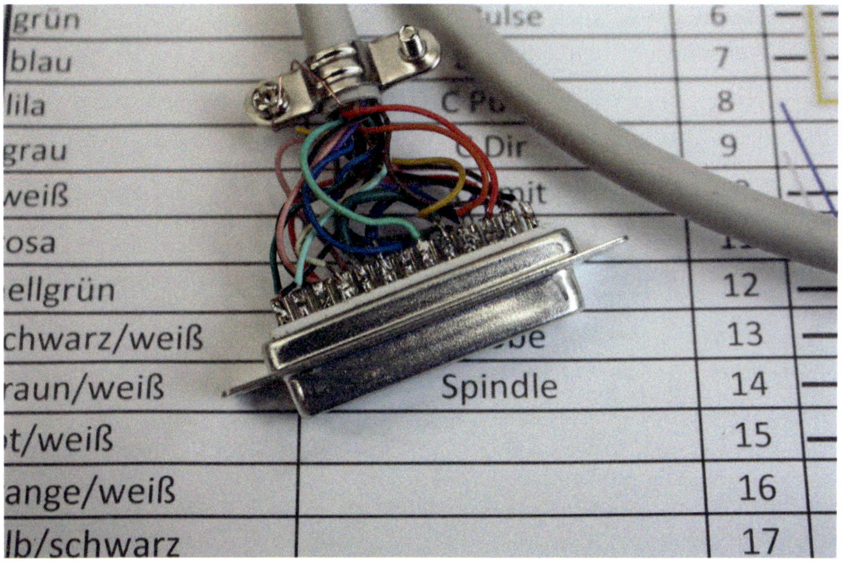

Bild 10.5 Das Umlöten des Steuerkabels erfordert Fingerspitzengefühl. Die beiden Brücken sind in Blau und Grün zu erahnen.

Für die Spindel ist auf der Treiberplatine dagegen ein Relais vorgesehen, das nur einen An/Aus-Betrieb der Spindel erlaubt. Zudem ist das Pinout nicht definiert, deshalb habe ich die Finger dort weggelassen und die Spindel am Controller angeschlossen. Am Spindelausgang PL204 nutzen wir Pin1 (Masse) und Pin2 (Spindle PWM), um den PWM-Controller der Spindel anzusteuern.

Diesen Drehzahlcontroller habe ich an dieser Fräse an ein 48-V-Netzteil angeschlossen, damit ich die volle Drehzahl der Spindel nutzen kann. Ein zweites Netzteil versorgt die Treiberplatine und damit die Motoren mit 24 V. Beide Netzteile liefern 350 W. Ein Not-Aus-Schalter trennt die 24-V- und 48-V-Leitungen im Notfall von der Fräse. Die Controllerplatine wird in der hier verwendeten Konfiguration aus dem USB-Bus mit Strom versorgt. Im Prinzip kann man an die MaXYposi-Platine auch einzelne Endstufen direkt anschließen und zudem weitere Hardware, dann wird eine Stromversorgung über den Anschluss PL6 notwendig. Pin1 und Pin3 sind Masse, an Pin2 wird 5 V+ angeschlossen, an Pin4 12 V+ bis 36 V+. Mit unserem Aufbau ist die zweite Stromversorgung überflüssig. Am 5-V-Anschluss reicht ein kräftiges USB-Steckerladeteil mit 2 A völlig aus.

HINWEIS: Wenn du eine Spannung von 5 V an Pin1/Pin2 anschließt, musst du unbedingt den Jumper JP3 abziehen, über den die Stromversorgung vom USB-Bus läuft.

Zunächst baute ich die komplette Steuerung „fliegend“ auf. Sobald alles wie vorgesehen funktioniert, werden die Bausteine und vor allem die Netzteile in ein Gehäuse eingebaut.

Ich habe dafür das Gehäuse meines alten Telekom Entertain-Recorders genutzt. Es bietet sich auch ein altes Minitower-Gehäuse an (Bild 10.6).

Bild 10.6 Für erste Tests baute ich die komplette Steuerung fliegend auf. Nach dem Testen kommt alles in ein Gehäuse. Als Not-Aus dient vorerst die schaltbare Steckerleiste rechts am Monitor.

Die Motorkabel werden mit den grünen Steckern angeschlossen, die mit der Treiberplatine geliefert wurden. Um die Drehachse statt der X-Achse anschließen zu können, habe ich für den Schrittmotor der Drehachse einen passenden Stecker gekauft. Du findest ihn bei Reichelt (*https://www.reichelt.de*) unter der Artikelnummer CTB9209-4 und der Bezeichnung „Steckbare Schraubklemme - 4-pol, RM 5,08 mm“. Es ist übrigens derselbe wie an PL6, der Stromversorgung des Controllers.

TIPP: Hoffentlich hast du die Motor- und Endschalterkabel beschriftet, sonst wird die Sucherei mühsam.

Die Motorstecker kannst du mit dem Durchgangsprüfer testen. Durchgang sollte von Pin1 zu Pin2 und von Pin3 zu Pin4 sein. Achte darauf, die Adern immer in derselben Reihenfolge anzuschließen, sonst drehen die Motoren falsch herum. Das ist vor allem an der Y-Achse der Shapeoko wichtig, da dort zwei Motoren arbeiten. Bei der Shapeoko-T mit Trapezspindeln drehen sich beide Motoren gleich, bei der Shapeoko-X mit Riementrieb müssen sich die Motoren gegenläufig drehen. Das erreichst du, indem du an einem Motoranschluss die ersten beiden Adern andersherum anschließt wie am anderen Motor. Die Endschalter lassen sich ebenfalls vor dem Anschluss kurz „durchklingeln“.

Nun gilt es noch, die DIP-Schalter auf der Treiberplatine richtig zu setzen. Jede Endstufe hat zwei davon, je einen mit vier und einen mit zwei Schaltern (Bild 10.7). Bitte schau in der Anleitung zu deiner Endstufenplatine, wie die Belegung genau ist. Sie kann von der hier beschriebenen abweichen.

Bild 10.7 Zu jedem Treiber gehören zwei DIP-Switches, die du richtig einstellen musst. Hier ist der Lüfter noch falsch eingesteckt.

Die beiden ersten Schalter des vierfachen DIP-Schalters definieren den Stromabbau (Decay) in den Wicklungen des Schrittmotors. Als Induktivitäten neigen die Spulen der Schrittmotoren dazu, auch nach dem Ende eines Steps den durch sie fließenden Strom aufrechtzuerhalten. Das Umpolen, das den nächsten Step einleitet, kann erst erfolgen, wenn der Strom abgebaut ist. Dieser Abbau kann langsam oder schnell erfolgen. Langsam bedeutet, dass der nächste Step nicht beliebig schnell erfolgen kann, was sich bei schnellem Lauf in Vibrationen äußert. Bei schnellem Abbau und langsamem Lauf erreicht der Motor sein Drehmoment nicht. Deshalb wurde „Mixed Decay" erfunden, bei dem erst schnell und dann langsam abgebaut wird.

Mit den DIP-Switches 1 und 2 kannst du zwischen Fast Decay, Slow Decay und zwei Formen des Mixed Decays wählen. Ich habe mich für 50 % Fast Decay entschieden, was bei meinem Board durch Stellen der Schalter 1/2 auf Off/On eingestellt wird. Mit den beiden anderen Schaltern wird die Anzahl der Mikroschritte eingestellt. Ich habe mich an den X/Y-Achsen der Shapeoko-T für Achtelschritte entschieden. Die Z-Achse arbeitet mit Halbschritten. Das wird durch die Schalterstellungen On/On und On/Off (nur an der Z-Achse) definiert (Bild 10.8).

Bild 10.8 Die DIP-Switches der Z-Achse (links) und der geklonten Y-Achse sind schon auf die jeweiligen Motoren eingestellt (links: Halbschritt, rechts: Achtelschritt).

Der zweite DIP-Schalter mit zwei Schaltern entscheidet über den Strom, der an den Motoren ankommt. Diese Einstellung sollte zu den verbauten Motoren passen. Ich habe auf den X/Y-Achsen Wantai 57BYGH627 mit 3 A pro Phase, an Z sitzt ein etwas kürzerer Wantai 57BYGH218 mit 2 A. Die Schalter definieren einen Prozentsatz von den maximalen 2,5 A, den die Treiber liefern. Bei den großen Motoren können dies also jeweils die vollen 2,5 A sein (Schalterstellung: Off/Off). Beim Z-Motor stelle ich auf 75 %, das wären 1,875 A und On/Off (Bild 10.9).

Bild 10.9 Der Z-Motor (links) bekommt 75 %, der geklonte Y-Motor (rechts) 100 % des Motorstroms.

HINWEIS: Die Einstellungen für Y musst du am geklonten Treiber A natürlich ebenfalls einstellen. Diese beiden Treiber müssen exakt gleich eingestellt sein, sonst fährt das Portal schräg.

Erst nach einiger Zeit fiel mir auf, dass sich der mitgelieferte Lüfter auf dem Kühlkörper der Treiberplatine nicht drehte. Ich habe eine ganze Weile herumgesucht, warum das so ist, bis ich herausfand, dass ich ihn falsch angeschlossen hatte. In der Anleitung steht in unnachahmlichem China-Englisch „Fan port, can choose any two pins". Der mitgelieferte Lüfter hat drei Anschlüsse, weshalb ich dachte, dass er längs an eine Dreierreihe der sechs Pins angeschlossen werden muss. Falsch gedacht! Das rote und das schwarze Kabel müssen an zwei quer liegende Pins angeschlossen werden. Das gelbe Kabel – typischerweise das Tachosignal des Lüfters für Lüftersteuerungen – ist überflüssig (Bild 10.10). Nun startet der Lüfter, sobald die Treiberplatine Strom bekommt. Über die Frechheit, einfach einen Lüfter mit vier Schrauben mitzuliefern, die sich nirgends befestigen lassen, denke ich erst einmal nicht weiter nach. Der Lüfter wird seinen Platz im Gehäuse der Steuerung finden, sobald ich sie dort einbaue.

Damit sind alle Einstellungen in der Hardware abgeschlossen und du kannst nach nochmaligem Prüfen aller Anschlüsse die Steuerung unter Strom setzen. Nun geht eine Vielzahl von LEDs auf den diversen Platinen an, die zum Teil einfach anzeigen, dass Strom da ist, beispielsweise die LED1 auf der Controllerplatine neben dem ATmega. Interessanter sind die drei grünen LEDs auf dem Controllerboard, die leuchten, wenn du die Endschalter NC geschaltet hast, und ausgehen, wenn du einen der Endschalter drückst. Teste alle Achsen durch.

Bild 10.10 Sieht seltsam aus, muss aber so sein: der Anschluss des Lüfters für die Treiberbausteine

Auf dem FTDI-Adapter sollte eine Status-LED leuchten. Wenn du bCNC auf dem Laptop startest, solltest du das Device /dev/ttyUSB0 anwählen und dich mit dem ATmega verbinden können. Die Kommunikation wird durch zwei flackernde rote LEDs auf der FTDI-Platine angezeigt. Bei mir verband sich bCNC sofort mit dem Controller, ich hatte den Laptop allerdings schon so wie in Abschnitt 6.3 beschrieben eingerichtet.

Klappt die Verbindung? Dann kannst du mal im Steuerungs-Tab versuchen, die Achsen zu bewegen. Außer Quietschtönen passierte bei mir anfangs nichts, doch wir haben GRBL ja auch noch nicht passend konfiguriert. Allerdings sollten auf der Treiberplatine LEDs aufleuchten. Neben den Vierfach-DIP-Schaltern sind für jede Achse LEDs verbaut. Diese zeigten bei mir an, dass die Achsen richtig angesteuert werden.

Die genaue Einstellung von GRBL spare ich mir. Sie ist in Abschnitt 7.1 genau beschrieben. Ich habe 320 Schritte pro Umdrehung auf Z und 533,33 Schritte auf X/Y eingestellt, dann lief die Fräse. Ganz wichtig, vor allem bei Maschinen mit Spindeltrieben: Setze `$20=1`, damit die Hardware-Endschalter die Maschine beim Auslösen auch stoppen.

Nun sollte die Maschine wie gewohnt laufen und bereit zum Fräsen sein. Baue die Steuerung in ein Gehäuse ein und schließe auf der Controllerplatine an PL4 neben den Endschaltern noch den Werkzeuglängensensor an. Pin1 ist Masse, Pin2 der Schalteingang und Pin3 die Versorgungsspannung. Über JP5 kann gewählt werden, ob 5 V oder 12 bis 36 V am Pin anliegen. Auch hier zeigt eine (rote) LED die Aktivität des Tasters an.

10.2 Spekulativ: Die Hardware für die vierte Achse

Wie zu Beginn des Kapitels besprochen, kann ich eine echte vierte Achse nicht in Betrieb nehmen, weil aktuell kein Postprozessor für Vierachsprogramme aus Fusion 3260 existiert. Mir ist auch nicht ganz klar, wie bCNC auf Vierachsprogramme reagieren würde. Es könnte da zu Darstellungsfehlern kommen. Zudem fehlen natürlich die Kontrolltasten für eine Drehachse. Das NC-Programm einfach auf den Controller zu übertragen, sollte funktionieren – aber wie gesagt, keine Gewähr, ich konnte es nicht testen.

Was ich dir zeigen kann, ist der Anschluss der vierten Achse über einen zusätzlichen Treiberbaustein. Dies ist nicht weiter schwierig. Das Datenkabel hatten wir ja schon so vorbereitet, dass die Signale für die C-Achse auf J13 ankommen, dem fünfpoligen Steckanschluss neben dem DSub25-Steckanschluss. Normalerweise braucht ein Treiber – neben Masse (GND) – nur drei Anschlüsse:

- Enable (EN): Anschalten der Motorsteuerung
- Clock (CK): Schrittimpuls
- Clockwise (CW): gewünschte Drehrichtung des Motors

Genau diese Abkürzungen finden wir auch auf der Treiberplatine. Auf dem fünften Pin liefert der Steckplatz 5 V, falls diese vom angeschlossenen Treiber benötigt wird. Mein Einzeltreiber arbeitet direkt mit den 24 V, die er auch an den Motor liefert (Bild 10.11).

Allerdings hat der Treiber sechs Eingänge. Wieso das denn? Ganz einfach, er hat zu jeder der drei Datenleitungen einen eigenen Masseanschluss. Du kannst also die drei Masseanschlüsse über Brücken zusammenfassen und hast dann die vier Kabel, die du zum Anschluss wirklich brauchst (Bild 10.12).

Auf der anderen Seite des Treiberbausteins sind sechs Anschlüsse, die selbsterklärend beschriftet sind: An GND und 24 V+ wird die Stromversorgung angeschlossen, an A+/A– sowie B+/B– werden die Spulen des Motors angeschlossen.

HINWEIS: Setze nie einen Treiber unter Strom, wenn kein Motor angeschlossen ist. Die meisten Treiber gehen dabei kaputt.

Bild 10.11 Dieser Einzeltreiber läuft unter dem Namen BL-TB6560-V2.0. Links siehst du die Anschlüsse zur Steuerung, rechts werden Motor und Stromversorgung angeschlossen.

Bild 10.12 So wird der Treiberbaustein mit drei Massebrücken an die Treiberplatine angeschlossen.

10.3 Drehwurm: Fräsen mit der Drehachse

Leider war Abschnitt 10.2 ja rein spekulativ. Jetzt wollen wir die schöne Drehachse, für die wir in Kapitel 8 die Holzteile gefräst haben, in Betrieb nehmen. Dazu fehlen uns noch einige Bauteile (Bild 10.13):

- 2 Kugellager Typ 6000ZZ (10 × 26 × 8 mm) für das Bohrfutter
- 1 kleines Bohrfutter (10 mm $^3/_8$" × 24 UNF) mit SDS-Plus-Adapter
- 1 Schrittmotor NEMA17
- 1 Kugellager Type 608ZZ (8 × 22 × 7 mm) für den Reitstock*
- 1 M8-Schraube mit selbstsichernder Mutter, angespitzt als Reitstockspitze*
- einige M3-Schrauben

Ich habe die Lager mit Sekundenkleber in die Holzteile eingeklebt und die Holzteile mit Holzleim und kleinen Schrauben zusammengesetzt.

* Bei meiner Version habe ich diese Teile durch eine gekaufte Reitstockspitze ersetzt.

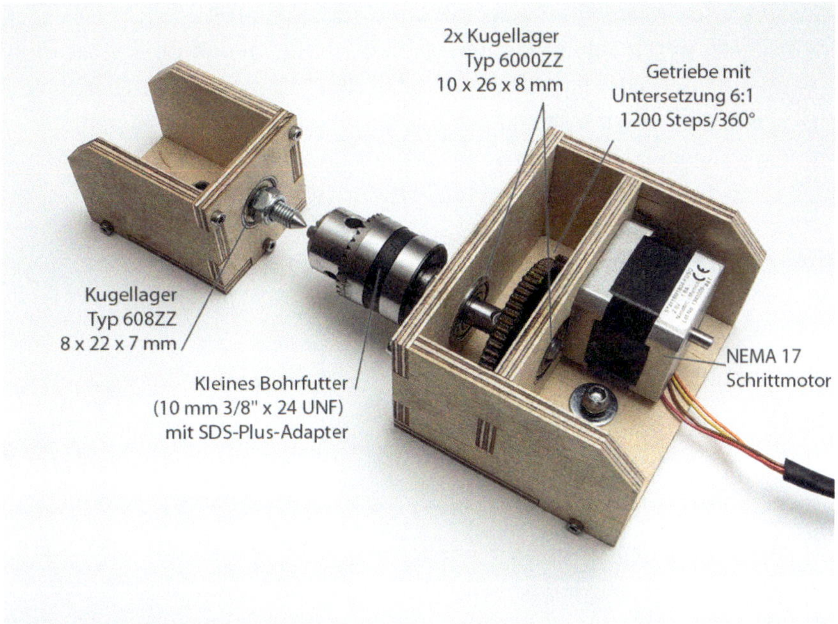

Bild 10.13 Die vierte Achse ist schnell zusammengesetzt. (© ZenziWerken.de, Daniel Groß).

Mit den beiden Löchern unten in den Gehäusen kannst du die beiden Teile der vierten Achse in der Grundplatte verschrauben, und zwar parallel zu den Laufschienen der Y-Achse. Die Drehachse der vierten Achse liegt also „von vorn nach hinten". Grundsätzlich könnte man sie auch quer aufbauen, allerdings haben wir auf Y zwei Motoren. Man müsste an den zweiten Motortreiber der Y-Achse einen losen Motor anschließen, um diesen nicht zu beschädigen. Auf X haben wir nur einen Motortreiber, da ist der Umbau einfacher.

An den Motor kommt ein Kabel, das lang genug ist, statt der X-Achse in die Treiberplatine eingesteckt zu werden. Teste die Drehrichtung des Drehmotors und tausche gegebenenfalls eines der Adernpaare. Das lässt sich ganz einfach mit bCNC testen: Ein Verfahren nach X– entspricht einer Drehung im Uhrzeigersinn.

Nun müssen wir erst einmal das Fräsprogramm einrichten. Es handelt sich ja um ein „flaches" Programm. Die Maschine bekommt von dem Umstieg von einer Linear- auf eine Drehachse nichts mit. Die einzige Bedingung ist: Das Programm darf nicht breiter werden als der Umfang des zu fräsenden Teils, sonst überlappt es auf der Rückseite. Du kannst sogar „gedrechselte" Bauteile mit unterschiedlichen Radien fräsen, indem du das Profil auf die volle Breite des Programms aufbringst und die Kontur dann fräst. Das ist allerdings sehr aufwendig. Die hier gezeigte Lösung eignet sich eher zum Gravieren.

Das Programm erstellen wir in Estlcam mit einem Binford-Tools-Schriftzug, der sich unter anderem als SVG-Datei in Wikimedia findet. Um schneller ans Ziel zu kommen, nutze ich dazu die Automatikfunktionen von Estlcam. Unter Objekte Automatisch Erzeugen wählen wir *Ausschnitte und Teile erzeugen*. Dann wertet Estlcam die äußere Kontur als Ausschnitt, die nächste, weiter innen folgende als Teil, dann wieder als Kontur und so weiter (Bild 10.14). Sehr schön ist das bei den „O“ in „Tools“ zu sehen: Der Querbalken, in dem der Schriftzug eingebettet ist, wird auf der Innenseite der Kontur gefräst, die Außenkontur des „O“ auf der Außenseite, das Innere des „O“ wieder innen.

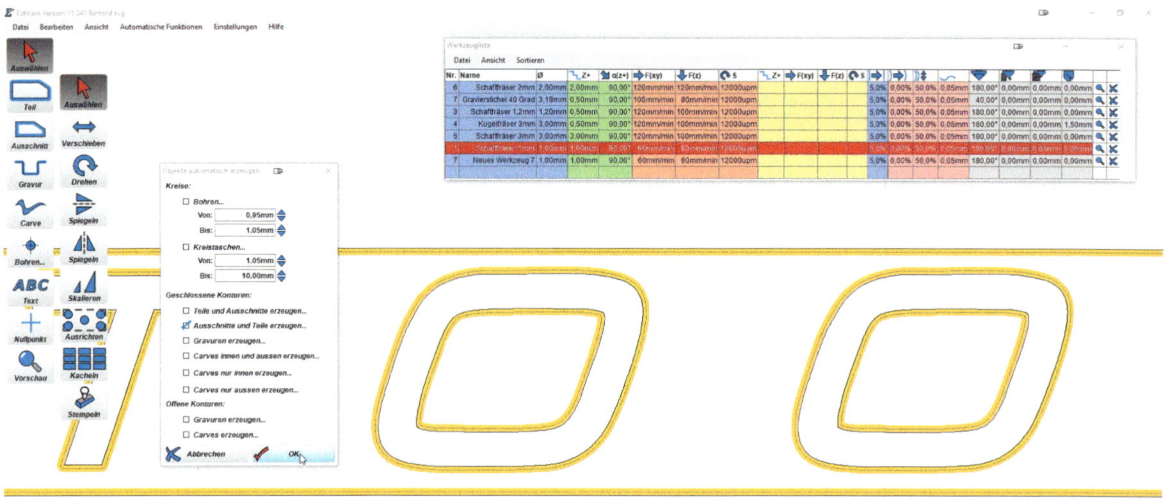

Bild 10.14 Die Estlcam-Automatik platziert die Werkzeugpfade automatisch auf die richtige Seite, um den Schriftzug zu vertiefen und „Tools“ stehen zu lassen.

Im nächsten Schritt erzeugst du Taschen, indem du die Außenkonturen der Buchstaben nacheinander anwählst und bei den Buchstaben ohne Innenkontur „i“, „n“ und „r“ im Eigenschaften-Menü *Tasche* wählst. Bei den Buchstaben mit Innenkontur, also „B“, „o“ und das verbundene „F/d“ mit dem „Tools“-Schriftzug, benutzt du die Insel-Funktion, die ähnlich wie die Automatikfunktion Innenkonturen berücksichtigt und abwechselnd Taschen und Inseln erzeugt.

Der ist Schriftzug noch zu groß. Zudem muss er entlang der Y-Achse ausgerichtet werden. Das geht ganz schnell mit den Funktionen *Drehen*, *Skalieren* und *Verschieben*. Du kannst die Einzelkonturen vorher gruppieren, dann sind sie zueinander fixiert. Achte beim Skalieren darauf, dass du die Schrift nicht zu klein machst und einen sehr dünnen Schaftfräser ausgewählt hast, sonst verschwindet der „Tools“-Schriftzug. Mit der mittleren Maustaste kannst du die aktuelle Größe abmessen (Bild 10.15).

HINWEIS: Sei vorsichtig beim Skalieren. Was beim Verkleinern verrutscht, lässt sich durch „Wieder-größer-Ziehen“ nicht wieder rückgängig machen.

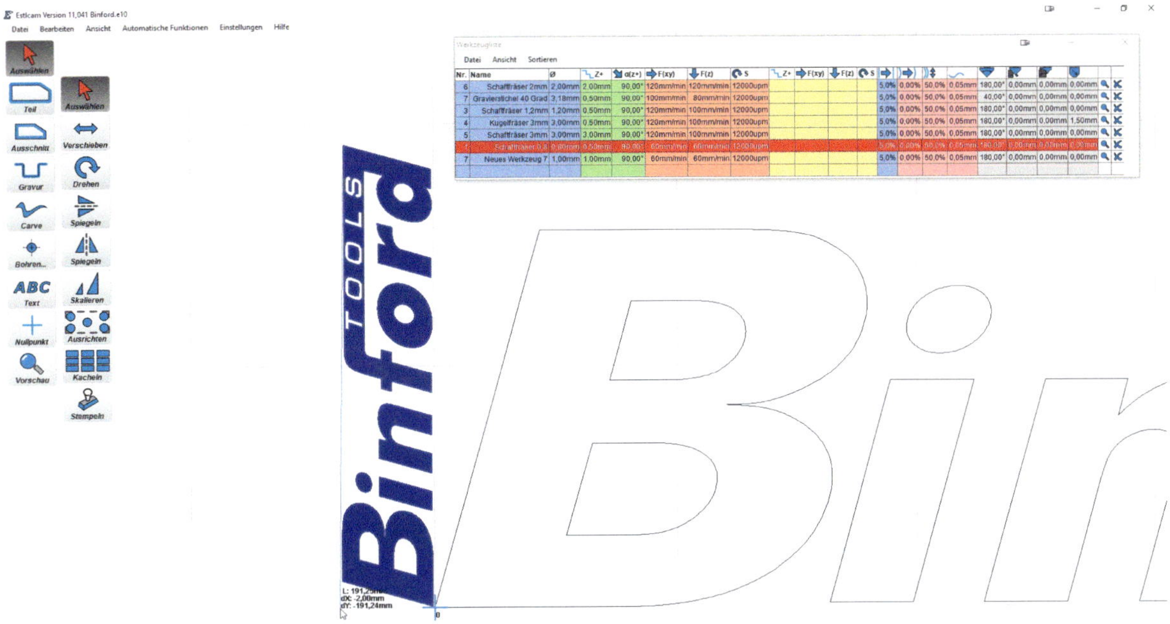

Bild 10.15 Skaliert und hochkant gestellt: Der Schriftzug ist bereit für die Fräse. Mit der mittleren Maustaste kannst du die Größe messen.

Der Umfang meines Werkstücks eines Buche-Rundholzes mit 40 Millimeter Durchmesser lässt sich mit U = 2 × π × r schnell ausrechnen. Er liegt bei knapp 126 Millimetern. Mein Schriftzug ist knapp 40 Millimeter hoch. Er sollte sich also sehr schön auf den Stab abbilden lassen und ist auf einen Blick lesbar. Der Schriftzug kann nun in ein NC-Programm gespeichert und auf die Fräse geschickt werden.

Bei der Arbeit mit der Drehachse sind mehrere Besonderheiten zu beachten. Da ist zum einen die Aufspannung: Du musst das Werkstück möglichst genau in der Drehachse spannen, da sich jede Unwucht als „Eiern“ und damit als unterschiedliche Bearbeitungstiefe auswirkt. An der Reitspitze reicht es, mit der Bohrmaschine eine kleine Vertiefung anzubringen.

Zum Einspannen ins Bohrfutter habe ich mir einen Trick einfallen lassen: Ich habe an einer Einschlagmutter die Spitzen um 180 Grad verbogen, sodass ich sie in die Stirnseite des Holzes klopfen konnte (Bild 10.16). Dann habe ich eine Sechskantschraube mit Kontermutter eingeschraubt und auf der Einschlagmutter verspannt. Schraubenkopf und Mutter lassen sich dann schön ins Bohrfutter einspannen.

Bild 10.16 Eine umgebogene Einschlagmutter ergibt ein praktisches Spannmittel.

Zum anderen fahren wir jetzt keinen Referenzzyklus, da die Drehachse ja keine Referenzschalter hat. Da ist die Wahl des Nullpunkts im NC-Programm wichtig. Ich würde ihn in die X-Mitte des Fräsbildes setzen. So kannst du beispielsweise ein Glas zum Gravieren schön nach oben zentrieren.

Der nächste Schritt ist die Einstellung der Achse. Sinnvollerweise schaltest du am Zweifach-DIP-Switch der X-Achse mit On/On auf 50 % Strombegrenzung, um den kleinen Nema17-Motor - meiner nimmt 1,7A auf - nicht zu überlasten.

1000 mm/min Verfahrgeschwindigkeit sind viel zu viel. Stelle den Wert in den GRBL-Parametern auf 100. Schließlich ist da noch die Sache mit den Schritten. Die werden in GRBL mit Schritte pro Millimeter angegeben, was bei der Drehachse einige Umrechnungen erfordert. Bei Achtelschritten sieht die Rechnung so aus: Eine Umdrehung entspricht dem Umfang des Werkstücks. Der Motor macht 200 Schritte pro Umdrehung (mal 8 wegen der Mikroschritte, mal sechs wegen der Getriebeübersetzung). Eine Umdrehung sind also 9600 Schritte. Daraus folgt:

960 Schritte = 126 mm, 1 mm = 9600/126 = 76 Schritte pro Millimeter

Nach dem Einstellen all dieser Werte kannst du nun die Achse das erste Mal testen . Dreht sie richtig herum? Dann kanns ja losgehen mit dem Fräsen. Viel Spaß mit „Mehr Power!“

TIPP: Fahre die X-Achse möglichst genau über die Drehachse und tausche dann **bei ausgeschalteter Steuerung** die Stecker aus, sodass der Drehmotor angeschlossen ist.

Bild 10.17 Die ersten erfolgreichen Schritte mit der Drehachse

11 Am Endschalter: Fazit und Ausblick

Damit sind wir am Ende unserer gemeinsamen Reise durch die Welt des Fräsens angelangt. Ich hoffe, ich konnte dir zeigen, dass das CNC-Fräsen kein Hexenwerk ist und dass auch die oft verlachten „Käsefräsen" ihre Berechtigung haben. Ich bin sicher, dass du durch die Arbeit mit und an der selbstgebauten Fräse viel mehr gelernt hast als mit einer gekauften Fräse, die natürlich stabiler und genauer ist, aber eben keine Herausforderung an den Bastler stellt. Und selbst wenn du dich nach dem Lesen dieses Buches entschließen solltest, dir ein Fertigmodell zu kaufen: Du hast gelernt, wie Steuerungen funktionieren, welche Parameter warum zu wählen sind und wie das Fräsen an sich funktioniert. Das hilft dir auch bei der Kaufentscheidung.

Bild 11.1 Schön ist sie geworden, unsere Käsefräse!

Ich wünsche Dir viel Spaß auf deinem weiteren Weg!

Friedrichshafen, Januar 2022, *Ralf Steck*

Stichwortverzeichnis

L

M

N

O

P

R

S

T

U

V

W

X

Y

Z